U0672887

全球城市规划系列丛书

新加坡城市规划 50 年

编著

[新加坡] 王才强

翻译

高 珲 林太志 陈诺思

宋亚灵 曹文生

支持单位

广州市岭南建筑研究中心

广州市城市规划设计所

中国建筑工业出版社

著作权合同登记图字：01-2017-6416号

图书在版编目（CIP）数据

新加坡城市规划50年 /（新加坡）王才强编著；高
晖，林太志等翻译. —北京：中国建筑工业出版社，
2018.5
（全球城市规划系列丛书）
ISBN 978-7-112-22197-4

Ⅰ.①新… Ⅱ.①王… ②高… ③林… Ⅲ.①城市规
划—概况—新加坡 Ⅳ.① TU984.339

中国版本图书馆CIP数据核字（2018）第085942号

50 Years of Urban Planning in Singapore by Heng Chye Kiang.

Copyright ©2017 by World Scientific Publishing Co. Pte. Ltd.
All rights reserved. This book, or parts thereof, may not be reproduced in any form
or by any means, electronic or mechanical, including photocopying, recording or any
information storage and retrieval system now known or to be invented, without written
permission from the Publisher.
Simplified Chinese translation arranged with World Scientific Publishing Co. Pte Ltd.,
Singapore.

Translation copyright © 2018 China Architecture & Building Press.

责任编辑：段　宁　刘爱灵　毕凤鸣　封　毅
责任校对：芦欣甜

全球城市规划系列丛书
新加坡城市规划50年
[新加坡]王才强　编著
高　晖　林太志　陈诺思　宋亚灵　曹文生　翻译
＊
中国建筑工业出版社出版、发行（北京海淀三里河路9号）
各地新华书店、建筑书店经销
北京点击世代文化传媒有限公司制版
北京富诚彩色印刷有限公司印刷
＊
开本：787×1092毫米　1/16　印张：22½　字数：379千字
2018年10月第一版　2018年10月第一次印刷
定价：128.00元
ISBN 978-7-112-22197-4
　　（32085）

版权所有　翻印必究
如有印装质量问题，可寄本社退换
（邮政编码 100037）

序

许文远（Khaw Boon Wan）

新加坡基础设施统筹部部长兼任交通部部长

2016 年我们庆祝了新加坡建国独立 50 周年，新加坡美丽的天际线和滨海湾令人自豪，也提醒我们去反思建国以来的非凡成就。在美世（Mercer）2015 年城市生活质量排行中，新加坡排在亚洲首位，领先于东京和香港这些老牌城市。[1]

这一系列由参与新加坡国家建设的人们撰写的文章，承载了有关这座城市蜕变背后战略思考的真知灼见，也启发我们去展望未来。

如今，新加坡充满活力的经济发展，为市民提供了良好的就业机会。几乎所有的新加坡人都有家可居，大多数居民生活在优质的公共住房中，附近享有公园和水域。城市家园因丰富的邻里活动而生机勃勃，生活在其中的人们自在而安宁。

相较如此背景之下，鲜有人会记得我们城市初设那个充斥着无家可归、失业和贫民窟的艰苦的开始。今天的成就与我们的开国领袖和先驱们的大胆设想和顽强信念密不可分。

新加坡建国伊始，我们的城市规划政策和更新战略就非常注重经济、社会和环境的全方面协调发展。这是我们唯一的城市，如果我们把它搞得一团糟，使城市污染、拥挤，我们就只得到一个缺乏吸引力、不舒适、不宜居的地方。在此明确限制之下，我们找到了正确的思路，开始了注重长期可持续发展的发展规划。我们的重点在于为市民提供高质量的生活。这些基本原则持续在今天的新加坡建设中发挥至关重要的作用。

城市的天然缺陷要求我们不断寻找独创性的，突破思维限制的方法，需要

1　Mercer Quality of Living Ranking，2015 年 3 月，取自 https://www.imercer.com/content/quality-of-Living.aspx。

我们在研究和技术上不断投入，同时在实践中尝试新的解决城市问题的方法，以提升城市生活环境。我们在其他地区的建设中寻找成功经验，并将它们运用于自身。在深思熟虑风险和可能的影响之后，我们也是大胆的开拓者，例如我们循环利用水资源，第一个实施道路收费制。

新加坡成功秘诀之一就是与个人及民企紧密合作。各行各业之间的积极合作和踊跃参与有助于碰撞火花，也利于营造一种共享氛围，以驱动积极的改变。

正如我们的开国首相李光耀（Lee Kuan Yew）先生所说："生活中美好的事物不会从天而降，只能通过长期不懈的努力来获得。如果没有人民的拥护和支持，政府不可能有好的结果……也许偶尔会存在出于全局利益而有损个别利益的情况，在这种情况下，我们需要铭记指导我们行动的原则是集体利益必须高于其他。"

在将来我们还会面临新挑战、需求的变化和更多期待。无论如何我们都应振作精神，因为我们的先驱在过去 50 年打下的坚实基础，给予我们前进的信心。我们必须坚持把人民放在我们规划的核心位置，只有这样新加坡才能一直是令我们热爱的家园和独具魅力的国际都市。

我要感谢本书收录的文章的作者们的宝贵贡献，感谢王才强先生对文章收集和全书编纂所做的贡献。

前　言

王才强（Heng Chye Kiang）

新加坡国立大学设计与环境学院（SDE）院长、林增首席教授

50 年来，独特的环境条件塑造了新加坡的城市景观，促成的同时也决定了这个岛国的发展方向。有哪些限制条件？这些限制条件又是如何影响了新加坡的城市规划呢？

首先，作为一个土地面积有限的岛屿，新加坡一直面临着土地稀少的问题。受限于此，或者也许是正因如此，新加坡成功地以立足长远的战略规划、高密度发展和科技创新克服了土地稀少的限制，并致力于打造高标准城市宜居性。随着不断增长的人口和经济发展需求以及老龄化程度的加深，土地稀少带来的挑战在不久的将来会更为凸显。作为一个国土面积和资源有限的国家，新加坡经济的健康发展不仅取决于我们在国际舞台上的竞争力和关联性，充足和多样性的人才资源也很重要。这两者如同一个硬币的两面，很难区分开来。问题是：从长远角度，我们该如何在经济发展和人口增长之间达到可持续的平衡。

第二，新加坡是一座城市，也是一个独立的国家。这样的城市国家在世界上屈指可数，而同时也是一座岛屿的城市国家就更为少有。新加坡因此有别于其他大多数城市，不像一般的城市，它还得就一个主权国家的功能进行规划。例如，如果可以的话，它不仅要实现水资源自给自足，还要建立国防体系，在有限的领土上建有 17 个水库、若干空军基地和军事训练场。再经仔细审视，你还会发现新加坡不只是一个简简单单的城市国家，城市核心地带为历史城区所包围，并经由铁路和公路网与遍布岛屿的 26 个住宅区和新城镇相连——这是一个养育着 550 万左右人口的岛屿。

第三，新加坡高度集权的政府管理也使其有别于其他大都市区。单一级别的中央政府体系，使从中央到地方的各级间密切合作的长远规划成为可能，避免了在城市、省份和国家各级别间的规划编制中产生利益冲突，同时消除了不

同政府职能部门间的问责、借口和缺乏合作的问题。另外，单一级别管理系统和其带来的实施效率，使得规划中期调整和制定作为达成长远规划框架的重要部分得以实现。这种巧妙的规划行为过程，无疑是由新加坡有限的领土面积导致和加深的。

第四，政府对新加坡土地的高度所有和法律手段共同促成了这个岛国的规划建设。《土地征用法》（The Land Acquisition Act，LAA）就是中央规划集权在新加坡起作用的重要例证。1967 年以来，该法令使政府为实现符合其规划目标的城市战略发展，以强制和补偿方式征用和扩大国有土地。该法令赋予政府更大的权力，保证政府拥有更多调控权力，协调公共项目的土地开发规划的时机，同时控制以公共住宅和交通基础设施为代表的公共项目的建设成本。另一方面，近年来新加坡"市场导向"的政策在为私营部门参与大型项目提供机会。

第五，稳定的一党主导的政府体制保证了国家规划和城市规划的延续性。在其他城市，政府的变动往往加速了对前一届政府所做的城市规划方案的修改甚至摒弃，而新加坡单一政党 50 年来从未被打断的城市治理，将这个岛国作为一个各种城市规划的试验场地。在这里，持续的规划决策和方法能够从一个到另一个规划中恰到好处的调整并延续，实现了理想的最终结果。与新加坡一党执政得以保证的长期稳定规划相辅相成的是，政府应对复杂政策问题，采用全盘联动和多元主体主动行动。采取这种全盘联动的操作模式，为新加坡公共服务部门之间的知识与技术交流，以及跨组织的资源交换提供机会，最终形成一种朝着共同战略目标相互合作的文化。

第六，新加坡的城市改造既是地理环境也是历史和政治条件的结果。新加坡在中国南海繁忙海上通道线上处于重要战略位置，给予其作为货物集散和转口港的有利起点。两百年后，新加坡港口已成为世界最繁忙的中转港口之一，在国内和国际经济中起到至关重要的作用。同时，新加坡不仅是一个贸易枢纽，还是一个文化枢纽，与商品一同往来的还有人才和智慧。作为一个多元移民社会，新加坡一直以来都保有文化多元主义价值观。我们的饮食、语言、社会实践和宗教习俗，是我们国家种族多元化的反映——他们反过来也形成了我们的历史遗产、民族身份和对文化多样的开放性。

地理区位和全球化的共同作用，加速了新加坡由刚起步的转口港发展为国际化都市。作为一个市场导向和知识丰富的地方，新加坡的产业持续地吸引着当地和海外流动的受过良好教育的专业人才。今天，30%的新加坡人口由暂住于此工作和学习的海外人口组成。到2030年，在新加坡居住的海外人口比例将达到40%之多——这一加速移民化的战略是政府补偿新加坡缩水和老龄化人口的方法。社会文化的多样性和人口的老龄化是未来我们人口方面的双重挑战。这样的人口情形对新加坡未来的城市环境有什么实质性的影响，它又将如何影响我们作为一个亚洲城市的文化和身份呢？

2015年，在新加坡庆祝其独立建国50周年之际，也是我们及时回顾、反思和重新考虑我们城市规划的过去、当下和将来的重要机会。《新加坡城市规划50年》探索了我们岛国独特的条件，提出了这些条件如何在变迁中为新加坡的未来带来挑战与机遇的问题。本书展现了来自行业专家、学者和公知们多样的视角，他们的著作涉及了新加坡城市规划的方方面面。本书的章节被分为三个部分，以新加坡城镇化和城市规划框架的宏观图景开始，接着是有关城市用地规划中重要组成部分的综合性概述，最后是对当代城市规划课题的跨学科专题讨论。

在"第一部分：范例、政策和进程"中，乔亚兰（Alan Choe）在第1章描述了新加坡建国早期的混乱，新加坡如何从当时的新生国家，经历重重困难成长为一个现代城市和第一世界国家的。刘太格（Liu Thai Ker）在他的章节中以城市规划这一复杂领域里的理论为起点，深度探讨了规划实践经验，揭示了新加坡城市化进程中的原则和目标。杨烈国（Philip Yeo）的章节是关于经济规划的，他细数了新加坡工业化进程的五个阶段，讨论了工业发展对城市景观的颠覆性影响。陈荣顺（Tan Yong Soon）的章节作为这一部分最后一篇文章，他提出了在像新加坡这样狭小的城市国家中进行致力于可持续发展的环境建设的成功经验和未来挑战。

"第二部分：建筑环境——各部分之和"首先是黄南（Ng Lang）关于新加坡基于其特殊土地限制的城市规划哲学及城镇化解决方法。邱鼎财（Khoo Teng Chye）和郭瑞明（Remy Guo）的文章提供了有关新加坡统一的城市系统框架的细致讨论，展现了这一规划方案的关键指导原则。接下来的章节各自介绍一个主要的土地利用方面，共同展现了新加坡长远战略规划的综合性特点。蔡君炫（Cheong Koon Hean）的文章贯穿了新加坡公共住宅规划的50年发展，展现了其变革过程也强调了在城镇规划、发展和创新中的重要里程碑。莫欣德·辛格（Mohinder Singh）的文章里涉及交通规划在城市发展中的作用，他探讨了支撑新加坡交通政策和独立以来重要项目的基本原则。陈晓灵（Tang Hsiao Ling）的文章提供了有关 50 年间工业用地发展趋势的概述，并给出了限制和机会成本是如何在工业规划中发挥作用的案例分析。陈培育（Tan Puay Yok）就绿色环境发展展开讨论，强调了公园和绿地的重要性，以及绿化过程中的新加坡在人口增长和城市密度增加压力下的挑战。李张秀红（Pamelia Lee）的章节讨论了旅游业对城市规划的影响和新加坡景观的贡献。这一部分以吴学初（Goh Hup Chor）和王才强（Heng Chye Kiang）的章节结束，他们展示了城市设计和公共空间规划，以 50 年间重要项目为例，阐述了设计、市民和城市间的关系。

在"第三部分：城市复杂性和创新性解决方案"中，我们关注当前有关新加坡未来城市景观的四个跨学科领域。江莉莉（Lily Kong）的文章讨论了新加坡保护规划的变革，强调了其多样性，甚至是在不断发展的城市国家中产生的有关城市遗产和历史文化遗址的有分歧的社会观点。陈恩赐（Tan Ern Ser）的文章以房地产为背景，考察了社会异质性对邻里建设的影响，探讨了政府干预与市民参与，在创造社会交流机会及邻里发展上的作用。何光中（Ho Kong Chong）关于城市新经济的章节，探索了产业和劳动的转型现状，及其对新加坡城市发展和作为在亚洲的国际都市的地位的影响。这部分由王才强（Heng Chye Kiang）和杨淑娟（Yeo Su-Jan）的章节收尾，以新加坡为重点，锁定了正在不断出现的有关亚洲全球化和城市化的可持续发展课题，并探讨了规划管理和研究的大跨步发展，涉及国家韧性和建设可持续发展城市。

在结语中，6 位优秀人士分享了他们对于新加坡城市规划展望的具有启发性的见解。每位专家被邀请撰写一个简短的文章来回答一个宏大的问题：鉴于我们这座城市国家在这样一个特殊的时代面临的独特条件，新加坡的规划体系和进程需要哪些改变，以达到未来城市更高程度的和平、繁荣和进步。这些富有深刻见解的文章不仅展现了专家们多样的视角和学科水准，还阐述了解决新加坡未来面临的复杂规划课题所需的多维度方法。何学渊（Peter Ho），刘德成（Low Teck Seng）和马凯硕（Kishore Mahbubani）的文章旨在强调在战略规划、交通和技术发展方面进行更大胆的实验——换而言之就是一种前卫的城市创新。陈振中（David Chan）和郭美雯（Melissa Kwee）从社会科学的角度强调了城市规划中的人本原则，恰当地将人的维度融合到政策制定和城市建设中。林肖恩（Shawn Lum），郑庆顺（Tay Kheng Soon）和黄文森（Wong Mun Summ）与姚蕙华（Alina Yeo）以自然环境为重点在他们各自的文章中探讨了"系统"这一概念——生态、建筑和设计理论——以及在新的生物多样性保护、建筑标准和设计教育范例中重新思考深深扎根的系统观念的价值。

《新加坡城市规划50年》包括16个章节和8篇文章，是一本综合性强、教育意义深远的书籍。该书涉及城市规划这一宽泛的领域，并以建筑学、设计学、经济和环境规划、城市社会学和城市化为相关主题。这本书的编写得益于以下贡献者们慷慨的时间和精力投入——我非常荣幸能参与到这个大胆的项目中。我感谢世界科技出版社创始人潘国驹（Phua Kok Khoo）教授邀请我参与这本书的编辑和创作。感谢世界科技出版社的舒蕾亚·高毕（Shreya Gopi）女士给予有关英文版出版发行方面的指导。最后，特别感谢杨淑娟（Yeo Su-Jan）博士在研究和编辑过程中的慷慨贡献，她辅助完成了这本书的规划、合作和准备工作。

《新加坡城市规划50年》中的文章展现了一系列围绕新加坡转变的当地知识和经验，因此提供了对于城市建成环境多层次的、丰富的理解。这种多样的视角体现了新加坡过去、现在和未来城市景观的复杂结构，因此，本书旨在从理性和感性的层面与读者对话——因为让一个城市令人钟爱和欢喜的，除了它的高效和功能，最终是由我们共同的希望和愿景形成的。

关于作者

　　王才强（Heng Chye Kiang）是新加坡国立大学环境与设计学院院长、林增首席教授。他在建筑与地产系教授建筑学、城市设计和规划。他的研究涉及城市可持续发展设计和中国城市史，是多个国际期刊编委会成员，也是亚洲许多国际城市设计比赛的评委，现任新加坡国家博物馆董事局、宜居城市中心和新加坡理工大学及建屋发展局（HDB）成员，曾任裕朗集团（JCT）董事会席位、新加坡市区重建局（URA）和新加坡建设局（BCA）成员。王才强还在国际上做城市规划顾问，也是一些国际城市设计或规划比赛的中国作品的方案的执笔者。他在城市历史和城市设计方面出版了大量作品，著作有《重构城市空间》（2016）、《亚洲城市街道与公共空间》（2010）、《唐长安的数码重建》（2006）和《贵族与官僚的城市》（1999）。

关于投稿人

陈振中（David CHAN）

李光耀人才、新加坡管理大学行为科学研究院主任及心理学教授、新加坡科技研究局兼职首席科学家、由新加坡管理大学和科技研究局共同创建的技术与社会行为研究中心的联合主任。他已获得大量国际奖项并在一些期刊担任编辑或编委会成员。他的作品在不同的平台上被引 3000 余次。他在新加坡和美国不同的国家委员会、董事会和顾问团工作。他是几个国际心理学协会的会员。

乔亚兰（Alan CHOE Fook Cheong）

墨尔本大学毕业的建筑师和城镇设计师。1962 年，他加入了新加坡建屋发展局（HDB），成为其第一批建筑师、规划师。在任期期间，他参与制定公共住宅标准制定、大巴窑新镇建设和新加坡市区重建。他参与了市区重建局的建立，并在 1974 年成为其第一位总经理。1978 年，他离开市区重建局后，担任一家大型建筑公司资深合伙人。1985 年，他被委任为圣淘沙发展局总裁。他把那里从一个旧的军事岛屿转变成重要旅游景点，并成立了圣淘沙湾私人有限公司。他是金牌奖、功绩奖章、杰出服务勋章和旅游杰出贡献奖获得者。

蔡君炫（CHEONG Koon Hean）

新加坡建屋发展局首席执行官，见证了 26 个城镇的 100 万公共住宅的发展和管理。她曾担任新加坡市区重建局的总裁，负责战略性土地利用、建筑遗产保护、杰出设计推广及房地产市场开发工作。她是建屋发展局、新加坡国立大学、新加坡公共服务学院及国际住房与城市规划联合会成员。她是世界经济论坛房地产及城市化全球议程理事会成员，也是李光耀世界城市奖提名委员会委员。她还是一些国际专家小组的成员。

吴学初（GOH Hup Chor）

建筑师、城市设计师和规划师。他在建屋发展局（1968 ～ 1984 年）和市区重建局（1984 ～ 1996 年）担任重要职位，并被广泛地认可为新加坡当今城市面貌形成过程中的关键角色。1979 年，他在公共住宅方面的出色表现赢得了新加坡政府授予的公共行政（银）奖章。1996 年 7 月，他加入该地区最大最著名的多学科建筑设计公司（RSP），成为其负责人，并于 2003 年退休。他曾在新加坡国立大学建筑系多年担任设计评论和校外主考，从 1995 年开始担任城市设计硕士课程的兼职副教授。

郭瑞明（Remy GUO）

宜居城市中心的高级助理主任，他参与到了有关规划和发展的研究。在2013 年进入该中心之前，他是私营机构的城市设计师和建筑师，完成了多个当地和海外项目，涉及地区层面的整体规划、城市设计提案和建筑建设项目。他在新加坡国立大学获得城市设计专业的建筑学硕士学位。

何光中（HO Kong Chong）

新加坡国立大学艺术与社会科学学院社会学副教授。他的研究兴趣在于城市的政治经济、城市邻里和高等教育。他是太平洋事务和国际比较社会学学报编委会成员。他还是《全球经济下的城市国家：香港和新加坡的产业结构调整》（1997，Westview 出版社）的联合作者，《亚太服务业、城市和发展轨道》（2005，Routledge 出版社）、《亚太都市的城市和公民社会》（2008，Routledge 出版社）、《首都及其在国家命运中的角色》（2009，城市专辑）、《亚洲城市的新经济空间》（2012，Routledge 出版社）和《亚太高等教育和城市的全球化》（2014，《亚太观点》第 55（2）期）的联合编著者。

何学渊（Peter HO）

新加坡公务员首长兼总理公署外交部、国家安全和情报部及外交特殊事务部常务秘书。在此之前,他曾任国防部常务秘书。他现任新加坡市区重建局主任,也是策略前景研究中心高级顾问,持续追求其对于高水平管理和战略远见的兴趣。他还是公共服务学院高级研究员。

邱鼎财（KHOO Teng Chye）

现任新加坡国家发展部（MND）宜居城市中心执行总监。于 2003 ~ 2011 年曾任新加坡国家水务管理机构公用事业局（PUB）行政总裁,1992 ~ 1996 年间任市区重建局（URA）首席执行官、首席策划,于 1996 年至 2002 年任 PSA 公司行政总裁、集团总裁,并于 2002 ~ 2003 年任丰树投资的首席执行官,兼任淡马锡控股公司特别项目的总经理。邱鼎财毕业于澳大利亚蒙纳士大学土木工程专业,获得一等荣誉。作为一位总统奖学金兼科伦坡规划奖学金得主,他还获得了新加坡国立大学建筑工程学硕士和工商管理硕士学位。

江莉莉（Lily KONG）

新加坡管理大学社会科学与教务学院的讲座教授。她的主要研究领域包括宗教、牧民、文化经济和文化政策。最近的出版物包括:《艺术、文化与全球城市的建设:在亚洲创造新的城市景观》（2015）,《食物、饮食方式和食物景观:后殖民时代新加坡的文化、邻里和消费》（2015）,以及《宗教与地域:当代世界的竞争、冲突与暴力》（2016）。

郭美雯（Melissa KWEE）

知名社会活动家和志愿者领导,曾担任青年领导组织卤素基金会（Halogen Foundation）主席。她任联合国妇女委员会新加坡分会主席,是美丽人民组织的创始人,该组织致力于为女性提供公益指导。郭美雯目前任新加坡特殊教育技术学院克雷斯中学的董事会成员。参与 70×7 项目,该项目由新加坡监狱奖学金、庞蒂亚克土地集团和试实公司集体倡议。郭美雯于 2007 年获得新加坡杰出青年奖,于 2008 年获得"东盟青年奖",并获得其他领导和服务奖项。她曾赴哈佛大学研修,是尼泊尔富布莱特学者。她于 2014 年 9 月被任命为全国志愿服务与慈善中心首席执行官。

李张秀红（Pamelia LEE）

她于 1977 年在新加坡旅游局开始了职业生涯，曾担任价值 10 亿新加坡元的旅游产品发展规划项目的首席协调员，致力于保护莱佛士酒店、富乐顿酒店、新加坡河、公民区、牛车水、小印度和甘榜格兰姆。帕梅拉现任高级旅游顾问，热情地从事于遗产保护和旅游相关的工作，经验颇丰。她的成就包括：保护了新加坡的仅剩的两座的龙窑，建设华颂馆，增强南部群岛的娱乐潜力。最近，她为新加坡购买了一个 9 世纪的唐朝沉船宝藏，超过 5400 多件罕见的文物，证明了 1100 年前海上丝绸之路的活力。她著有《新加坡旅游与我》（2004），参与合著《新加坡绿化，李光耀的精神遗产》（2014）等书。

刘太格（LIU Thai-Ker）

建筑规划师，自 1992 年起一直担任雅思柏设计事务所（RSP）董事。自 2008 年起，他成为宜居城市中心的创始主席。他还是新加坡国立大学和南洋理工大学的兼职教授。他从 1969～1989 年就职于住房和发展委员会，最近 10 年担任首席执行官。他负责监管 23 个新镇规划设计，开发了 50 万余住宅单位和设施。从 1989～1992 年，他作为市区重建局（URA）的首席执行官，带领修改了"新加坡概念规划"。1996～2005 年期间，他任国家艺术委员会主席，2000～2009 年间担任新加坡泰勒印刷学会主席。他也是中国 30 多个城市的规划顾问。

刘德成（LOW Teck Seng）

南洋理工大学和新加坡国立大学终身教授。他是 IEEE 的研究员，也是英国皇家工程师学会的国际研究员，现任新加坡国立研究基金的首席执行官。在此之前，他曾担任科学和技术研究机构的董事总经理。他是共和理工学院的创始院长，曾担任新加坡国立大学工程学院院长。他还创立了数据存储研究所。2004 年和 2007 年，他分别获得国家科技奖章和公共行政（金）奖章，于 2016 年 3 月 17 日被法国巴黎政府授予骑士荣誉。

林肖恩（Shawn LUM）

南洋理工大学的植物学和植物生态学家。他目前担任自然保护非政府组织自然学会（新加坡）的主席，并认为民间社会可以而且应该为保护自然遗产做出贡献。最初他生活在夏威夷檀香山，1993 年进入南洋理工大学的国立教育学院后，他一直在新加坡工作。现在，他在亚洲环境学院讲课。他提倡公众参与正式和非正式层面的自然环境学习和保护活动，并主张为学校、邻里团体和公司提供相应的服务。

马凯硕（Kishore MAHBUBANI）

自 2004 年 8 月起一直担任新界大学李光耀公共政策学院院长。在此之前，他在 33 年的职业生涯中，曾任联合国大使和联合国安全理事会主席。他在全球领先的期刊和报纸，包括《外交》、《外交政策》、《国家利益》、《金融时报》和《纽约时报》上发表文章。他还撰写了 5 本书：《亚洲人会思考吗？》、《超越纯真年代》、《新亚洲半球》、《大融合：东方、西方，与世界的逻辑》和《新加坡能否生存？》。《金融时报》2013 年评选他的著作为最好的书之一。他本人被《外交政策》列为 2010 年和 2011 年全球前 100 名思想家之一，并被《前景》作为 2014 年全球前 50 名思想家之一。

黄南（NG Lang）

于 2010 年 8 月被任命为市区重建局（URA）首席执行长。此前，他任国家公园局首席执行官，任期 5 年，在实现"花园里的城市"愿景和实施重大基础设施项目方面发挥关键作用。其工作包括公园廊道的开发、街景绿化总体规划、天空绿化、新加坡植物园和花园的扩建。他还倡导邻里宣传工作，加强公众对新加坡绿化与生物多样性保护规划的欣赏和参与。他目前是新加坡旅游局、裕廊集团和科学与工程研究理事会的董事会成员。

莫欣德·辛格（Mohinder SINGH）

自 2014 年 7 月起任新加坡陆路交通管理局 LTA 学院的顾问，2006 ~ 2014 年期间担任 LTA 学院院长。在此之前，他曾在国家发展部担任新加坡城市交通规划各级高级职务，1996 年 ~ 2007 年间任土地交通管理局规划总监。他拥有加拿大皇后大学土木工程学士学位、英国伯明翰大学交通硕士学位。

陈恩赐（TAN Ern Ser）

新加坡国立大学社会学研究所学术顾问，社会实验室社会学副教授。他曾在美国康奈尔大学获得社会学博士学位。他著有《阶级重要吗？》（2004）和《阶级与社会导向》（2015）。他也合著《亚洲晴雨表—新加坡》《世界价值观调查—新加坡》和《新加坡社会动态追踪调查》。他曾担任政府部门的研究顾问，他是社会和家庭发展部研究顾问，HDB 研究咨询委员会主席。他在 2013 年被任命为治安法官。

陈培育（TAN Puay Yok）

新加坡国立大学建筑系的副教授。在加入学术界之前，他在城市绿化管理、政策和研究领域担任公共服务高级职务。他的研究、教学和专业活动侧重于建成环境中城市绿化与生态学的政策、科学和实践。除教学和研究外，他还担任国际期刊编辑委员会委员，国家和内部津贴评审员，设计比赛评委会成员，以及新加坡土地利用事业咨询委员会成员。

陈荣顺（TAN Yong Soon）

新加坡国立大学李光耀公共政策学院的兼职教授。他在新加坡公共服务部门任职 35 多年，于 2012 年 10 月退休。退休之前，曾任国家气候变化常务秘书、环境与水资源部常务秘书、财政部副秘书长、国防部副秘书长、市区重建局首席执行官兼首席总理私人秘书长。

陈晓灵（TANG Hsiao Ling）

JTC 公司土地规划署处长，新加坡领先的工业基础设施专家，率先推动了动态工业景观的规划、推广和发展。土地规划处着重于工业发展的总体规划、现有场址重建规划、创新解决方案和产品开发、制定优化土地利用的土地利用政策。她于 2000 年毕业于谢菲尔德大学艺术（建筑）学士学位，2004 年毕业于伦敦大学学院建筑学专业。

郑庆顺（TAY Kheng Soon）

兼职教授和建筑师，是第一批本土培养的建筑师。1963 年毕业于新加坡理工学院，后赴新西兰大学。他主张建筑和生活环境必须植根于气候和文化，同时达到现代化和人性化。他因此成为 SPUR 主席，后来担任 SIA 总裁，于 2010 年获得金牌。他的设计研究超越了建筑规模，超越了城市规划，最终走向全球化。在 YouTube 上传的"21 世纪最六程度开发的模块化城市"是他最新的作品。

黄文森（WONG Mun Summ）

WOHA 建筑事务所的共同创始人之一，其建筑设计享誉国际。WOHA 因"摩绵坡 1 号"热带高层住宅获得了 2007 年度阿迦汗建筑奖，于 2015 年因皮克林宾雅乐酒店获得世界高层都市建筑学会城市栖息地奖。WOHA 曾于 2016 年在纽约摩天大楼博物馆举办个展，他们也参加了 2016 年威尼斯建筑双年展。随着他们在威尼斯的参展，WOHA 推出了一本名为《花园城市，巨型城市》的新书，为新兴热带大城市分享规划战略。2011 年 12 月在德国德意志建筑博物馆开设了一个专门展出其作品的旅游展览，此外，他还有四本 WOHA 专著，分别是《WOHA 建筑》、《WOHA 精选项目》（第 1 卷和第 2 卷）、《WOHA：会呼吸的建筑》均已经出版。

姚蕙华（Alina YEO）

在过去 12 年来与 WOHA 颇有渊源。她于 2002 年首次加入 WOHA 实习，并于 2005 年在新加坡国立大学完成建筑硕士学位。2014 年 10 月她成为合伙人。她与 WOHA 的合作包括写字楼和高层公寓的设计和项目管理。她是艺术学院设计的顶梁柱，曾在 WOHA 的许多设计比赛、专题展览、研究工作和建筑合同事务等方面发表了许多文章。

杨烈国（Philip YEO）

新加坡 SPRING（增长标准、生产力和创新）的主席，其任务是促进当地中小企业的发展。2013 年，他成立了一家规划、开发和管理海外技术园区的新加坡经济发展创新公司（EDIS）。他还是六角形力学发展顾问公司等几家公司的主席，该公司向海外政府和政府相关部门提供经济和工业发展咨询。从 2010 ~ 2013 年，杨先生担任联合国公共行政专家委员会成员，该委员会在促进成员国的公共行政和治理发展。他担任科学技术研究机构（A *

STAR）经济发展局主席，曾任贸易与工业部科技高级顾问，总理办公室经济发展特别顾问。

杨淑娟（YEO Su-Jan）

当代城市话题的研究员、作家和合作者。在新加坡国立大学建筑学系获得博士学位，现任设计与环境学院研究员。她获得扶轮基金会大使奖学金（2004 ~ 2005），新加坡国立大学研究奖学金（2009 ~ 2013）和世界未来基金会博士论文奖（2014）。她曾在同行评审的期刊上发表论文，其中包括《城市研究》、《城镇规划评论》和《国际发展规划评论》。从事学术工作之前，她曾担任新加坡市区重建局的城市规划师。

目　录

第一部分　范例、政策和进程

第二部分　建筑环境——各部分之和

第三部分　城市的复杂性和创新解决方案

结 语 新加坡城市规划未来的展望

附 录 英汉词汇对照

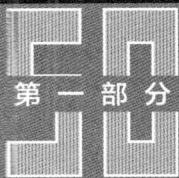

第一部分　范例、政策和进程

第 1 章

国家建设初期：对新加坡城市历史的思考

乔亚兰

前　言

在快速的城市发展进程中，新加坡创造了世界上最震撼人心且不断演进的城市天际线（图 1）。短短 50 年间，这座国家城市由一个第三世界城市蜕变成现代化国际大都市。今天，新加坡位居全球十大宜居城市之一。成功的城市发展和基础设施建设效率，也提升了新加坡作为理想的经济发展国家的地位，而健全的经济政策和稳定的政治环境，又进一步促进了国家的城市化进程和发展。

新加坡从一个"渔村"到世界级现代化大都市的转变是超出人们想象的，尤其在 50 年前，这里还是一个贫民窟和违章建筑猖獗的地方。当时，极少的现代卫生设备和低下的公共健康及安全标准仍属常态。而今，我们常常把触手可及的健康、安全和包括便捷的大众捷运系统（MRT）在内的现代化设备视为理所当然。因此，思考我们的过去以及新加坡独立后的建设进程是有所裨益的。今天的新加坡，尤其是我们的城市化模式，引来许多国家的羡慕。

这一章试图回溯新加坡早年那个生活条件极其艰苦的时光。改善这种严峻的生活条件需要在现代化和城市化过程进行艰苦奋斗和激情投入。在那个电视、出版物和网络仍未出现的年代，城市发展的战略、手段和应急方法仍需要弥补即时资源和信息的不足。希望通过阐述我们这一代艰难困苦的经历，给未来几代人带来一些有益并具启发性的思考。

图1 新加坡滨海湾和中央商业区的城市景观。
来源：新加坡市区重建局（URA）。

　　本章我将要探讨殖民时期城市规划如何传入新加坡，以及新加坡独立后为什么把城市更新纳入国家建设进程中。此刻的城市变化是在无畏的政治领袖和政府官员们明确的目标和决心的带领下产生的。通过合作、创新和勇气，一座城市、一个国家在两代人的努力下建造和发展。为了体现对他们劳动成果的珍视，我们必须从头开始细数。

殖民时期的遗产：一个有关继承和遗失的城市故事

　　新加坡的城市故事原本开始于史丹福·莱佛士爵士（Sir Stamford Raffles）于1819年的登陆，他把新加坡战略性地设立为服务于海峡殖民地贸易路线的殖民中转港。在这140年的殖民统治期间，英国统治者企图将他们欧洲中心论的城市规划原理印压到新加坡的自然面貌上。在殖民统治下，新加坡继承了一个以推动经济发展和促进增长为主的发展战略。因此，由莱佛士爵士组建、杰克森中尉领导的城镇规划委员会为新加坡制定了最早的详细城镇规划（1822）（图2），作为新加坡未来城镇发展空间格局的蓝本。

　　这个名为"新加坡城镇发展规划"的文件提出了在新加坡河口新建居民点的三个规划设想。第一，通过方格路网街道模式来灌输一种整齐一致和井然有序的理性意识。土地随之被划分为一个个狭小的地块用于私人交易，可作不动产或长达999年的租赁，实行保障土地所有权及保有权的自由政策。当时的建设以一到两层的低矮"店屋式"建筑为主，一层被允许作为商业用途，以支持新加坡河沿岸不断扩张的贸易活动。第二，土地被制定为专用功能，并以管理、教育、娱乐和宗教活动等区域作为分割。这一早期的土地划分为包括市民机构、

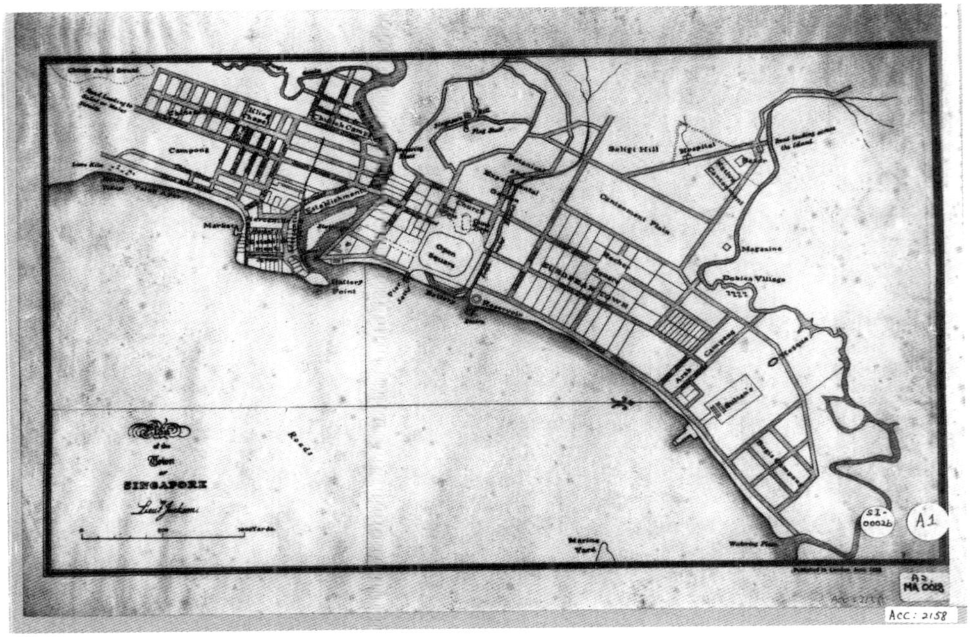

图 2　新加坡 1822 年城镇规划图。
来源：新加坡国家档案馆，测绘部门藏品。

学校和公园等基础设施和生活福利设施建设提供了条件，以满足不断增长的欧洲移民的需求。然而，这些地方却排斥当地居民。第三，与当地人口有关，当时的规划把不同的种族和族裔分别集中并相互隔离的指定居住区内。有些区域，例如中国城，又进一步按方言划分为闽南区、潮州区和广东区。

　　这些族裔集中区域之间存在社会和空间隔阂；同时，他们又引来了那些被来自家乡类似熟人和亲属关系所吸引的新抵达的移民。这些移民居住地的人口迅速增长，恰恰符合了新加坡从新兴的贸易前哨发展为主要商业港口的劳动力需求。在早期发展过程中，大量的外国资本和有创业精神的移民到达新加坡，并进一步为加速新加坡的经济增长做出贡献，使其从一个沉睡的小镇发展为繁忙的城市。在这段增长期，新加坡从其前任殖民者身上继承了一套现代的规划体系，为后来的城市发展打下基础。殖民遗产还包括对物理形态的继承，其代表是以细密紧凑的城市肌理和由低层店屋建筑组成的人性化尺度的街景。

　　一个世纪以后，新加坡的城市景观与其早期形成鲜明对比。20 世纪 20 年代以前，市中心面临着诸如住宅过度拥挤、卫生条件堪忧和交通拥挤的问题。

许多欧洲定居者搬出市中心，并在郊区建造更大房产安居。郊区化逐渐导致市中心功能区边界的模糊和重叠，早期的殖民居住形态与 1822 年的城市规划初衷渐行渐远。1927 年，英国殖民政府设立了改良信托局（SIT）来帮助改善城市环境，例如引进后巷的概念——用于服务维护和垃圾收集——在曾经背对背的店屋之间建设巷道。后来，改良信托局（SIT）对低成本公共住宅的建设给予更多支持，20 世纪 30 年代修建的中峇鲁组屋区就是当时第一批住宅。然而，改良信托局（SIT）并没有建造足够数量的住宅来缓解太平洋战争爆发以后不断严峻的住房形势。市中心的条件严重恶化。

原本只能容纳一个家庭的店屋被划分为更小的空间，而且很多被分为隔间转租给其他房客或店主。这种一个店屋里容纳多个家庭的做法，加重房屋扩建，造成了严重的拥挤。那时的人口密度每公顷 1200 ~ 1700 人，有的街区甚至达到 2500 人之多（Chua，1989）。拥挤情况严重加剧了这些住在破旧店屋中人们的健康和安全堪忧的状况。讽刺的是，1947 年的《租金管制法》（The Rent Control Act）旨在保护房客不受因太平洋战争造成的房屋紧缺导致的租金增长的影响，反而加剧了住宅条件的恶化，因为房主没有维护他们财产的动力。在其他地方，贫民窟和违章建筑在公共区域肆意蔓延，诸如亚答叶、起皱的铁板和木板之类的废弃物被用于制造应急住所和不受管辖的商业活动藏身处。这些未经许可的发展给居民和周围环境带来了巨大风险，尤其是牵扯到厨房用火之类的活动，无法受到正常管控。

殖民政府越来越意识到，如果不加强干涉，不控制增长，新加坡的城市发展将陷入恶性循环。政府的干预方式以颁布《新加坡改良条例》（Singopore Improvement Ordinance）（1952）的形式展开，它要求新加坡改良信托局（SIT）召集专门的工作小组，对整个岛屿进行详细的意见调查，来指导将来的发展。这项调查持续了三年，在此之后，调查小组拟定了《岛屿概要规划》（Preliminary Island Plan）（1955）。这个规划草案由当时的殖民官员起草，主要基于英国的城镇规划实践和缓慢增长的预设。草案规划将市中心与郊区的功能严格区分，前者用于工业发展，后者致力于自给自足的住宅邻里建设。该草案也以控制成本和交通拥挤为由倾向于低层建筑的建设。该草案在 1958 年经修改批准成为《总体规划》（Master Plan）（图 3）——新加坡第一部土地利用法定文件。

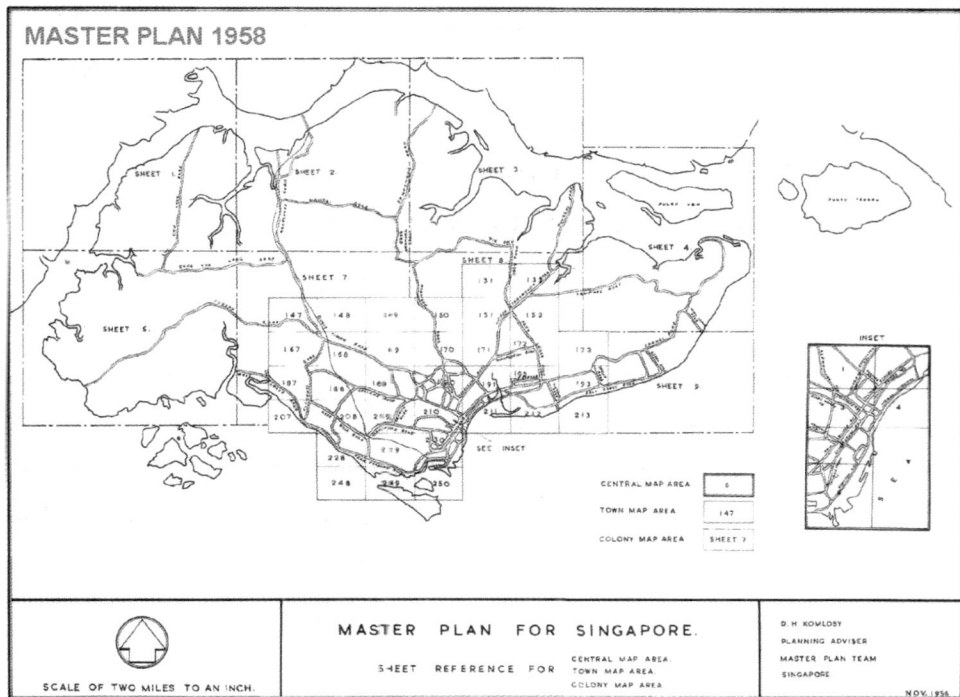

图 3　1958 年的《总体规划》——新加坡第一部法定土地使用文件。
来源：新加坡市区重建局。

1958 年的《总体规划》提出一个整个岛屿的综合性发展框架，基于 1972 年人口达到 200 万的预设，该规划确立了裕廊、兀兰和杨厝港三个新的城镇发展点，还为以市中心在内的规划区域规定了居住净密度上限（以每公顷人数为单位）。然而，1958 年制定《总体规划》的建筑师和规划师没有想到的是，新加坡的发展速度远远超过了他们的预期，其政治体制也发生了翻天覆地的变化，由殖民地转变为完全独立的共和国。

争取独立的道路：挑战与机遇

1959 年，当我从墨尔本学习建筑学和城市规划归来时，新加坡正处于转型过渡期。新加坡在 1959 年获得独立成为一个由民主选举产生的政府自行管辖的国家。新成立的政府面临一些主要的挑战，但三个优先考虑的问题能使新加坡在摆脱贫困及混乱方面获得突破性进展。最紧迫的一个是解决严峻的住房问题。新加坡改良信托局（SIT）只能解决平均每年 1700 套住房，而后战争时期的人口已超过 100 万（Teh，1969）。一个代替改良信托局（SIT）的新机构，建屋发展局（HDB）于 1960 年建立。

第二，新加坡为了经济稳定的持续性，不能再仅仅依赖于其天然腹地或依赖它作为地区港口的角色，因为更多的土地被增长的人口占据。另外，失业率上升造成了由漂游不定的流动商贩组成的非正规行业的产生（图 4）。经济发展需求成为重点，一个法定的经济发展局（EDB）于 1961 年设立。我在之后会阐述，正是城市规划与经济发展间的战略合作促使新加坡从第三世界国家发展成为发达国家。

第三，1965 年当新加坡从马来西亚分离出来，获得全面独立后，李光耀作为新成立政府的总理致力于一个接近 200 万人口国家的建设。或许正是这样的建设压力抬高了政府的勇气，促使其抓住机遇，采取大胆设想，使动态高效的改变成为可能。在下一节中，我的经历与三个大胆的城市规划项目密切联系，这三个项目为新加坡的蜕变和现代化，铺设了关键的道路。

一个拥有大胆城市规划方案的年轻国家

在作为年轻国家的早期时光，没有多少受过良好训练的建筑师。设计和规

图 4　中国城一度拥挤的流动商贩（左）；一个在珍珠坊大厦修建的商场专区，由市区重建局设定的为卖家提供现代化设备的发展点（右）。
来源：新加坡市区重建局

划只能通过殖民官员传递至当地技师和绘图员。当改良信托局被建屋发展局替代以后，很多英国建筑师离开了新加坡。不过，一小部分刚学成的建筑师回到新加坡，我就是其中一名建筑学和城市规划硕士。一开始我进入了一家私人建筑设计公司，以求职业生涯的发展。然而，不久以后的 1962 年，我被猎头邀请进入建屋发展局，因为我在那时恰好是新加坡第一个也是唯一一个有城市规划资历的建筑师。

政府选拔组建了一个充满活力的团队来引导新设立的建屋发展局（HDB）的推进。团队中包括建屋发展局首任主席林金山和建屋发展局首任局长侯永昌，他们既不是建筑师也不是规划师。此外，林金山和侯永昌都没有建筑建设经验，也不是改良信托局授权办理公共住宅事务的接班人，但他们是拥有战略性理念的大胆、有远见的领导者。在他们的领导下，我被赋予实施大胆颠覆的公共住宅项目的魄力，从未在新加坡甚至别的地方试验过的城镇发展和城市规划新点子被付诸实践。尽管面临巨大挑战，我仍受鼓舞，我们都在无所依靠、信息缺乏的情况下共同学习，并且我们必须随机应变，并找到属于我们自己的战略和方法。我唯一的优势就是城市规划专业背景。

在发展局的早期经历是令人生畏的，因为在那承担的责任是与我之前的城市规划经历与之不能相提并论的。我在海外的训练内容只涉及仅有 1 万到 3 万人口的欧洲小镇的规划。在发展局，立刻被推入牵扯到国家兴衰的现实中——这也在后来被证明是对我很大的锻炼。新加坡那时的条件确实与众不同，而且与我之前在大学研究的例子很不一样。有关公共住宅的信息在那个时候很稀缺，因为当时世界上很少有城市发起了如此规模庞大的规划。

公共住宅：重塑生活方式

发展局成立不久，不仅需要通过清理市中心的贫民窟和违建住宅来消除过度拥挤的情况，还要为重新安置受影响的居民和未来增长的人口提供永久住房（图 5）。通过住房问题的调查，建屋发展局估算要想达到目标，在 1970 年以前需要建设 127000 个住宅单元（其中包括私营机构修建的商场）（Yeung，1973）。所以一个野心勃勃的十年项目开始了，项目要在 1960 ~ 1965 年的第一个五年规划期间，达到 5 万多个住房单位的目标。意识到住房短缺的严峻性，建屋发展局在保证良好居住性的前提下以最快的速度建设最多的基本住宅，在 1965 年底以前，目标超额完成，有将近 55000 个住宅单元建设完工（同上）。

建屋发展局是怎么在最短的时间内把成本控制在最低的情况下完成最多数量的住宅建设的呢？第一，通过建设大量小规模 1 房及 2 房户型组屋，达到了住房数量的要求。第二，通过规定平面布局和经济且易组装的材料，同时节约了建设时间和建设成本。1970 年第二个五年规划结束时，在建屋发展局的管理下，118000 多个住宅单元。在那些年间，由于时间和资金条件的限制，独出心裁的公用设施和优秀的建筑设计还很难企及，但随着新加坡的进步发展和经验与信心的积累，情况发生了改变。如今，建屋发展局不断推进公共住宅建设和地产规划的前沿，体现在其以榜鹅生态组屋绿馨苑（Treelodge @ Puggol）和达士岭组屋（Pinnacle @ Duxton）为代表的示范项目上，它们展现了环境设计元素和将社会、娱乐和商业设施相结合的设计理念。

市区重建：保护、修复和重建的方案

早期在建屋发展局的几年，我专注于新加坡公共住宅原型的设计，还包括皇后镇和大巴窑在内的新镇发展工作，这两个公共住宅项目让我积累了丰富的经验。政府和发展局很快意识到，仅靠发展公共住宅不能彻底清除住房环境和生活条件低下问题的根源。贫民窟和违章建筑必须清扫，只有在建设了足够的住宅来安置受影响的居民的情况下才能进行。

在联合国开发规划署（UNDP）的赞助下，新加坡政府聘请埃里克·洛兰奇（Erik E. Lorange）为专家，来评估新加坡的市区重建可行性。作为当时唯一一位建筑学和城市规划专业人员，建屋发展局派我去学习并协助洛兰奇在新加坡为期三个月的调查。进行评估审查后，洛兰奇向政府递交了报告，认为新加坡开启市区重建的时机已成熟。

1963 年，在政府接受洛兰奇的报告后，第二批联合国开发规划署小组的三位市区重建方面的专家来到新加坡。三位专家分别为建筑规划师奥托·尼斯布格（Otto Koenigsberger）、土地问题法律顾问查尔斯·阿布兰（Charles Abrains）和交通经济学家神户进（Susumu Kobe）。在我的请求下，我带着两名建筑师一同协助三位专家。尽管只停留了两个月，他们成功撰写了一个划定中心地区改

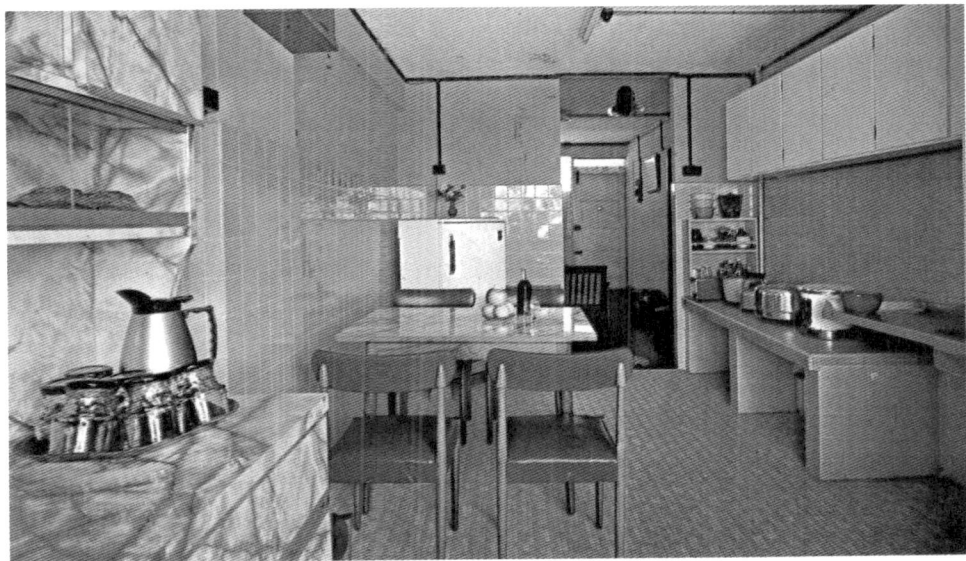

图 5　新加坡早期低下、不健康且危险的贫民窟生活环境（上）；建屋发展局为受影响居民提供的一室或两室安置公寓（下）。
来源：新加坡市区重建局。

造范围的报告。1964 年，建屋发展局成立了市区重建组，我被任命为该组负责人。由于贫民窟清理和市区重建工作越来越重要，两年后，市区重建组全面升级为建屋发展局内部的市区重建司。市区重建司负责土地征用、徙置、市区重建、建筑保护和为私人开发的土地售卖。

为了更好地了解市区重建在发达国家是如何进行的，我发起在英国、德国、日本和美国的游学考察。除美国以外，其他国家很少开展市区重建工作。美国的市区重建经历是最具学习意义的。在那里，市区重建遭到国内的强烈反对，人们指责其公然销毁房屋，不分青红皂白地销毁邻里，造成居民搬离，并造成贫民窟的蔓延和私下的私人开发土地买卖的发展。回到新加坡，我准备了一个报告，强烈表示新加坡需要采用不同于美国的方式实现市区重建。新加坡需要其自身的市区重建方法——一个谨慎的贫民窟清理、徙置、建筑保护和复建规划，还要仔细地处理私人参与重建的土地出售。

政府土地出售：私人参与与经济发展

为了让市区重建达到更加深远和全面的程度，连片的土地依法转为政府所有并由政府清理和划分后用于市区重建。然而，市中心的很多土地在殖民时期被划分为许多狭小区域由私人占有。这种碎片式的土地所有，使得土地购买和清理过程变得复杂。所以，《土地征用法》（Land Acquisitions Act）于 1966 年颁布，要求政府以与市场价值等同的补偿金从私人所有者处购买土地用于国家发展。在市中心，两个著名辖区：南一区（以哈弗洛克路、欧南路和新桥路为边界）和北一区（以哥罗福街、海滨路、惹兰苏丹和维多利亚街或加冷路为边界）成为土地征用和市区重建的试验地。

最早进行市区重建，修建用于徙置的住宅的区域之一是位于南一区珍珠山脚下的欧南监狱旧址（图 6）。殖民时期修建的欧南监狱是在 1936 年樟宜监狱建成以前最大的教养机构。鉴于欧南监狱所在地块的重要性及年轻国家徙置的紧迫性，理性的决定是把监狱转移到市中心以外，并在欧南监狱的地块建造更集中的住宅区。1966 年，女皇镇候审监狱建设完成用以取代欧南监狱，同时建屋发展局在欧南监狱所在地的欧南路建设了容纳 1 千人的组屋和一个多层购物中心来重新安置从珍珠坊转移过来的整个邻里的居民（图 6）。南一区的其他地块和北一辖区被确认为潜在重建区域。1968 年前，85% 的南一区和北一区地块被重建，3200 个用于徙置和市区重建的住宅和商店单元完成修建，另外有3000 个在修建当中（Choe，1969）。

随着南一区和北一区试验项目的成功，接下来的规划战略是分阶段重建市

图 6　占据了战略位置的欧南监狱（左）被重新选址，并在该地块建设了公共住宅和商店（右）来服务被重建局的徙置项目影响的邻里。
来源：新加坡市区重建局。

中心的其他区域，因此，划分出 15 个管理分区，其中 7 个在新加坡河和市中心北部（北一区至北七区），8 个在中央商业区南部（南一区至南八区）。战略规划逐步地开发情形简单一些的边缘区域，同时向更复杂的市中心区域推进。市中心的战略定位是建设多样化商业建筑，以发展经济。这些项目需要足够可行来吸引私人投资，这对于市区重建的成功至关重要。在商业发展方面的私人参与使政府可以全身心地投入到以公共住宅为例的公共基础设施建设当中。

　　然而在很长一段时间里，分散分段土地和多权属主体的店屋狭窄的建筑面宽避免私人对土地有价值的开发。私人部门无法通过购买、合并和清理小块土地，以开发有一定规模的项目。只有通过市区重建司，政府才能征用、清理和合并这样的小块土地，连片成为大的区域，以发展主要的商业区域项目。除了通过合并获取可利用的土地，市区重建司还提供了其他激励措施，例如降低房地产税、返还土地出让金和通过规划吸引民间参与。市区重建司还发起了对市区重建带来的需求和机遇进行宣传，以教育公众。

　　1967 年，位于市中心的 14 个地块以 99 年屋契地块向私人部门公开招标（Choe，1969）。第一个出售的地块在临时露天市场被拆除以后被腾出，该地块就是今天的珍珠坊大厦地块。珍珠坊大厦是于 1973 年开放的第一个混合功能的平台和高层建筑，它是在中标后由私人设计和开发的。为了确定该地块的用途，市区重建司向规划部征求了意见。从一开始，市区重建司不仅要清理贫民窟并重建中央商业区，也要发展经济。所以，向私人开放的项目不仅要得到重建部批准，还要满足私人成功的需要。因而，在工业发展方向确定和经济发展契机的市场需求方面,新加坡经济发展局提出了建议。为 14 个地块筛选的项目,涉及酒店、商场、办公楼与住宅公寓等类型。1973 年以前,这些早期的试验性方案使得随后更多土地成功出售,并最终实现了 45 个地块的招标出售,吸引了 4.66 亿美元的投资(Chew,1973)。随着出售地块数量的攀升和市区重建步伐的加快,重建部的工作量超出了员工的承受能力,其工作内容也逐渐超出了建屋发展局(HDB)的管辖。

我认识到为了以更快的速度落地更大规模的项目,重建部需要更多的独立性和灵活性,因此,我开始倡导重建部的自主权。随后 1974 年,政府成立了市区重建局,是国家发展部下属的法定机构。我被任命为新成立的市区重建局的第一任总经理。在完成了设定规则、步骤规划和最初三个地块的出售后,我完成了短暂的任期,因为我原本规划回到私人事务所,但在委员会的要求下,我留下来继续担任市区重建局总经理,直到 1978 年辞职。

市区重建局和建屋发展局的重要作用

政府将土地出售给私人开发,是新加坡城镇发展和经济增长的重要方式。在这样的倡导下,市区重建局先确定潜在开发地点,然后征用、清理,并将土地合并为可用于重要开发的大片区域。市区重建局还会专门为某个商业项目做市场需求调查,以寻求新加坡的经济增长——例如,通过建设酒店或金融服务办公区域来推动旅游业发展。另外,市区重建局还为出售土地制定很详细的规划和设计要求。市区重建局的土地出售项目为了吸引竞标者还提供了很多金融激励机制。

有关的投标文件明确指出,除了价格,在决定中标对象时,重建局的专门小组还非常看重设计质量。这样,整个过程既可以推广优秀的设计,培养和帮助有天赋的建筑师,还能教育开发商去重视好的设计。出售项目激励了新一代设计师的诞生,他们之前从未在新加坡崭露头角。例如,首个成交的项目是建成珍珠坊大厦(一个拥有大型中庭的大尺度多功能建筑)和在哈夫洛克路上的三个大型国际酒店。接下来在黄金大厦地块、中央商业区(图 7)和山湖大道(图 8)出售的土地,建设令人震惊、设计优良的大型高层建筑,被用于各种商业和住宅用途。

图 7　重建局早期成交的出售项目将摩天大楼和现代建筑风格带到新加坡。丹戎巴葛区的凯联大厦（左）。
位于莱佛士坊地带的华厦——新加坡华侨银行大厦（右）。
来源：新加坡市区重建局。

图 8　在市区重建局出售土地用于建设金融中心前的山湖大道（左）。重建后的珊瑚大道在原沿海仓库
一带建设了六个现代化的设计精良的办公大楼（右）。
来源：新加坡市区重建局。

从设计之初，市区重建局独立运转，并与规划部（那时隶属总理办公室及
国家发展部下的研究与统计处）共同落实多方面的国家建设工作。然而，单中
心集聚、精简规划、开发控制，土地出售和历史文化保护等职能需求，促使重
建局与规划部、研究与统计处合并。1989 年，新的法定机构保留以"市区重建

局"的名字投入运行。

　　直到现在，市区重建局和建屋发展局仍是为新加坡城市发展带来直接贡献的重要机构。令人震惊且激动人心的城市景观是新加坡迅速发展的体现，新加坡已成为世界上最宜居的城市之一。

面向未来的长期规划：
1971 年《概念规划》（Concept Plan）的开端

　　目前，争议主要集中于复杂的市中心改造和市区重建上，从更大的层面上看，新加坡的规划还是一个针对全岛范围的努力。为以适应未来的经济发展和人口增长，保证对有限土地资源优化和明智的利用，新加坡为全岛发展系统性地制定了一个综合而长远的指导规划。1967 年，新加坡政府和联合国开发规划署（UNDP）共同签署了《行动规划》（Plan of Operation）为名为"国家和城市发展项目"（State snd City Planning Project，SCP）下的《概念规划》做准备。

　　"国家和城市发展项目"由一个来自建屋发展局、规划部（PD）、公共工程局（PWD）和联合国协助人员组成的跨学科专家团队制定。1969 年，该项目发布了《概念规划》草案，使新加坡的规划方式更具战略性和前瞻性，并逐渐取代了碎片化和采取修正立场的国家建设理念。《概念规划》草案倡导土地划分和基础设施建设，因此它为新加坡未来 20 年的发展提供了方向。在为期两年的修改后——包括由重建局进行的专题研究，将中央区的结构性概念规划扩展成全岛方案——政府于 1971 年采纳了《概念规划》。

　　1971 年的《概念规划》（图 9）为新加坡未来的发展绘制蓝图，它可以被抽象为一个环状图案，由自给自足的新镇环绕绿色中央集水区组成，一条横贯东西的走廊沿南部海岸绵延，连接了包括樟宜国际机场（东）、中央商业区（市中心）和裕廊工业区（西）在内的主要就业中心。该规划传达了三条城市发展战略，它们在今天的新加坡城市景观中还清晰可见。第一，针对空间组织，该规划提倡一种环形交通模式的城市发展和扩散。这种结构确保了重要交通用地的安全，使覆盖全岛的捷运系统和樟宜国际机场顺利运行。第二，环状结构沿线的节点为整合主要功能用地的城市规划提供空间框架，即高密度住宅区和商业中心、工业区和绿色空间相连,形成连贯而自给自足的新镇。第三,《概念规划》

图 9　1971 年的《概念规划》。
来源：新加坡市区重建局。

确立了市中心范围——保留历史上的市中心并让两条捷运系统在此交汇——使其成为一个重要的商业枢纽，服务于生意和金融活动，它们在当时促进了前文所述几个市区重建项目的发展。

《概念规划》为新加坡的经济增长奠定了重要基础，并倡导基于严格计算和人口估算的理性方法。在此之后，每十年都会对《概念规划》进行审核，来完善之前的大战略和发展政策。每当规划更新一次，我们就对过去有更多的了解，也为未来积累了更多的经验。

今天，市区重建局的职能石展到更多与土地开发与控制相关的领域，同时，重建局一直延续它保护建筑遗址和向过去学习的传统。1971 年的《概念规划》是最早的长期土地使用规划，它的原则持续在新加坡的城市景观中体现。如果不提《概念规划》的贡献，新加坡的城市历史故事将不完整，该规划是一个标志性蓝图，也是现代新加坡发展的基石。今天的重建局由高度发展和极有才华的团队组成，采取了便于实施且适应不断变化需求的行动导向规划，适应了社会和商业发展需要但又仔细考虑了长远的土地利用、土地有效性和人口及经济的增长。

结语：过去的经验指导将来的发展

新加坡进展迅速的国家建设和城市发展让许多国家羡慕不已。在作为独立的城市国家的短短 50 年间，新加坡发展成为一个有着堪比香港、伦敦和纽约等先进城市现代设施的国际都市，今天的新加坡和过去对比强烈。从一个狭小的在赤贫的条件下的岛国发展成世界最富庶的国家之一是十分了不起的，它需要合作、创新和胆识，这三个品质，在新加坡城市历史中一次又一次地体现出来。

合作在经济来源和知识资本匮乏的年代是非常重要的工作理念。那时，政府部门之间养成了互相咨询、互相合作的工作态度。在不同专业背景的公职人员通力合作和不同部门之间分享知识的情形下，政府各部门齐心协力的规划模式形成了，最终实现了涉及诸多利益、影响广泛的公共项目，取得了全方面最好的成果。

在早期，资源缺乏并不影响创新发展，因为混合功能的住房、生活设施、完善的卫生体系和高效的交通等着被一一建设。这些急迫的问题成为规划推进的强烈动力。很多创新都来自于对前人的研究和学习，例如，公共住宅经历了一系列设计创新，每个新的时期都比之前更加优化。在我刚进入重建局的那段时间，我研究了改良信托局在中峇鲁组屋区建设的早期公寓，发现大多数是单间套房公寓，几户共用厨房和卫生间。重建局组织建设的公寓相较于之前有了大的进展，不仅增高房屋层数以提高土地利用率，每户还有专门的厨房和卫生间来顺应变化的社会人口特征。因引进预购组屋及设计、兴建与销售规划，这样大幅度的进展在几十年间一直持续。

胆识是在每个新加坡城市发展转型期有弹性的核心。提出大胆的规划并把规划踏实地付诸实践让新加坡战胜了一个又一个困难。在早期，这样的胆识源于强烈的政治愿望、良好的管理和务实的远见，为赢取公众对看上去激进超前规划的支持起到建设性的作用。像高层住房、私人参与市区重建和捷运交通系统这样的项目，在刚开始都遭到公众的怀疑。然而，良好的规划、理性的目标和试验性尝试，使政府赢得了公众的支持和信任。这样看来，可以说新加坡的先驱们是很有胆识的。

新加坡的发展道路在 50 年前带着明确的目标和野心，其发展方向在很早就被确立，确保了关键项目的确定和迅速实施：消除贫困，为大众提供安全永久的住房，复兴市中心并为创造工作机遇、提高就业率而注入新的经济发展机会。在早期那几年，目标是清晰可辨的，实现他们的愿望是热切的。当展望新加坡未来 50 年的城市命运时，我们需要叩问自己是应该延续过去 50 年的发展道路，还是前往未历经的道路上的探险。未来的道路充满复杂性和不确定性，但通过重拾新加坡的城市历史，我们认识到合作、创新和胆识的重要性，它们将把新加坡城市规划的未来推向过去无法想象的高度。

鸣　谢

　　我要感谢王才强教授邀请我参与本书的撰写。我还要感谢杨苏建和编辑团队在本文准备工作中的协助。最后，向新加坡市区重建局和新加坡国家档案馆为本文的图片提供信息和帮助表示感谢。

参考书目

Chew, C. S. (1973) 'Key Elements in the Urban Renewal of Singapore' in: Chua, P. C. (Ed.) *Planning in Singapore*, pp. 32–44. Singapore: Chopmen Enterprises.

Choe, A. F. C. (1969) 'Urban Renewal' In: Ooi, J. B. and Chiang, H. D. (Eds.) *Modern Singapore*, pp. 161–170. Singapore: University of Singapore.

Chua, B. H. (1989) *The Golden Shoe: Building Singapore's Financial District*. Singapore: Urban Redevelopment Authority.

Singapore Economic Development Board (2014) *Future Ready Singapore: Facts and Rankings*. [http://www.edb.gov.sg/content/edb/en/why-singapore/about-singapore/facts-andrankings/rankings.html, accessed on 31August 2014]

Teh, C. W. (1969) 'Public Housing' in: Ooi, J. B. and Chiang, H. D. (Eds) *Modern Singapore*,pp. 171–180. Singapore: University of Singapore.

Yueng, Y. M. (1973) *National Development Policy and Urban Transformation in Singapore: AStudy of Public Housing and the Marketing System*, Research Paper No. 149. Chicago:University of Chicago, Department of Geography.

第 2 章

新加坡规划与城市化：50 年历程

刘太格

导 言

　　今年我们庆祝祖国 50 周岁生日。在相对短暂的时期，我们把原来的英属殖民地转变成一座现代化都市。我们的国家已正式满 50 周岁，但其实城市发展工作早在 1960 年即建国前的 5 年就开始了。到 1985 年——25 年，或者说是一代人的时间——这个转变的基础工作已基本完成。几个进步的关键信号已经显现。所有的违章建筑已经不复存在，我们的城市变得干净且绿色，顺畅的交通和全面覆盖的水电气供应已经实现。因为我们几乎从一开始就实行了的污染防控，城市整体环境质量符合世界标准，每个市民或永久居民都能享有一片蓝天。除此之外，我们的教育系统也得到了巨大的改善。我们的 GDP（国内生产总值）不出意料地翻了 20 倍。直到今天，我们的人均 GDP 仍能略高于美国水平。新加坡的故事逐渐吸引了全世界的目光，从亚洲城市到中东，最近又到东欧、非洲、南美洲，甚至一些发达国家。

　　我们的成就可以用三个词概括：速度、数量和质量。和其他很多城市一样，我们希望新加坡的转变能迅速实现，尽可能地扩大影响范围使多的人受益，还要保证世界一流的质量。当我们把这些成就归功于规划师、建筑师、工程师和其他专业人士的同时，事实上更应归功于政府领导和专业人士的紧密合作，也就是常说的"整体政府理念"而实际上是"整体社会理念"的模式。

　　当政府颁布了法律法规，而其实施结果在某些地方却不尽如人意的时候，在过程中进行适时调整是可行的。然而,我认为有三个领域是不容失误的。第一,如果教育政策不健全,一整代年轻人将浪费他们宝贵而无法挽回的青春。第二,如果生态被破坏,它将一去不复返。第三,如果建设环境缺乏规划和发展,而错误却在 20 或更多年以后被发现,去修改大型钢筋混凝土结构是非常劳民伤财的。尽管这给情况相当严峻,城市决策者仍能通过给予主观的或实验性的指导来避开这些问题。因为当问题在几十年后显现时,他们早已升迁或调离,不必为当年的行为负责。幸好,新加坡在对待这个问题时非常审慎,因此并没有经历太多的遗憾。在祖国 50 周岁生日之际,在回顾了这些精心规划、艰苦努力的工作后,我感到非常惊异且不得不记录下来我们是如何取得今日的成就的。

紧密而一致的协作

图 1 描述了在城市规划和发展中,与政治领导和专业人士之间的协作模式。

从一开始,(图 1,步骤 1)我们的规划理念来自两个方面:一个是已经出现且亟待关注的问题;另一个是政治领导早早预见到的潜在问题,他们希望能在问题出现之前,将其扼杀在摇篮里。在这两种情况下,"整体政府理念"模式从未在铁的事实前错把表面现象当本质原因对待。与发现问题并行,我们的政治领导细心的花费时间去观察城市发展战略的利与弊,并在学习和研究其他城市的成功经验的同时针对城市发展提出严肃问题。这种方式消耗时间和精力,尤其是在把研究发现运用到我们的现实环境时。然而,事实证明,比起简单去复制其他城市那些诱人的景象,我们所历经的冗长乏味的方式是非常值得的,

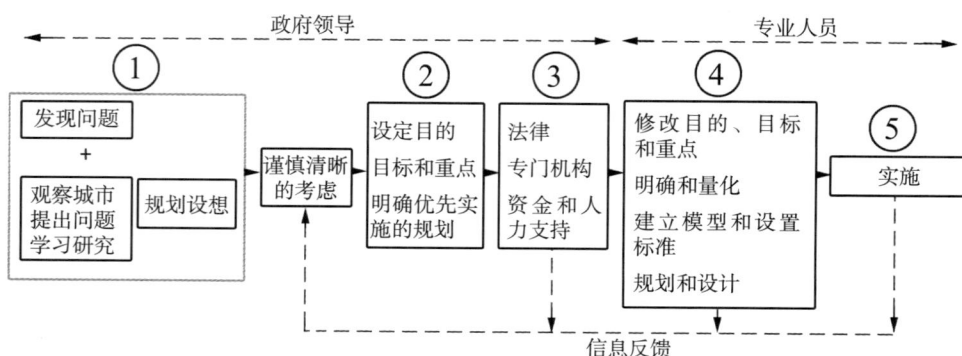

图 1 管理文化。
来源:作者。

它让我们得以探索新的解决方法并最终为世界城市规划知识体系做出贡献。

只有想法并不能保证解决问题，这是一个良好开端的关键。下一步则是谨慎并清晰的考虑这些想法，并应用这些想法去设定有效的目的，目标和重点（图 1，步骤 2）。例如，20 世纪 60 年代遇到的最关键的问题就是在 160 万市民当中，有 115 万人住在违章建筑区。如果新加坡想成为世界级的宜居城市，就必须将这些居民迁至体面的居所。由于人口数量庞大，收入水平低和地价相对高昂，达到目标的唯一方法就是由政府资助实施一个大规模公共住宅项目。因此，尽管那时整个建筑行业都无法应对如此大规模的任务，1960 年仍优先成立了建屋发展局。

在此背景下，许多曾与李光耀先生亲密共事的人都明白他是一个爱担忧的人，他早在问题出现以前就开始担心，并开始寻找解决方法以免其恶化。例如，早在 20 世纪 70 年代，高层建筑的玻璃幕墙开始流行，但通过玻璃面板传导到室内的热量提高了制冷所需的能量，同时，热量透过玻璃反射提升了周边环境温度。为了应对这些问题，我们开始应用幕墙的整体热量移值（OTTV）这项强制指标。这是在全球拉响二氧化碳排放或城市热岛问题警报之前的事情。

在解决根本的城市问题之乐，李光耀先生和他的同事们还期望在最短的时间内改变城市的面貌。为此目的，他们推出了一些后来被证明非常有效的"权宜之计"。其中之一。是他们通过在包括荒地和褐地在内的土地上系统性地植树种草，以推广"花园城市"的概念。用李先生的话说就是，这是改变城市外观的最廉价又最高效的方法。几乎同时，为了来改善人行道，让他们走起来更舒适，政府成立了"人行道委员会"。同样，这个想法也走在了时代的前面，在可步行性引起世界关注之前就受到了新加坡的重视。另一方面，小汽车停车标准被应用在每栋新建建筑中，而当时只建了少量车库以满足老旧建筑的停车需求。于是，路边停车的现象基本消失。接着，在 70 年代末期，政府要求所有建筑进行每五年一次的重新粉刷。几年之内，肮脏的外表成为过去。因此，即便没有建设标志性建筑，新加坡的形象仍得到了极大的改善。

设立了明确的目的、目标和重点以后，政府几乎从未失误，同时开始通过法案和设置专门机构来完成不同的任务，并提供资金和人力支持（图 1，步骤 3）。关于立法，《土地征用法》和《徙置法》在允许政府强制征收用于公共目的的土地时起到关键作用，成功地将违章建筑中的徙置到由重建局建设的公寓、商店和工厂中。尽管许多城市也颁布了类似的法律，只有新加坡政府能将其广泛而有效地运用于市区重建。这一事实说明政府对在使用征作国家用途的土地时进行了非常严格的控制，同时保证搬迁居民得到公平合理的补偿，因此获取了市民的信任。对我们取得长远的重建工作的成功来说，这份来之不易的信任显得至关重要。

另外，规划的权威性对其最终的实施至关重要。在新加坡，只有一个《总体规划》，不像一些城市有几个，而且也只有一个规划局，就是市区重建局，它具有明确的授权来要求所有公共和私人的建设提案都需要遵循《总体规划》和其相关具体规划、原则和规定的指导。尽管经常被新加坡人视作是理所应当的，这种有效的安排，保证了一个配合良好的城市管理系统，因而造就了一个有效运转且有秩序的城市。另外，有了这样的权威，为政府官员和规划人员带来一定的压力，可以保证所有实施的规划和规定对受影响的市民公平、有益且具有高度的公信力。所以，《新加坡概念规划》或《总体规划》也必须是确实经过仔细和明智的全面考虑后制定的。

考虑到要为公共机构提供经济和人力资本，值得注意的是要保证每个政府提案都经过了仔细的评估过程，因此确保它会被有效利用，尤其是在需要资助的时候。政府依据时间和需要来明确要优先实施的政府规划，将浪费的投资控制到最小。由此一个资金的良性循环得以建立，使政府可以发起其他新项目。

接下来，专业人员需要履行他们所分配的责任（图1，步骤4）。我们被给予了合理的机会和时间去修改甚至反对政治领导们设置的目标和宗旨。在20世纪60和70年代，包括我在内的专业人员，都很年轻且没有经验，所以，我们在开始一个规划任务之前都要进行广泛的研究。例如，在新镇规划中，我和我的同事花了几年的时间进行实地调查和采访并探究现有的文字资料。这让我们对概念、规模、方向和对于新镇、邻里、辖区及市中心等地区的土地综合利用有了更深的了解。因此设计出了各种不同的模型。后来，当我成为市区重建局总规划师时，我们重复了同样的步骤，但这次的范围覆盖了整个岛屿。那时，政府明智地发现了标准化城市组成部分的需求，因此，为包括植树和不同类型的道路断面等各方面提出了设计标准。建立模型和设置标准都是在实施方案中保证质量的有效方法。在这样的大环境下工作，我们的规划师，建筑师和工程师更有信心建设一个集功能与美观于一身的城市。

政府强有力的支持固然重要，规划作为一个专业也需要有坚实的技能。不幸的是，坚实技能的重要性在世界上许多地区往往是被低估或忽视的。由于一个总体规划本质上只包含了一张薄纸上的几条线和几个色块，它错误导致了任何人都能胜任这份工作的想法。因此，建筑师或景观设计师而不是规划师，被任命来制定所谓的总体规划。这在医学界是无法想象的。如果我们把一个规划师视作城市医生，这样的医生需要花好几年时间来学习技能和知识，从而让患病的城市重获健康。没有人会想让一个牙医来治疗他的眼睛或让治疗脊椎的医生拔牙，而且没有患者会想要为医生进行分析诊断。但规划师却经常要按照他人的要求来绘图。尽管规划本身看起来简单，它的内容最终会转变为难以拆除的钢筋水泥结构。如果做出了欠考虑的决定，造成了不良后果，纠正它需要花费大量资金。为了进一步证实这一点，我可以说世界上永远会有两种城市，一种城市中汽车靠右行驶，另一种靠左，因为要将任意一种体系转变成另外一种都需要大规模地拆除钢筋水泥建筑，这是难以想象的。

在我为公共服务部门期间，新加坡政府非常看重城市规划，因此避免了不幸的失误。政治家设置明确的方向，然后让专业人士努力寻找解决办法实现目标。反过来，专业人士被寄予厚望，要以国际标准完成使命。有着高度的自律，政治家们尊重规划的专业性，避免在技术性的问题上过多干涉。反过来，作为专业人士，我们努力钻研技术来获得足够的信心，坚定要符合国家利益的根本原则。因此，我经常告诉在新加坡的海外访客，统治这片土地的最高权威，不是总理，不是总统，而是真理。即使是总统或者总理也要在真理面前低头，这样最好的想法就能在国家利益面前发挥作用。

准备好规划方案之后，接下来的任务就是设计实施的方案（图 1，步骤 5）。这将在之后讨论图 4 时进一步展开讨论。

城市化的四个主要目标

新加坡城市化的四个相互关联的主要目标是：考虑人民的基本需求；通过基础设施建设最大限度发挥土地功能；保证土地的永续发展；提升宜居性。在一个城市的组成当中，实体环境的建设（硬件）和支持政策的制定（软件）之间有着很强的互补关系。

1. 人民的基本需求

城市规划，尤其是在像新加坡这样土地有限的小城市国家，需要有远见和持续性。所以新加坡《概念规划》是土地利用分配和基础设施建设的法律蓝图，它不会被完全抛弃，但会定期重审和每十年更新一次。

新加坡的第一个《概念规划》是1971年在联合国发展规划署的帮助下制定的，当时预估至1992年将有340万人口。这个规划一个关键的战略性特点是有四条城市走廊的体系，其中两条内部的走廊围绕着中央集水区，两条外部的走廊沿着南海岸线延伸至城市的东部和西部。在这些走廊沿线，形成了高密度的卫星镇，主要用于公共住宅发展。这些城镇将由大众捷运系统连接，且附有综合性的高速公路网络。

然而，新加坡的人口增长远远超出预期，在1982年时达到290万，因此1971年的《概念规划》需要更新。在1985年到1989年期间，所有部门都展开定量研究来估算人口规模、发展所需的城市用地面积和各类城市居民活动所需的房屋面积。这些大规模的前期努力为1999年《概念规划》的准备提供了强有力的定量数据基础（图2），它服务于预测到X年以后达到的550万人口，这个时间大约为100年，以此确保未来环境的宜居性。

1991年《概念规划》的目的是通过分散中心人口缓解市中心拥堵，这需要在市中心以外建立等级化城市中心。按规划，这座岛屿城市被划分为五个区域——中心地区，西部，北部，东北部和东部区域。每个区域将会容纳约100万或更多的居民，并在进一步细分下形成几个高度自足的新镇，有高、中、低密度混合的住房。除了中央商业区，其他被定为区域中心的有裕廊东、兀兰、义顺和淡滨尼，为了进一步分散中心，规划还指定了一些次一级的区域中心，分别是波那维斯达、璧山、实龙岗、巴耶利巴和马林百列，此外，在中央商业区的周边，一些"边缘区域中心"被引入来强化中央商业区的功能，这些中心包括新加坡河、欧南、纽顿、诺维娜、拉文德和乌节。除了商业中心，工业建设也分等级地分散在岛屿各处，轻工业战略性地坐落在靠近住宅区的位置，方便人们上下班。同时，在"绿蓝思维规划"下，设立了一个框架来维护自然保护区，并通过建设一个含开放空间和水道的综合性系统来提供更多娱乐休闲的机会。

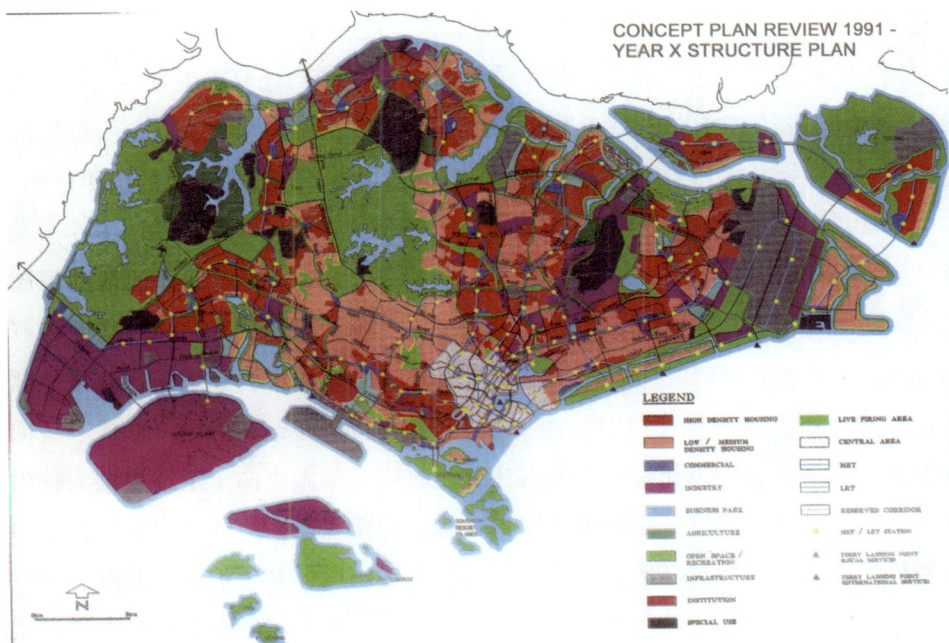

图 2　1991 年《概念规划》。
来源：新加坡市区重建局。

　　需要指出的是《概念规划》因政府对于主要设备安装选址做出的合理决定而更加优化。例如，将石油化工厂建设在裕廊岛，与人口密度高的地区保持一定距离。再如，军事训练基地不仅用于军事防御，还保护了大面积的热带雨林，而坐落于岛屿中间的中央集水区的选址是由英国殖民政府决定的，新加坡政府后来将其向北扩展，以更好地保证充足的水供应。再往东走，为了给以后长远的城市扩展留出空间，巴耶利巴机场被迁到位于岛屿最东端的樟宜。这样，对于已建设区域的噪声污染和高度限制被最小化。总体来说，这些决定使新加坡成为一个在最小化对日常生活干扰的同时保持良好运转的城市。

　　在这种情况下，1991 年的《概念规划》能够实现把新加坡建设成为"卓越的赤道城市"的憧憬，即成为"一个平衡工作和娱乐，文化和经济的岛屿城市；一个由自然环境、水体和城市发展交织的美丽、有个性且雅致的城市"。

　　为了高效地将宏观的愿景和目标落实到微观层面，总共 55 个规划区域被划分出来，每个区域有当地的详细规划，它们被称为"发展指导规划"（DGPs），从 1993 到 1998 年经历了五年的时间来制定。每块土地的数据都被收集起来，用以确保最终规划不仅有长远的目光，还对私人土地所有者具有公平性。"发展指导规划"完成之后被整合成为"概念规划"，一同完成的还有根据具体地块参数而制定的控制指导方针，这些参数包括土地利用类型、发展密度和建筑高度等。这提供了能够指导规划实施的法律依据，同时这也是具体建设提案所需的。

在 1971 年和 1991 年的《概念规划》中，新镇明显是在城市发展中作为基本的城市建筑区域，它们有效地满足了居民的住房需求，还保证了环境的宜居性。一开始，建屋发展局（HDB）的战斗口号是"打破住房短缺的基础"。到 20 世纪 70 年代，当政府见证建屋发展局提供了充足的住房容量，将大量违章建筑中的居民迁至高层住房时，规划的主题转变成全民"居者有其屋"。直面紧迫的住房需求，为了让每个人拥有住房，政府需要做出两个逆世界潮流的决定。第一个是修建高层、高密度住房，这是一种在六七十年代的西方被普遍谴责的住房形式，因为它会造成很多社会问题。做出这样的决定以后，我们的任务是找出这种住房形式存在的问题，之后再按照以人为本的原则和制度通过城市规划和建筑设计来解决这些问题。第二个决定是在 1964 年前后做出的，要修建用于售卖而非租赁的公共住宅。那个时候，甚至到了现在，世界很多地方的公共住宅都主要用于租赁。做出这个决定主要有三个因素：第一，这样有利于鼓励居民更好地维护他们的居住环境；第二，当居民的经济条件提高之后，他们更加乐意主动优化他们的住房；第三，让居民能在这个狭小的多民族国家成为更稳定的利益关系者。这样的政策加上合理定价，目前有 90% 以上的市民和常住人口拥有了自己的住房。这毫无疑问地创造了世界纪录。

为了制定良好的城市规划方案来成功地完成城市化，"智慧规划"的作用是再重要不过的。"智慧规划"是指带着功利性地、理性地研究和思考城市问题。典型的情况是，一个城市的政府想要创造一个优秀的城市，于是直接开始标志性建筑的设计，跳过了在这其中最根本的城市规划步骤，没有认真地将想法融入规划中，也没有将规划落实到现实环境中。这种草率的步骤，很大程度上是导致我们现在看到的周围许多城市建设失败的原因。更加合理的"智慧规划"流程在图 3 中展示。步骤 1，设定目标，包括构思想法，要同时考虑到政府和人民的期待和需求。与此同时，高级的城市领导和规划师要量化城市规划方案中的各个组成部分，如步骤 2 所示。他们必须明确城市人口规模，它合适的密度和土地面积，这些过程在之前已经讨论过。

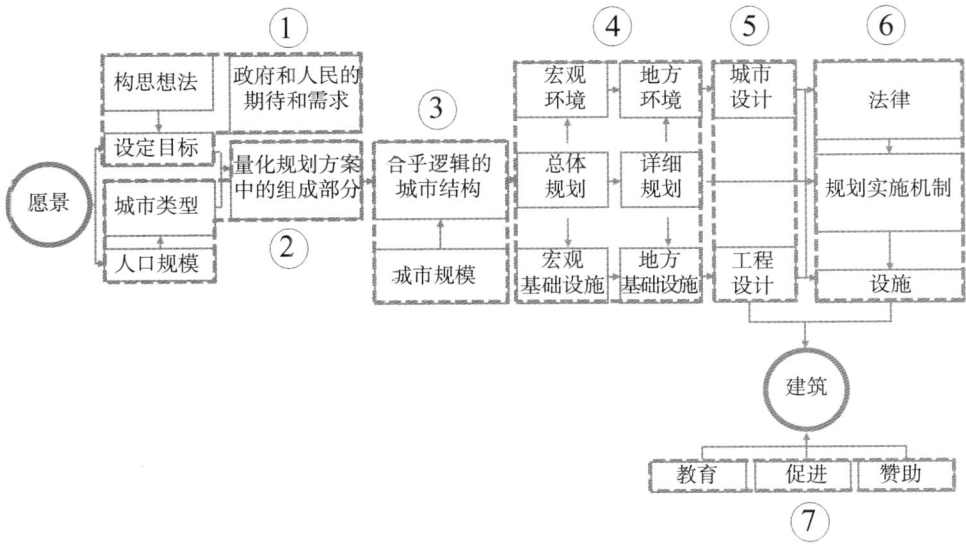

图 3　智慧规划。
来源：作者。

接着就来到步骤 3，规划师需要依照相关信息的指导为所在城市设计一个有逻辑性的城市结构，这些信息包括城市组成（或土地利用类型）、需要的数量和预期的规模等。在开始这项任务之前，规划师会听取建议选择一个理想的城市发展模型作为参照。这是很重要的，但也经常被忽视，例如我就曾经询问过许多经验丰富的规划师，两条平行的高速公路之间最理想的距离是多少。只有很少的人提供了可靠的答案。如果我们甚至都不清楚这些要求，我们怎么规划一座城市？有了可操作的模型，我们之后就要决定规划方式并确定城市的大致结构，要考虑到人口规模、密度、必需的城市组成、相应的数量和规模，以及城市地貌特征。

确定了战略，我们就要开始制定《总体规划》，随后制定在步骤 4 中展示的《详细规划》（Detailed Plan）。这个时候，我们必须仔细考虑并将社会、经济、环境、生态和其他因素整合到规划当中。接着，我们开始了步骤 5，也就是城市设计。在最后一步，步骤 6，我们制定法律来指导城市规划方案的落实，并为政府部门设定一个高效的规划实施机制来确保每个独立的项目都符合《总体规划》《详细规划》和《城市设计大纲》（Urban Design Guideline）的要求。

如表 1 所示，我们十分欣慰地看到，即使人口大量增长造成人口密度居高

表1　规模和尺寸：土地、人口和经济　　　　来源：新加坡宜居城市中心

	年份	单位	1965	1985	2005	2014
土地	人口	人	1,886,900	2,735,957	4,265,762	5,469,724
	土地面积	平方千米	581.5	620.5	696.9	718.3
	城市面积	平方千米	177.4	298.8	NA	518*¹ (2015)
人口	密度	平方千米每人	3,245	4,409	6,121	7,615
	居住在建屋发展局公共住宅中的	百分比（%）	23	81	83	82
	自有住房者（全部，包括发展局住房、私有公寓、独立式洋房）	百分比（%）	29.4*² (1970)	58.8*³ (1980)	91.1	90.5
经济	GDP	百万美元	974.2	18,554.6	127,402.4	307,859.8
	人均GDP	美元	516	6,782	29,866	56,284
	失业率	百分比（%）	8.9 (1966)	4.1	3.1	2.0

*1 http://www.demographia.com/db-worldua.pdf.
*2 http://www.singstat.gov.sg/docs/default-source/default-document-library/publications/publications_and_papers/population_and_population_structure/population2014.pdf.
*3 同上。

不下，我们的城市环境还是得到了切实的改善。到 1985 年，基本上所有的违章建筑都被清除，其中 81% 的人口成功迁入公共住宅，失业率控制在可接受的 4%。总体来说，这些都强有力地证明了，人民的基本生活需求已得到充分满足。

2. 土地的基本功能

在《概念规划》或者说每个《新镇规划》（New Town Plan）的准备当中，城市的核心职能包括基础设施、市政职能、生活设施和交通系统等必须互相协调、互相融合。

为了让我们的城市经济繁荣，除了国内交通系统之外，往来附近岛屿的外部交通连接，像是机场、海港、邮轮码头和轮渡码头等，也是至关重要的。我们不仅陆地上拥挤，海上和天上也是同样拥挤。我们需要为港口发展留出足够的滨海区，还要为航班和微波路径留出相对开阔的天空。这些准备无疑是为长远未来而规划的，当中至少有两个原因：第一，将这些场地和设备对周边地区可能带来的负面影响降到最低；第二，避免在城市扩张至边远地区后需要搬迁设备。

除了制定智慧城市规划方案，智慧的规划实施过程同样重要。这又是一个艰辛而必要的工作。如图 4 所示，通过这个过程，我们更有可能创造一个功能齐全又美丽的城市。我们以明确期望为起点，随后就是制定《总体规划》，《详细规划》和《城市设计大纲》，同时着手制定《基础设施总体和详细规划》来确保城市的基础设施能够顺利运转，将其整合到《土地利用规划》中并及时发布。接着，当我们开始着手城市设计时，工程设计也要同步开展，随后我们要系统地通过法律条款，实施推广，最后开始城市发展。

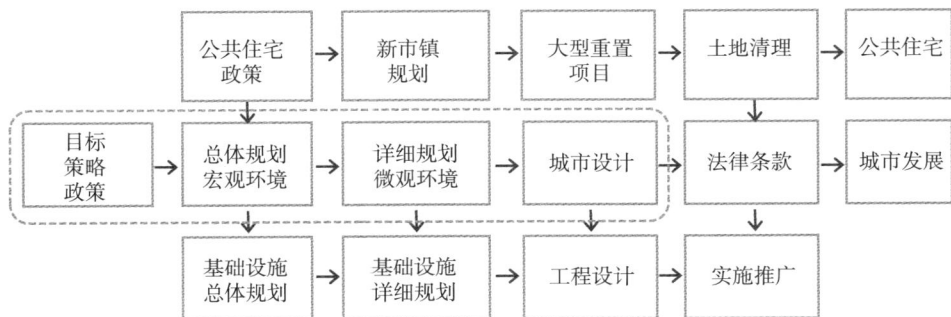

图 4　智慧实施流程。
来源：作者。

再一次强调，我们的公共住宅政策为我们的城市发展过程做出了重要的贡献。具有野心的建设项目满足了重新安置违章建筑居民的需要。通过大型的重置项目，大量土地得以清理，不仅可以用于建设公共住宅，还可以用于商业、工业和基础设施开发。

这些工作的实施需要许多政府部门的投入，幸运的是，我们各个政府部门紧密合作。"筒仓综合征"在那个时候还不为人知，实际上，新加坡的游客们常常很羡慕这里政府之间的紧密合作关系。例如，当工程师设计基础设施项目时，他们需要有对审美的敏感性。而在公共服务部门时，我协助工程师们的设计工作，使设计达到具有功能性、便捷性和美观性等多个目标，通过这些工作，其中许多工程师成为我的朋友并一直保持友好的关系。

表 2 展现了基础设施稳步提升的情形。我们在 1985 年清理完所有的违章建筑时，已经成功为每个家庭和商业建筑提供全套的生活设施。公共交通也一直在发展，国际交通连接持续扩展，我们的海港成为世界最大转运港。唯一不幸的是，新加坡在推广自行车骑行方面进展缓慢。

3. 土地的可持续开发

当我们依赖土地的多种用途的时候，我们必须保证它的可持续性。新加坡经常被描述为花园中的城市，是一个有很多花园的城市。这样的赞许不是空穴来风，它是由严格的规划和艰苦努力换来的。在准备 1991 年的《概念规划》的时候，我们的第一项任务是要确定所有值得保护的历史建筑和自然风光。从 20 世纪 90 年代早期开始，大约已经有 7000 栋房屋被公布进行保护。为了保护自然，我们的"集水规划"立刻提上议事日程，这个规划联合了武吉知马自然保护区、拉柏多自然保护区、直落布兰雅山、武吉甘柏山和花柏山公园。

接着，我们成功让大多数河流保持其自然的状态，只在流经城市区域的部分修建必要的堤坝。至于土地开垦，早在 20 世纪 60 年代中期，在海平面上升成为国际关注的问题之前，我们的政府就将东海岸土地开垦区域的平台标高设置为涨潮时海平面以上 8 英尺。在虚拟仿真的帮助下，我们可以看到随着时间推移海浪对海岸线的侵蚀作用。在 1991 年《概念规划》的准备阶段，我和我的同事还决定保护一段樟宜湾附近的原始沙滩，因此我们的后代能认识和了解新加坡原始海岸的样貌。此外，一些岛屿也都保持着原有状态，这包括圣约翰岛、

表2　交通，设备

来源：宜居城市中心

年份	单位	1965	1985	2005	2014
国内交通					
私家车（不含出租车）	辆	104，723	221，279	432，287	600，176
大众捷运线路（长度）	千米	NA	67	109.4	154.2
大众捷运系统平均每日乘客量	千乘客 - 趟	NA	740 （1990）	1，321	2，762
公交系统平均每日乘客量	千乘客 - 趟	NA	3，009 （1995）	2，779	3，751
自行车道	千米	NA	NA （1995）	NA	230
对外交通					
机场：到达的旅客量	百万乘客	0.8	4.32	15.36	26.67
海港：每年处理的标箱数量	百万	NA	1.6	23.2	33.9
乘船游览	千旅客	NA	NA	6，526	6，820
设备					
发电容量	兆瓦	NA	2，571	NA	11，283
用电量	百万度	913	8，821	35，489	44，923
污水系统长度	千米	561	1923	3100	3400
国内每日用水量	人均每天升	197	104	155	151

龟屿、德光岛和乌敏岛。

除了自然保护区，新的公园和集水池塘在整个岛屿拓展开来，邻里公园、新镇公园和一些区域性或全市的公园也被建设起来，例如，东海岸公园、碧山公园和实里达河公园。在1991年《概念规划》的准备阶段，武吉知马自然保护区范围扩大到覆盖了整座山。在筹备武吉巴督新镇规划的时候，一个废弃的采石场被转变成拥有石岩和深水池塘的公园，还因为景色特别优美而被亲切地称为"小桂林"。还有几个美丽的花园，例如最初建设于英国殖民期间的有着悠久历史的植物园，还有近期建设的中国花园、日本花园、港湾花园、新加坡动物园和裕廊飞禽公园。

良好的自然环境不仅倚赖于考虑周全的新城市区域或对遗址和绿色区域的保护，还仰仗空气和水的质量。从这方面说，政府基本从第一天就开始了污染防控。尽管那时还很贫困且非常需要外国资助，也有跨国公司希望在城市中部的黄金大厦设立工厂，但是即使政府非常希望得到这笔投资，还是采取了强硬的态度要坚持原则反对工厂的选址。最后，通过协商和税收手段，政府成功说服投资者将工厂设置在裕廊工业区。这个事例以及政府对于其他事件的解决手段，都进一步证明了营造好的环境就需要对重要原则的高度理解和坚守，如表3所示，最终的结果很令人欣慰。

表3　生态保护区　　　　　　　　　　　　　　　　　　来源：新加坡宜居城市中心

	年份	单位	1965	1985	2005	2014
保护区	建筑遗址	个	0	3，200	NA	7，100
	总绿色覆盖率[*1]率	百分比	NA	35.7（1986）	46.5（2007）	42.2（2012）
	总公园面积[*2]	公顷	NA	3，720	1，841.9	2，363
生态	人均二氧化碳排放量[*3]	吨	1.34	12.21	7.12	4.32（2011）

*1.一个花园中的城市，发展中的花园——未发表的内部资料。
*2 公园、游乐场、开放空间、健身角和公园连道，自然保护区除外。
*3 世界银行数据。

4. 市民宜居性

除了在就业、教育、住房、交通等方面大体发展良好，还需要在住宅区附近修建优质的生活设施和康乐设备，使人民生活水平得到提高。在全市范围内，学校、大学、公共图书馆和文化机构被看作是优先建设的设施。多年来，这些设施逐步升级，达到了世界级水准。新建的国家美术馆现在可以永久展出新加坡和东南亚艺术家的作品。另外，海滨艺术中心吸引着世界级的表演艺术家。

为了提高城市居民对健康的重视，政府在每个新镇修建了运动场和室内体育馆。为了保留街边小吃和在市场购买生鲜的传统生活方式，我们建设了熟食中心和生鲜市场。时间一长，小吃店和咖啡馆成了我们传统生活方式的象征，就像巴黎的露天咖啡馆一样。它们可能看起来陈旧，但却受到当地人和外国人的喜欢。

在大规模重新安置违章建筑居民的过程中，政府和规划者希望在搬进新高层住房的居民当中培养邻里精神，于是新镇被进一步划分为各个邻里，并继续细分为更小的地块。每个地块约为 3 ~ 5 公顷，可以使居住者对土地产生归属感，周围邻里间也更加亲切和睦。为了强化这一目的而设计的镇中心和邻里中心可以完成发展商业和举办市民活动两个要求，居民们不仅可以在其中购物，还可以与朋友和亲人在餐馆和小广场见面聚会。其他设施例如公共服务区域、不同宗教的宗教机构和加油站也经过了仔细的研究后并融入新镇规划中。新镇的模型如图 5 所示。当这样的模型被落实到实际选址，与当地历史和地理特点融合时，互相之间将有很大差异，就像图 6 所示的碧山新镇规划。

作为城市建设的基本单元，每个新镇都被规划达到高度自给自足，拥有宽敞、高度综合的一系列设施。宜居性因而覆盖到整个城市，成为根深蒂固的要素，尽管 20 世纪 60 到 80 年代发展迅猛，建设起来的一系列高层、高密度住房也没有出现与其相关的城市问题。

表 4 快速回顾了以往所提供的有关医疗、教育和文化设施的。我们可以很好地发现随着人口增长，这些设施也在稳定提升优化，除了一个例外，那就是低下的出生率，近年来中小学学生人数有些许滑落。

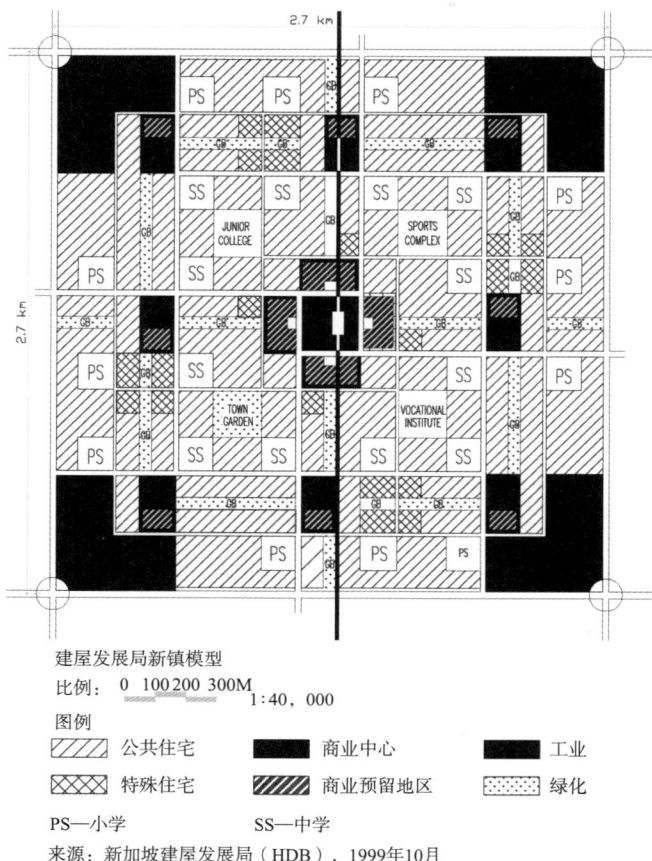

建屋发展局新镇模型

比例：　0　100 200 300M

1：40，000

图例

▨ 公共住宅　　　　■ 商业中心　　　　■ 工业

▨ 特殊住宅　　　　▨ 商业预留地区　　▨ 绿化

PS—小学　　　　　　SS—中学

来源：新加坡建屋发展局（HDB），1999年10月

图5　建屋发展局新镇模型。
来源：新加坡建屋发展局，由 RSP 改编。

一个获得回报的发展进程

　　我对新加坡在城市规划和城市化方面工作的了解在我 1992 年离开公共服务部门时变得更加深入。回首过去，我很欣慰我们有一个良好的开始。我们专注于解决真实存在的问题和满足人民和土地的基本需求，而不是被宏大的项目左右。解决基本的需求通常不仅不宏大还很艰苦，而完成肤浅而宏大的项目却可能在一时间就赢得很多好评，而且实现起来也较轻松。现在都流行说要展望未来，然而，如果我们不能很好地理解过去和现在，我们怎么能真正了解未来？

　　图 7 总结了我们艰苦城市化进程的卓越成就，将这个三角形想象成一个冰山，灰色的部分在海平面以下，且不能轻易看见，而白色的部分在海平面以上

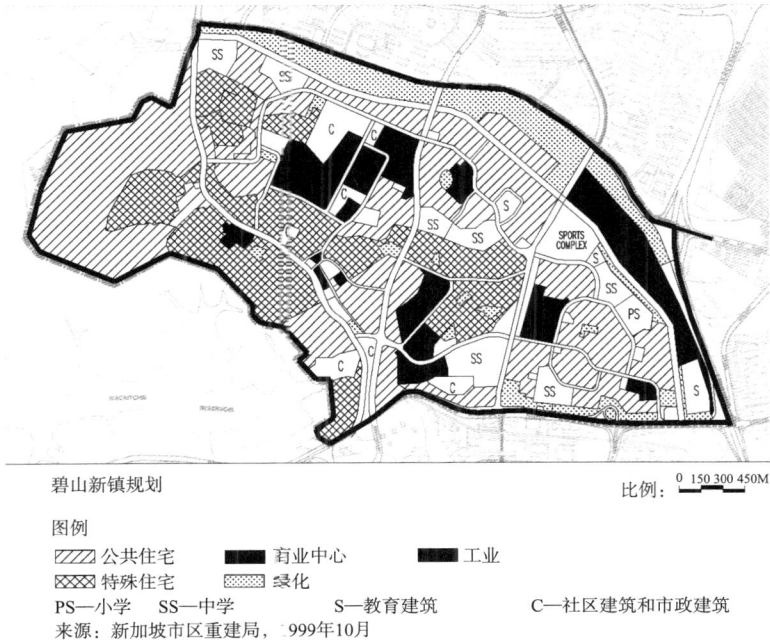

碧山新镇规划　　　　　　　　　　　　　　　比例：　0 150 300 450M

图例
　▨ 公共住宅　　　■ 商业中心　　　■ 工业
　▧ 特殊住宅　　　▨ 绿化
　PS—小学　　SS—中学　　　　S—教育建筑　　　　C—社区建筑和市政建筑
　来源：新加坡市区重建局，1999年10月

图 6　碧山新镇规划。
来源：新加坡市区重建局，由 RSP 改编。

且显而易见。我们城市化工作的基础就是拥有一个务实、有远见和有规划的政治领导团队，依据好的原则和有效的实施体系开发我们的城市。

　　一开始，我们的政府非常关心生存问题。我们这个狭小、多民族且不太有民族凝聚力的国家怎么生存？更糟的是工业和服务行业几乎不存在，但我们必须生存，这不是一个选择题。政府于是依据需求的紧迫性和资源的可用性，为实体发展项目设置了目标和重点。同时，发展法律、教育和作为前提的资源来支持实体环境发展。一直到 1985 年，发展十分稳定而有力，新加坡被全世界公认为现代化大都市。拥有了更强的民族凝聚力以后，我们不仅对生存有了更强的信心，还成功孕育了一个充满创造性、极有活力的城市，从而吸引了全世界的人才来到新加坡。

　　有了这些恰当的手段和发展，全世界都见证了新加坡对其生态和城市环境的呵护以及对教育的重视，最终成就了其繁荣的经济。然而，我觉得一个规划和发展完好的城市最大的收获是获得全球人民无条件的对该城市居民的尊重。我要补充的是，对于生存的顾虑、为自然环境持续规划的需要及强大的软件支

表4　医疗，教育，文化　　　　　　　　　　　　来源：新加坡宜居城市中心

	年份	单位	1965	1985	2005	2014
医疗	医院	数量	14	16	22	29
	诊所	数量	NA	NA	NA	3404（2013）
	公共泳池	数量	4	14（1982）	NA	25
教育	大学	机构	2	2	3	5
		学生	NA	16,958	59,441	77,619
	轻工业学院	机构	2	2	5	5
		学生	NA	21,610	64,422	87,183
	工艺教育学院	机构	NA	15	3	3
		学生	NA	18,894	21,603	26,288
	中小学学校	机构	NA	385	342	336
		学生	NA	441,465	503,324	414,534
文化	表演艺术场地	数量	NA	8（1984）	NA	65
	每年表演数量	数量	NA	2,510（1997）	6,102	8530（2012）
	观众规模	数量	NA	721,500（1990）	1,190,000	1,950,100（2012）
	博物馆	数量	NA	1（1984）	36	55（2012）
	实验室	数量	1中心 2分支 3流动	1中心 8分支 8流动	1国家 22邻里 16儿童	1国家 26公共 （2015）

持应该是一个永久的没有尽头的过程。新加坡看似达到终点的情况并不意味着未来我们可以在发展上少做努力。我们必须牢记过去 50 年间的经验教训，也就是要有：好的管理、政府官员和专业人士之间有效的合作、智慧规划、智慧推行以及智慧手段，还有一个重要的补充，就是政府官员和专业人士都要听取民众和专家的意见，借鉴其他城市的成功经验并通过图 7 所示的严谨研究总结出好的原则。

另外，我想详细介绍一下图 3 所示的智慧手段。在城市规划方案的准备阶段，有三个至关重要的考虑因素。第一，以正确的价值观设立目的与目标需要人文精神。第二，规划一个城市就像组装一个大型生活机器，需要有科学家般的头脑。第三，让一个城市美观，并与自然和历史遗址和谐共处，需要艺术家的眼光。

当我还是建筑学学生时，老师教导我们：形式服从功能。我认为"形式"一词既适用于建筑学，也适用于城市规划。"功能"对我来说意味着让人民能在一座城市或者一栋楼里获得有趣的体验。由此我们可以恰当地说：形式服从功能，服从乐趣。在这样的条件下，乐趣与价值挂钩，功能与科学挂钩，形式

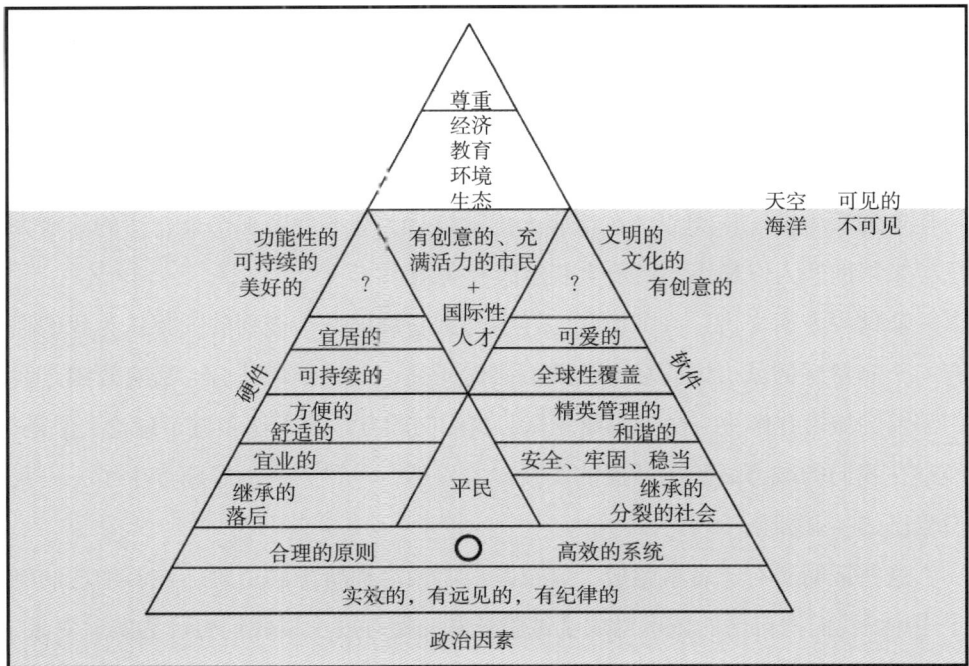

图 7　艰苦努力的回报。
来源：作者。

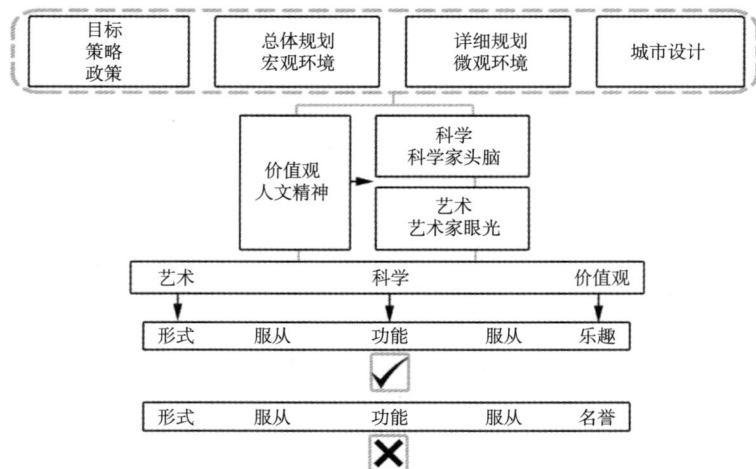

图 8 规划和设计哲学。
来源：作者。

与艺术挂钩。然而，我对目前建筑学和城市规划的普遍趋势表示担忧。不少从业者更倾向于实践"形式服从潮流服从名誉"，换句话说，如果一个人按照当前普遍的潮流规划一座城或设计一栋楼，他更有可能一夜成名。这确实很诱惑人，但并不一定为土地和人民带来最大利益。

在建筑学和城市规划中，"设计"一词对于我意味着创造一个智慧而简约的城市模式，它很方便、舒适还易于使用，又能满足当前复杂的生活需求。这一任务和医生的工作类似，在给病人把脉以后，他要找到那个最合适的治疗方法，来帮助病人以最小的代价重获健康和美丽。

从这一方面来讲，许多像我一样参与到新加坡城市规划的人都认为我们拥有一个非常好的城市试验场，让我们去做研究，以找到最适合、最有效满足我们需要的城市化解决方法。毋庸置疑，我们向西方学习了许多城市理论，但是，经过在我们的城市试验场开展的实践检验以后，一些不同的思路产生了——我们自己的"亚洲化"理论。

这些证明了有志者事竟成，这也是放之四海而皆准的道理。在新加坡的例子当中，我们把自己的城市当成了试验场并一定程度上以我们自己为实验对象，我们的研究获得了宝贵的技术诀窍，并为其他城市共享。另外，对于好的城市规划的需求在亚洲尤为明显。如今，60% 的世界人口居住在亚洲总面积 30%

的土地上，所以亚洲的城市人口密度高是毋庸置疑的。由于农村人口大规模且快速地涌入城市，亚洲的城市化速度也很快。在接下来的几十年，如果亚洲城市能够做好规划和发展，将为世界居住环境的改善做出重要贡献。相反，如果没有处理好，它将加速全球环境的恶化，这样的影响是巨大的。

我将以有关新加坡未来的简短论述总结这一章。我们在开始每一项城市规划工作时，都需要以长远的目光先了解未来一个世纪人口规模的发展。对于有关人口增长的问题，我们可以从其他国家的增长趋势中吸取经验，斯堪的纳维亚群岛上的国家即使处在世界地图偏远的角落，其各自的人口在过去60 年也持续增长。基于这样的趋势，加上新加坡的位置处在一个人口众多的大洲的中央，想有效控制人口是不现实的。另外，国土面积越小，越应该为长远着想。因此，我提议人口要从现在的 550 万增长到 1000 万，时间至少设定在 100 年以上。这个增长速率将能够维持我们下个世纪甚至更久以后的经济增长。

严酷的事实是如果我们希望新加坡永远保持其国家主权，我们就必须比其他国家的城市规划看得更加长远。我们越早做出果断的决定，对于丛林、山坡、湖泊、河流、军事基地和高尔夫球场的保护就有越多的选择，也就越能保护我们的历史遗迹和土地资产，并将所需的高密度地块分散到更开阔的地带，包括那些还未开垦的土地，这样，我们可以避免在未来的某个阶段，不得不挤在岛上剩余的狭小角落里进行高强度的发展了。如果我们行动迅速且果断，即使人口规模扩大且人口密度提高，我们仍然可以保持良好的城市环境。毕竟，好的城市环境会带来经济的繁荣。

为了保证我们国家的生存，除了城市环境规划，还需要全社会的支持，尤其是在对于创造高附加值经济的教育问题和有助于提高生产力的经济结构转型等问题上，尽量减缓但不是停止人口增长，从而享受经济繁荣和生活质量高的双重好处。

另外，我也希望能进一步通过宽敞的街道、公园、广场、建筑和艺术品来提升城市环境，从而使新加坡成为像伦敦、巴黎、罗马、北京这样的历史名城。想要达到这样的效果，我们不仅要保留，同时要超越理性，这样，更大胆的设想、更强的文化传统和更深的智慧才得以显现。同时，还必须铭记成功故事背后严格而有效的措施。

最后，如果要用两个词概括新加坡过去 50 年的城市化经历的话，那就是明晰等于胆识。

鸣 谢

我要感谢王才强教授和傅慧敏夫人协助完成这篇文章的准备工作。

第3章

经济规划助力生产力、发展和繁荣

杨烈国

导　言

　　新加坡是一个岛国，土地面积和自然资源极为有限的，然而它很好地利用了地理区位、工业基础设施和智力资本优势来促进经济增长。新加坡作为一个狭小而缺乏自然资源的岛国是如何从第三世界的贫困国家发展为世界级国际都市的？经济规划在推进经济转型中起到怎样的作用？新加坡这种相对国际标准来说比较快的转型绝不是一蹴而就的。

　　在我45年的公共管理生涯中，我亲历了新加坡的国防建设（MINDEF，1970–1985）、工业进步（EDB，1986–2000）、科技发展（A*STAR，2001–2007）、科学研究水平提升和最近萌生的经济创新（SPRING，2007至今；EDIS，2013至今）；参与到了全球极端气候环境下，新加坡在提升其竞争力和适应性方面的成就和挑战。随着一个又一个十年过去，不断产生了更新更复杂的考虑、挑战和机会。过去50年里，新加坡的经济增长更多是依靠一种务实的发展方式进行的，其中包括三个关键因素：一是工业生产；二是基础设施开发；三是人才投入。通过探索工业生产、基础设施开发和人才投入背后的动机和逻辑，我们能更好地理解新加坡为保证国家生产效率和经济繁荣，制定经济规划的方式。

新加坡几十年来的工业发展分期

20世纪60年代：劳动密集型

新加坡50年的经济发展可以被划分为五个不同的阶段。20世纪60年代，我们面临人口教育水平低下和高失业率的双重挑战。人们从事繁重且劳动密集型的工作，多处于造船厂、建筑工地和采石场等危险的工作环境中。有些自己创业当小贩、人力车夫或做小商贩，但由于工资低廉和普遍贫困加重了城市贫困，他们的生存风险和不确定性都很高。此外，在这期间，新加坡被其有限的国内市场抑制同时出口贸易被限制在旧殖民大英帝国的控制范围内。新加坡的GDP在60年代困难时期大约为80亿新元，与2013年的3730亿新元相去甚远。

因此通过培养技术工人、创造就业机会和开拓国际合作以寻找国际伙伴等方法，来发展新加坡的经济迫在眉睫。1961年，新加坡创建经济发展局（EDB），一个授予法律效力编制指导规划、推动合作和引导国家工业化的政府机构。最早的经济策略的重点关注劳动密集型工业化。最早是由裕廊工业地产强力推动新加坡走向工业化国家发展道路。

裕廊原本是一个布满沼泽的小渔村，凭借平坦的地貌、沿海的区位和临近新加坡南部岌巴码头的位置，被定为集中发展现代工业的地点（图1）。1962年，国家钢铁有限公司现在叫作（新加坡）大众钢铁（控股公司），是第一家在裕廊工业区设立工厂的钢铁公司。工厂占地30公顷，是那时期最大规模的工业举措之一。裕廊工业区在初期发展缓慢，在新加坡得到独立及新成立的建屋发展局颁布裕廊镇发展规划以后，情况有所改善。裕廊综合性的城镇规划包括铁路和道路系统的改善规划，满足居住人口增长需要的公共住宅的发展规划需求。

20世纪70年代：技术密集型

到20世纪70年代，随着新加坡启动工业化项目，经济突飞猛进，同时创造了就业机会，提升了当地劳动力的技术水平。在70年代，两个腾飞的主要工业产业是电子和能源。制造业逐渐开始从生产服装、纺织品和玩具等转向生

图 1　左：20 世纪 60 年代早期城市化工业化之前的裕廊景观。右：裕廊工业区建设（正面）和未合并成裕廊岛以前的分散岛屿（背面），大约 1968 年。

来源：裕廊集团。

产诸如电脑部件及外围设备、软件包和硅晶等高端产品。与此同时，石油和天然气等能源产品也日趋成为经济增长的重要来源。在这两个行业中，政府看到了将新加坡经济从依靠低成本的劳动密集型产业转变为依靠创造高附加值就业和商业的产业。同时，新加坡意识到国内有限的市场不足以独立支撑新型工业化经济，因此，这些产业致力于生产出口产品。此外，作为国际市场的一员，新加坡需要采取主动的方式去吸引外国投资。

　　新加坡采取了重要举措，首先要将其视为国际经济枢纽，具有服务一家公司整个产业价值链的能力。然后，要吸引跨国公司来发展制造业，并在新加坡设立研究和发展活动。例如，德州仪器公司是 20 世纪 60 年代末在新加坡设立制造工厂的先驱跨国公司之一。它生产的半导体集成电路——被强调为是合力推动电子产业发展中的重要投资。其他跨国公司于 20 世纪 70 年代相继建立，包括惠普（美国）、意法半导体（欧洲）和日本电气（日本）。能源产业也受惠于境外投资。如壳牌和埃索等外国能源公司，在新加坡成立的炼油厂不仅提供了购买设备需要的海外投资，使其能够支持公共基础设施的发展（例如公共住宅），还传授了管理和生产方面的知识和经验。

　　电子和能源产业为新加坡创造了就业机会，提升了当地劳动力的技术水平。技术员、工程师和经理也可以在新加坡经济发展局开设的不同的训练部获得专业训练，例如法新部、德新部和日新部。20 世纪 70 年代，制造业第一次超过了贸易业。通过大胆而务实的住房、教育和经济发展政策,在 20 世纪 60 和 70 年代,新加坡迅速脱离第三世界境况,新加坡社会愈加富裕、流动而具备技术性。

20 世纪 80 年代: 资本密集型

20 世纪 80 年代,在快速全球化的背景下,资本密集型制造业出现了飞跃。这十年见证了新加坡的"第二次工业革命",政府意识到将土地预留给清洁、高附加值产业的必要性。然而,80 年代前半段经济的迅速增长好景不长,1985 年,新加坡受到全球经济衰退的影响:公司倒闭,失业率上升,经济萎缩。正是在这个时候,贸易与工业部部长陈庆炎请我担任经济发展局局长。我询问了吴庆瑞博士——当时的新加坡金融管理局局长,并且 1970 年我和他曾在国防部共事。我知道了那时是总理李光耀建议我去辅助经济发展局工作的。

1986 年,我开始在经济发展局(EDB)全职工作,专注于通过经济多样化来改善经济发展状况,以增强对于未来不确定性的适应能力。确定了新的增长战略领域,这将使新加坡在下一阶段的发展中获得更大的竞争优势。其中一个经济战略是将新加坡定位为"全商业中心",是指通过联合工业与技术来创造商业关系,在金融、教育、生活方式、医疗、信息技术和软件行业吸引国际服务公司。

20 世纪 90 年代: 科技密集型

到了 20 世纪 90 年代,新加坡的工业现代化发展是基于在化学、电子和工程领域上的更高附加值的研究及发展创新(R&D)。技术密集型产业发展的十年,关键始于 1991 年国家科学技术局(NSTB)的成立。它替代了 1967 年成立的科学院。科学与技术局(NSTB)的职能范围包括:培育和推动研究与开发;辅助研究机构的设立和研究活动的进行;传播研究结果;评估科技领域人才需求;与海外同行建立合作。成立当年,科学与技术局发起了一个 20 亿新元的五年国家科技发展规划,促进新加坡的科技发展并推动国家科学技术局的研发活动和投资。自第一个国家科技规划(S&T)启动 25 年以后,已经有四个科技规划陆续被推出,研发经费所占 GDP 的比例从 1990 年的 0.8% 提升到 2009 年的

2.3%。到 2015 年，这一百分比规划增加到 3.5%（ASTAR，2011）。

20 世纪 90 年代，还有一个经济战略是关注通过建设经济产业园来增强跨国公司和本地公司的研发能力。1992 年，国际商业园在裕廊东发起建设，为知识型企业提供设施和孵化机遇。五年后，樟宜南部的樟宜商业园建设完工，促进了高科技、数字和软件公司的发展，及研发活动的进行。这些商业园，协同80 年代发起和修建的新加坡科学园是不断增加的国家基础设施资产的一部分，用于促进研发、支持新兴技术产业，通过雇佣技术员工提升了人力资本水平。2012 年，环保科技园的推出证明了未来商业区的发展仍有新的机遇——清洁科技园是新加坡第一个生态商业园，专注于环境友好的可持续性产业发展。

2000 年至今：知识和创新密集型

21 世纪，发展浪潮转向知识和创新密集型的经济。2001 年，我被任命为国家科学技术局（NSTB）执行主席并重新规划了其两个核心领域：生物医学研究和人力资本开发。同年，科学与技术局被重组为新加坡科技研究局（A*STAR），旨在发展国家的研发能力和人力资本。通过将新加坡转变为一个吸引高技术人才的创新中心，这一定向聚焦于提高研发和人力资本的经济潜力。反过来，这种朝着创新型产业的发展有利于新加坡经济的多样化。这种发展向国内和世界市场引入了新技术、新产品和新服务。2013 年，新加坡的 GDP 达到 3730 亿新元，其中 70% 的名义附加值来自于服务业（例如批发和零售、商业服务、金融和保险），25% 来自于产品生产行业（例如制造业、建筑业和公用行业）（Singapore Statistics，2015a）。

在产品生产行业内部，制造业占到 2013 年 GDP 的 19%，包括化工、电子、精密工程、交通和生物医学。这显示了当今制造业的发展、高科技和知识的本质。生物医学领域是新加坡经济的一个新支柱。它产生了复杂的知识和精细的运用。2013 年，这一领域贡献了全国 GDP 的 8.2%，名义增值的 20.5%。（Singapore Statistics，2015b）生物医学两个重要的领域有制药业和医疗技术。药品制造投资由西部填海建造的大士生物医药园实现。截至 2013 年，该园拥有 10 家大型制药公司中的 7 家，包括 29 个商业规模的制造原料药（活性药物成分）、生物制品、细胞医疗和营养制品的工厂。同时，医药科学行业现在有 30 个制造厂，拥有 10000 多个职工，并在新加坡建立了六个研发中心。医药科学行业下个阶段的发展旨在实现商业化，通过包括创业种子基金和与生物医学倡议下的战略伙伴共同投资，将研究从"实验室"转向"临床"（用于病人身上）。

几十年间，新加坡在不同的经济规划领域积累了专业知识和技术能力。今天，这些珍贵的知识和技能是我们的竞争优势。近年来，新加坡政府与他国紧密合作，创建国际合作伙伴关系，创造交换知识和企业合作的机会，这些项目包括峇淡工业园（印尼）、苏州工业园（中国）、无锡 - 新加坡工业园（中国）和越南 - 新加坡工业园。

工业生产和新加坡方式

随着每十年的变化，三个关键策略决定了新加坡工业发展的转型过程。第一，每个十年的工业进步都是在生产高于前一个十年的附加值。这样的附加成果体现在技术升级，资源利用率提高，科技资本增加等。第二，创新是经济飞跃的核心——进入新兴产业的愿望为新加坡经济的发展打开了机遇。第三，每次成功的创新向市场推出了新的商品，因而促进了产业门类之间横向多样性。这三个策略，包括创造附加值，创新和多元化，描绘了新加坡 50 年经济规划发展历程，从低成本、劳动密集型贸易转变为高附加值、知识密集型产业发展。

然而，经济规划不仅要有远见卓识，还需要硬件和软件方面连贯而协同实施。为什么基础设施对于产业创造十分必要？物理环境的建设是如何影响和塑造城市环境？哪些人在这些环境中工作、生活、娱乐、学习的？为什么人才资源是经济发展中不可或缺的元素？硬件（基础设施）和软件（才智）都是经济规划中的重要内容。

在硬件和软件开发中的战略投入

良好的基础设施是当今网络化城市的现代化和经济发展的重要助力因素。新加坡在基础设施上持续投入不仅有利于产业形成，由此拓宽和加深国家的经济根基，同时也从土地利用的增长和区划方面上影响了新加坡城市景观。本文将简单强调两个重要的工业基础设施项目："裕廊岛"和"纬壹科技城"，并探索他们对于新加坡经济发展的影响。

硬件开发：基础设施

在裕廊岛之前，有七个小型岛屿坐落在新加坡西南沿海：亚逸查湾岛、亚逸美宝岛、猛里茂岛、北塞岛、北塞小岛、沙克拉岛和西拉耶岛。20世纪60年代，亚逸茶碗岛、猛里茂岛和北塞岛分别是埃索石油、新加坡炼油公司及美孚石油公司石油加工设施所在地。我是在一架从印尼的吉里汶群岛（那有一个为三巴旺规划的造船厂）飞回新加坡的直升机上，从另一个角度观察到七个岛屿有连接起来的可能性，以形成一个大的近海岛屿，并为石油化工产业日后的发展壮大创造条件。由此浮现了裕廊岛作为国际石油化工中心这个想法。政府同意投资70亿美元来连接七个岛屿，并填海造陆创造一个3000公顷的岛屿（是宏茂桥新镇的两倍）。摆在经济发展局官员们面前的一个挑战就是——向潜在投资者兜售还没在海上填造的土地。最初饱受争议，但当一个又一个公司在裕廊岛上开设工厂，新加坡证明有能力实现一个大胆的、极具野心的规划，这成为我们最强有力的优势。

在"市场合作伙伴规划"模型的前提下，裕廊岛如今实现了石油化工产业纵向整合的结构，包括了从炼油、石油裂解、天然气合成、石油化工产品到专用化学品的生产活动(图2)。这样,由基础设施服务的集水地带就被进一步强化，因而简化了物流后勤工作，并为裕廊岛上各公司之间的合作创造条件。2000年的官方开幕会上，60家公司在裕廊投资了超过200亿新元。今天，裕廊岛的规模经济吸引了100余家公司的470亿新元的投资。随着裕廊岛的成功，新加坡政府在2010年宣布了下一阶段的发展规划——"裕廊岛版本2.0"。该规划是一个十年总体规划，重点发展五个核心领域（能源、物流和交通、原料期权、环境和水源），旨在增加新加坡石油化工产业的竞争力，在提升研究的同时推动可持续发展的创新。

裕廊岛工业活动的聚集不仅支持了石油化工业的迅速发展，有助于公司间的成本分摊和协同发展，还让新加坡主岛的土地能够充分利用，为对于生产力增长和经济繁荣至关重要的产业贡献显著的经济生产力。纬壹科技城位于中央

图2　裕廊岛如今是一个繁荣的石油化工枢纽中心。
来源：裕廊集团。

商业区西边七公里处，是一处 200 公顷的高新区，拥有生物医学、信息和传播，以及媒体行业最先进的设备。作为自给自足的发展，纬壹的基础设施完善，不仅包括实验室、办公室和商务区，还有教育机构、住房、零售和娱乐设施，使工作、生活、学习和娱乐的融合成整体（图3）。

2001 年发起的纬壹未来科学园是当时的示范项目。新加坡政府将其视为使科学和技术领域新经济资本化的战略手段。这种基于知识和创新密集型生产活动的新经济，强调合作和适应性，为 21 世纪产业和劳动力技能的结构性转型打下基础。今天，纬壹未来科学园拥有三个新兴的产业节点，分别为启奥生物医药园、启汇城和媒体工业园，能够推动新加坡下一轮的知识生产和创新。

启奥生物医药园的发展实现了生物医学研究的发展（图4），园内的七栋建筑内入驻了生物医学领域的知名公司，从事从制药和临床开发到医药技术的研究研发活动。启汇城的信息与传播技术（ICT）中心是又一个独自占地产业（图4），用地面积约 30 公顷。经历了五个建设阶段，启汇城和其最先进的设施将逐渐容纳不断扩大的信息与通信技术行业，包括物理学科和工程等

图 3　纬壹科技城的卫星图像，2014 年。
来源：裕廊集团。

辅助学科。最近加入的媒体二业园是为响应迅速发展的媒体行业而建立。内容开发、交互性数字媒体产品和辅助性媒体服务是落实的媒体生态系统的几个活动。虽然很多大楼正在改造并投入使用，纬壹总体规划希望在 2040 年全部实现。那时有超过 200 万平方米的发展空间提供给高附加值的科学知识和技术生产。

　　投资建设像纬壹这样的世界级基础设施和研发中心，在城市边缘创造了一个充满生机的区域。这个区域不仅提升了新加坡本地产业的价值，还吸引和培养了高技术劳动力和创新型人才库。工业生产说到底是由人才引导的。在国家人才资本增长上投入与复兴基础设施同样重要。

图 4 上：启奥生物医药园，纬壹的生物医学集中区。来源：新加坡科技研究局。
下：启汇城，纬壹的信息和传播科技集中区。
来源：作者。

软件发展：才智

对于一个自然资源匮乏的国家，至关重要的是提升人力资本水平以提高竞争优势因此，2001 年在我担任科技研究局（A*STAR）主任期间，发起了政府提供的国家科学奖学金，为潜心奋斗的年轻科学家发展他们的研究事业提供教育和就业渠道，用这种方式培育和保留人才。该奖学金面向新加坡最智慧而有潜力的年轻人，资助他们完成从本科到博士的学术过程，来帮助他们发展科学事业。毕业后，接受奖学金的学者需在科技研究局（A*STAR）工作 5 ~ 6 年时间，学习、融入并最终新加坡的科学领域做出贡献。自创始以来，该奖学金塑造了超过 1200 名获得博士学位的本地学者。他们都是如今新加坡知识经济的主力军，用他们在行业内、学术界和管理层的多样角色，辅助塑造科学和技术的未来。

建造一个精干而有志向的年轻科学家队伍只是发展研发人才资本双战略中的一环。第二环是吸纳具有国际声誉的科学家，来新加坡在其擅长的前沿领域主导研究。这些想法大胆的科学界领导从两方面服务新加坡。第一，作为备受尊重的高水平科学家，他们拥有许多有价值的海外关系。他们在新加坡从事的科学研究不仅能在国际上的声誉提高新加坡研发能力，还能建立更多外界联系。第二，作为某科学领域的专家，他们有足够的经验帮助政府机构建立和主导研究机构和实验室。这些研究机构和实验室不仅能为创造下一代科学家创造学习和就业机会，还是知识和创新的温床。

人力资本发展通过为个人提供技能和财务能力来提升社会阶层，从而提升社会流动性。随着新加坡社会的受教育程度、富裕程度和对成功渴望的程度提高，市场需要适应对多样化的商品和服务的需求。这一需求将在制造业、服务业、研发和知识创造等行业范围内创造就业机会。另外，专业知识、创新、良好的管理和金融机会的结合创造了利好的创业环境。新加坡培育了有进取心的创业者并提供了资源，使当地初创企业有机会成为国际品牌。一个有生机的创业环境创造新的商业和就业机会，刺激竞争，并通过创新型方法和过程提高生产力，从而为后代们提高这个国家城市经济体的健康状况。

总结：经济规划的未来

新加坡在相对短暂的 50 年期间，迅速发展。然而，这样的成就引发人们对这个加速增长经济体的未来发展方向提出疑问。这是我们所有人需要考虑的重要问题。未来的产业将呈现怎样的面貌？到那时，今天的经济规划如何为新加坡的变化做好准备？随着全球化持续创造一系列挑战和机遇，新加坡产业如何持续保持与世界的关联性和竞争力？以及，随着人口的动态发展和城市化升级的压力，50 年后的新兴市场将有怎样的特色？

新加坡经济规划的历史教导我们：为了确保未来的安全，我们必须走出去，主动创造未来。过去的 50 年，新加坡经济的未来由确立和创造新产业塑造，反思和修改法规和政策，并合作实施战略。新加坡创造未来的能力是基于强健、持久而富有生机的经济，这一直是其竞争优势。这一优势使新加坡这个没有腹地和自然资源的小国能与许多大的发达国家竞争。发展和保留人才继续保持其重要性。我们需要不仅拥有专业技能和知识来完成其工作的人，还需要他们拥有热情和胆识来承担风险并持之以恒为新加坡更美好的未来奋斗。我们还需要世界级的基础设施来支持工业发展。总的来说，高质量的基础设施和人才双引擎将使新加坡在未来长久地进步与繁荣。

参考书目

ASTAR (Agency for Science, Technology and Research) (2009) 'Scholarships and Attachments: For Graduate Studies' [http://www.a-star.edu.sg/Awards-Scholarship/Scholarships-Attachments/For-Graduate-PhD-Studies.aspx].

ASTAR (Agency for Science, Technology and Research) (2011) 'Science, Technology & Enterprise Plan 2015' [http://www.a-star.edu.sg/portals/0/media/otherpubs/step2015_1jun.pdf].

Goh, C. T. (2000) Speech by Prime Minister, Goh Chok Tong, at the Official Opening of Jurong Island on 14 October 2000 [http://www.nas.gov.sg/archivesonline/speeches/viewhtml? filename=2000101403.htm].

JTC (Jurong Town Corporation) (2000) *The Making of Jurong Island: The Right Chemistry.* Singapore: Epigram Pte Ltd.

Lim, H. K. (2014) Speech by Minister for Trade and Industry, Mr Lim Heng Kiang, for the Ministry of Trade and Industry Pioneer Generation Tribute Event at Raffles City Convention Centre, 27 November 2014 [http://www.news.gov.sg/public/sgpc/en/media_releases/agencies/mti/speech/S-20141127-1].

NatSteel (2013) 'Our Heritage' [http://www.natsteel.com.sg/about_heritage].

SEDB (Singapore Economic Development Board) (2014a) 'Our History, The Eighties' [http://www.edb.gov.sg/content/edb/en/why-singapore/about-singapore/our-history/1980s.html].

SEDB (Singapore Economic Development Board) (2014b) 'Our History, The Nineties' [http://www.edb.gov.sg/content/edb/en/why-singapore/about-singapore/our-history/1990s.html].

Singapore Statistics (2015a) 'Visualizing Data: GDP 2013' [http://www.singstat. gov.sg/docs/default-source/default-document-library/statistics/visualising_data/ GDP-2013.pdf].

Jurong GRC (no date) 'Tribute to Dr Goh Keng Swee, the "Father of Jurong"' [http:// www.juronggrc.sg/goh_keng_swee].

Singapore Statistics (2015b) 'Principal Statistics of Manufacturing by Industry Cluster,2013' [http://www.singstat.gov.sg/statistics/browse-by-theme/ manufacturing#sthash.GfYYsbPo.dpuf].

第4章

环境规划促成可持续发展[1]

陈荣顺

一个干净而绿色的环境既能提高居民的生活质量，又能促进经济增长。新加坡作为一个狭小的岛国，只有有限的土地和资源，在经济发展和环境保护间实现平衡，需要明确的蓝图、长远的环境规划和有效的实施。

土地利用

长远及综合的土地利用规划对环境保护起到重要作用。宏观上讲，新加坡的发展由《概念规划》指导，这是一个战略性的长远土地利用规划，它勾勒出新加坡未来 40 ~ 50 年的土地利用前景，每十年更新一次。这个过程由国家发展部和市区重建局牵头，但实际上是所有相关机构共同合作和努力，才能确保环境与发展相协调，特别是环境和经济部门。因此，土地资源得到优化利用，进而使新加坡在经济持续发展，人口持续增长的情况下保持较高的生活质量。从下一个层面上来说，《总体规划》将《概念规划》的广泛、长期的战略转化为详细规划，包括为每个地块明确土地利用和开发密度。

环境控制是土地利用规划的重要因素，以确保发展被合理地安置。可能造成大规模污染的土地利用被集中到一起，并安置在远离住宅区和城镇中心的地方。通过发展控制和建设规划，一个项目的开发者必须满足规划和环保机构设

1　本文早前版本首次发表于《50 Years of Environment: Singapore's Journey towards Environmental Sustainability》（由新加坡世界科技出版社于 2015 年出版）。

置的环境污染防控限制要求，减少其对环境造成的不良影响，并确保其与周边土地利用兼容。

环境污染防控要求必须在发展设计当中有所体现，尤其是对环境卫生、排水系统、下水道系统和污染防控的关注。可能造成大规模污染的产业或对环境影响深远的主要开发商需要进行污染防控研究，包括所有可能的不利环境影响，以及消除或减轻这些影响的措施。

对工业的污染防控超出了规划和发展阶段，即使已经获得许可，也要紧密跟踪污染级别。污染标准要定期更新并随着科技进步进行调整。

尽可能多的绿地用于娱乐和环境与生物多样性的保护。有些自然地带，被用于建设国家公园或自然保护区，受议会颁布的法律保护。这些自然地带在土地资源紧缺的新加坡是十分有限的。不受法律保护而生物多样性丰富的地区也要尽可能地远离开发。仄爪哇就是其中一个例子。这是一片占地100公顷的湿地，位于新加坡主岛东北岸的乌敏岛的东南角，它保有丰富的生态系统和生物多样性。尽管大多数土地向多种用途开放。为了在适当的地方增加绿色区域，沿路的排水通道和沟渠被转化成绿色走廊和公园通廊。实马高垃圾埋置场是新加坡唯一保留的垃圾埋置场，被设计用于保护周边区域的生物多样性，并保护和维持海洋生态系统。它还是诗情画意、风景优美的旅游景点，开放的活动包括教育、潮滩远足、观鸟、竞技垂钓或过夜观星。由于精心规划的结果，新加坡的绿色覆盖面积从1986年到2007年的35.7%增长到了46.5%。

土地将一直是新加坡稀少而珍贵的资源。展望将来，新加坡必须持续探索土地和空间优化利用的创造性方法。为了研发突破性的前沿技术手段，以增加新加坡长远发展的土地容量，并为未来几代预留准备，从2013到2018年，新加坡国立研究基金审批通过1亿3500万新元资金，用于土地利用和宜居性的国家创新挑战。该挑战旨在"高效低成本地创造新空间并优化空间利用来维持新加坡的长远发展和适应性"。[2]

---

2 National Research Foundation, Singapore (NRF) (2014), National Innovation Challenges. Retrieved 10 January 2015 from http://www.nrf.gov.sg/about-nrf/programmes/national-innovation-challenges?.

关键的环境基础设施

土地是重要的环境基础设施，包括排水、排污、供水和废物处理设施。对于未来用于基础设施建设的土地预测也涵盖在《概念规划》中，以保证足够的土地被保留下来。生态环境良好的区域也受到保护。在合适的位置设置良好的基础设施是很重要的。

雨水系统

新加坡位于赤道带，雨水量充沛。如果雨水渠基础设施不够好，就会定期发生严重的洪水。尤其要严重的季风暴雨所带来的洪水，因为洪水不仅给人们的生活带来不便和干扰，还对财物成造成巨大威胁。有些淹水事故还会造成人员伤亡。充足的暴雨设施需要为修建排水系统留出足够的土地。因此，在市区重建局（URA）、建屋发展局（HDB）和裕廊集团（JCT）及其他发展机构的磋商下，环境和水资源部门规划并实施了一个综合性的排水总体规划，考虑到当前和未来的土地利用以及发展强度。《排水总体规划》不仅为扩宽当前的暴雨排水通道和沟渠留出土地，还为修建未来的排水系统、沟渠和蓄水设施做好准备，以尽可能减少未来迅速发展条件下的洪水灾害。也制定了新政策，例如要求提高平台的开发水平，要求新产业采取工地蓄水手段来减少严重降水时，生产高峰期的排水量。这样一来，20 世纪 70 年代到 2013 年底，洪水多发区面积从 3200 公顷减少到 36 公顷。

卫生设施

卫生设施也是重要的基础设施，因为如果卫生做得不好，疾病就会肆虐。《污水处理系统总体规划》为污水处理设施发展制定了详细指导，根据预先确定的分区规划，规划相应排污径流，并对下水道和排水设施的微观设计予以考虑。在《污水处理系统总体规划》指导下，基于岛屿轮廓，新加坡被划分为若干排污集水区域。每个区域有一个集中的污水处理厂，污水经过处理达到国际排放标准后方可排入大海，安装泵站将污水引入污水处理厂。

新加坡排水管理系统的设计要求将雨污分流。确保污水与雨水隔开，污水流入中央污水处理系统，对新加坡周边水资源的清洁十分重要。从长远来看，雨污分流系统能更加高效经济地确保内陆水系、水库和周边海水不受未经处理或未处理好的污水及工业排水的污染，并确保在排放到海洋或进一步加工生产工业或饮用水之前所有污水被集中处理。雨污分流系统还能防止暴雨雨水流入污水处理系统，并造成暴雨期间的漫溢现象。这样的现象可能在雨污混流的系统中出现。

所有的建筑构筑物都要连接到公共下水道。住房开发商和工业地产商必须建设一个排水系统来有效地收集和输送污水和工业废水，并将其引入公共污水处理系统。开发提议都会被严格审查，以确保他们不会妨碍公共污水处理系统（例如下水道、水泵和总管道）。这有助于避免对公共污水处理系统潜在的破坏，并反过来防止因污水漫溢或泄露造成的污染。另外，严格的污水管道设计和卫生设施运作要求也依法强制设立。

随着新生水的发展（废水加工生产而成的饮用水，但更多地被工业用作高纯度水），污水和工业废水经处理成为中水，成为一种可再利用的水资源。地下污水处理系统管道将收集的中水集中到一个中央污水回收厂，进行处理并转化成新生水，并释放出以前用于污水处理厂和泵站的一些地块。

供水系统

实现水资源可持续开发是一项战略目标。内陆河流经水坝修建汇成水库，并被进一步拓宽。河口的河流被筑坝拦起，冲走海水以形成更大的淡水水体。须保护集水区，确保收集的暴雨雨水达到饮用水标准，在有开发需要的地方，开发活动被限制在住宅区和清洁的轻污染工业区内。除了土地利用规划，严格的污染防控也十分必要。然而，有限的土地不允许我们保护所有的集水区。实际上，三分之二的岛屿陆地都是集水区域，其中大多数都未受保护。合理的卫生设施和严格的灰水及工业废水处理规定允许在未受保护的集水区进行建设。

新生水或再生水、标准中水-饮用水的净化以及海水淡化的结合，共同满足了新加坡 40% 的用水需求。

废物处理

城市需要为废物处理基础设施预留土地，排除公共卫生的潜在威胁。最早，垃圾在位于新加坡本岛的填埋场处理，在比如沼泽地和远离人口密集的不宜发展用地上。由于土地愈加稀少而垃圾不断增加，在 70 年代末，新加坡引入了垃圾焚烧炉，减少了 10% 丢弃在填埋场的垃圾。关闭了的填埋场可以经清理后重新划为其他用途。垃圾焚烧产生的热量回收用以发电。尽管垃圾填埋场的要求大大降低，但是土地必须分配给垃圾焚烧厂，要被焚烧的垃圾仍然需要在垃圾填埋场处理。当本岛没有足够的沼泽地后，一个在实马高岛建立的离岸填埋场被建立，用于处理焚烧灰烬和无法焚烧的固体垃圾。

关键的成功因素：PPPP

尽管土地整治规划很重要，包括土地利用和重要的环境基础设施，但是一个好的环境只有在 PPPP 模式的指导下才能实现，包括政治领导、公共部门的效率与成效、私营部门的竞争和社会责任感，以及公众参与和主人翁意识四方面。

政治领导 (Political Leadership)

政治领导是实现经济增长和环境可持续性间平衡的关键。要求管理层必须有：一、一个清晰的愿景：首要的是一个干净、优质的生活环境；二、实施愿景的强烈的责任感；三、传达这种愿景的能力，这样管理层就能被所有人分享和支持。

在最初的 50 年里，新加坡的政治领导人具有远见卓识，看得到比单纯的经济更长远的发展。使得环境保护和经济发展不仅没有相互排斥，反而可以互补互助。我们的领导拥有智慧和勇气，不仅采取长远的眼光，注重打造自身能力，而且还利用沟通愿景的技巧，来说服居民和企业暂时放下既得利益，获得长远利益。

公共部门的效率与效果 (Public Sector Effectiveness and Efficiency)

除了良好的政治领导，一个高效、实干的公共部门对于成功也很重要。政治领导必须由一个实干的公共部门支撑，辅助其设计政策，并有效地实施政策。一个高效综合的政府必须组织起来协同合作，好好发展和管理基础设施项目，时时创新，不断地制定高的环境标准和审慎地监管。公共部门还要正确融合市场机制来抑制污染源，并鼓励充满活力的私营企业发展，从而高效提供环境产品和服务。

私营部门的竞争力和社会责任感 (Private Sector Competitiveness and Social Responsibility)

私营部门无疑是新型环保产品的主要提供者，因为企业擅长于创新和寻找机遇，因此，海水淡化厂、新生水厂及焚烧厂都是私人所有，并以政府和社会资本合作的形式运营。事实上，本部设于新加坡的公司，包括吉宝企业、胜科和凯发集团都在海外有成功的尝试，例如在中国和中东，辅助提供环境保护和水资源方面的服务并很有竞争力。

私营企业必须承担社会责任。公司必须遵守政府设定的环保标准。企业被鼓励向拟议中的新法规和标准提供反馈，以便在合理的时间范围内被有效地引入。

公众参与和主人翁意识 (People Participation and Ownership)

人们必须为他们自己和后代们创造更好的生存环境。公共参与和所有权对更好环境的实现十分重要。第一次全国公共教育工作是在 1968 年举行的持续 1 个月的"保持新加坡清洁"的运动。政府用了很长时间进行教育，培养公众的公民意识、社会责任感和自律。想这样由政府主导的平台现在正被健康市民社会所取代，主要是公众自发地参与，分享长远规划及自下而上的提议。

一开始，人们可能更能关心他们的既得利益，需要被说服去接收清洁环境带来的益处。然而，一旦人民尝到了清洁环境的甜头，他们就倾向于渴望它，而且还可能会在政府行动缓慢时走在政府的前面。

人民已经开始渴望清洁的环境了，但他们也需要组织和自我教育，并被动员为他们的孩子们承担服务环境的模范，修正他们的行为，去辅助而不仅仅是依赖政府去创造更清洁的环境。

环境保护的新挑战

新加坡通过高效的环境政策、规划和实施，在环境保护方面做得不错。在良好的环境和经济发展的作用下，新加坡人受到了更能好的教育，到更广阔的地方旅行，并且对环保有了更深的认识和更高的要求。我们必须持续提升环境基础设施水平，并提高标准以给居民更高的生活质量。这在气候变化会造成巨大威胁和不确定的风险的情况下尤其重要。我们需要采取必要的措施来缓解和适应气候变化。

我们的思维模式必须从环境保护转变为环境可持续。正如 1987 年联合国世界环境与发展委员会"我们共同的未来"报告中所定义，可持续发展是"在不牺牲后代发展的条件下满足当前需求的发展方式"。新加坡已经开始了一项环境可持续性项目。这是一个持续的旅途。用由上自下的方式保护环境仍然是必要的但将逐渐无法满足需求。一个有效的自下而上的手段在今天更加重要。

一个质量更高的环境

随着新加坡的进步，它将更加理解环境、健康及社会福利之间的联系，以及环境质量是决定生活质量很重要的因素。良好的基本公共卫生和人民健康水平将不再满足需要。我们的环境基础设施和标准必须不断升级，才能真正达到第一世界标准。面临的挑战是引进和融合创新性的环境基础设施和方法，并让居民更加有效且方便地投入到环境友好型项目，如垃圾回收利用和能源节约。

新形式的污染威胁和环境恶化源头需要被有效处理。公众值得拥有并需要一个更高质量的生活环境。

气候变化

气候变化伴随着海平面的上升，极端的天气伴随着强烈的降雨和能源需求。

这些都带来了新的挑战，不仅体现在基础设施和经济上面，而且还造成对环境、社会和健康方面的影响。我们要能处理这些问题并牢记未来的影响。我们会更加需要长远规划、政策以及科技创新来找到高效并有效的解决方法。

环境的可持续性

新加坡人必须在环境、社会和经济上可持续地发展。许多新加坡人渴求更好的环境质量，他们必须同时愿意付出代价，不管是改善自身行为习惯，保持公共空间的清洁，减少能源消耗或为了后代的环境，适当放弃既得经济利益。强有力的政治领导和坚定的公有制资产是需要说服和动员公众来支持建设好环境。改善环境需要承担一定损失，但无作为的损失更大。

环境：新加坡的竞争优势

从我们的早期开始，新加坡对环境的重视程度非常之大。新加坡作为城市国家，但缺乏自然资源和内陆的独特环境。保护了环境并最高效地利用了我们的资源，这是我们必须做的而不是可以选择的。

新加坡环境部门从反污染单位（1970 年设立）到环境部（1972 年设立并在 2004 年更名为环境和水资源部），和各种机构，公用事业局，国家水利局及国家环境局一直都从长远规划，不断创新，高效地实施规划，并务实地辅助新加坡以可持续的方式发展。

土地利用规划一直都很重要，为了确保环境因素被纳入新加坡的城市规划里面。环境局将继续与城市规划部门合作，以确保综合土地利用规划。关键的环境基础设施也必须被规划且投入建设。

清洁和绿色的环境是我们的竞争优势，保证了居民较高的生活质量并吸引了投资。随着新加坡发展并成长为第一世界国家，我们更有必要将思路从环境保护转变成环境可持续性发展。政治领导的远见、公共部门辅助落实远见的执行能力、私营企业的活力、人民对于保持良好环境的支持和个人的责任感及所有权，这些因素都是让我们取得今后继续推动新加坡的伟大的力量来源。

鸣　谢

作者向其在环境和水资源部曾经的同事们表示感谢，尤其是前国家环境局环境保护总管、副总裁罗华端（Loh Ah Tuan）和气象服务及污染防控总管冯志良（Foong Chee Leong），以及前公用事业局城市排水和 3P 网络（公共、私营和民营部门）总管叶庆冠。

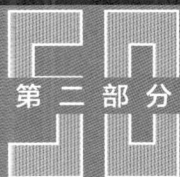

建筑环境
——各部分之和

第5章

通过规划克服匮乏之束缚

黄　南

对新加坡的土地利用以及城市发展进行规划基本上就是要克服岛国面临的土地资源稀缺这一问题。自 1965 年独立之后，新加坡经过多年的土地开发，国土面积从最初的 580 平方公里扩展到了如今不大的 719 平方公里。在这个小小的岛屿上，除了要满足一个城市各类用地的需求之外，还需要从国家层面上储备用地，例如国防需要。

迄今为止，尽管有这些限制，我们做的还不算差。在过去 50 年内，我们在居住环境上做出了翻天覆地的改变。在 1965 年实现独立之时，有将近两百万人民挤在城市中心，还存在失业、棚户区殖民地、市中心过度拥挤、基本设施和住房短缺等问题。2015 年是新加坡建国 50 周年，此时的我们拥有建国当时 2.5 倍的人口，但截然不同的居住环境。如今的新加坡人住在整洁、绿化葱郁、美丽，且带有世界顶级基础设施的住宅区里。我们是世界上最具竞争力的经济体之一，并且通过完善的航空线路和全球最大的港口之一与世界相连。新加坡还经常被评为亚洲最适宜居住和绿化最好的城市之一。

规划理念

毫无疑问，成功的很大一部分原因要归功于李光耀先生和他的建国领导团队在 60 年代对未来做出的展望、他们的价值观和理念。独立之后，他们的首要任务就是为人们提供安全宜居的环境，让人们可以有一份体面的工作、高品质的住宅，以及一个绿色整洁的环境。正是因为怀着对法律的尊重、对任人唯贤理念和种族多样性的包容、支持开放的经济引入国外贸易和投资，以及通过建造高质量的学校和大学来培养高技能的劳动力，这一切才得以实现。在为国家建设做出的努力中，我们继承了这种规划理念，也就是关注人民以及人民的生活质量，加上有良好的政府管理才能使规划得以实施。

这也是一代有远见的领导人，他们拥有过人的能力，并不局限于规划当务之急，而能够把目光放到更长远的未来。在可持续发展成为潮流之前，我们的政府已经在规划中加入了长期可持续的理念，使经济、社会和环境能平衡发展。例如，空气污染组于1971年在新加坡设立，只有通过这一装置的环保测试才能够投资建立工业。在当时急需就业岗位的较差经济环境中，这一决定无疑是十分艰难的，但这也是让我们的环境长期保持整洁的重要决定。

长期土地利用规划框架

这些治理的理念在一份名为概念规划的战略性长期土地利用规划中都有所体现。概念规划除了是一份土地空间利用规划之外，同时也是一份重要的规划框架，保证能有充足的土地资源满足长远的发展以及提供高质量的居住环境。

第一份概念规划于1971年起草（图1）。这是第一份决定土地利用类型的战略性长期土地利用规划，为将来的城镇、工业区、金融中心、机场、港口等留出了规划用地。这份规划简洁而又有力，为如今的新加坡城市结构定下了基本骨架。

这份1971年概念规划分别在1991、2001和2011年经过了多次的审查与修订。许多部门和机构都参与了审核过程，提供了一个全政府平台为土地资源的长期发展做出战略性决策。尽管由市区重建局负责出台这份概念规划，长期土地利用的决策是由整个政府共同做出的。

正是由于这个原因，在审核概念规划的过程中政府反复强调要不断评估新加坡的长期需求，并且总是寻求机会为未来和下一代创建并保留土地资源。这个方案的重要性在70年代展开的滨海湾地区土地再利用项目中得到了生动的展现。21世纪之初，当新加坡的经济正在经历缓慢增长阶段时，保留的土地资源使得现有的中央商业区得以无缝延伸，为新加坡成为全球金融中心再次助力。

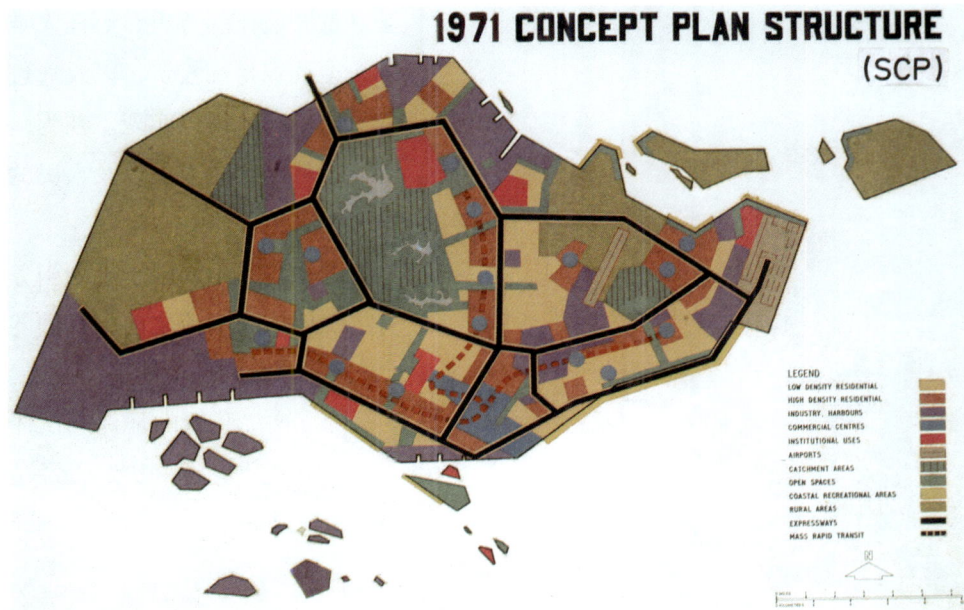

图 1　新加坡 1971 年概念规划。
来源：新加坡市区重建局。

滨海湾的案例让人想到了中国的古话——"前人种树，后人乘凉"。

　　这种为未来规划的方式一直延续下来，例如现在正规划把城市码头和巴西班让集装箱码头转移到大士地区，还有最近宣布的要迁移巴耶利峇空军基地。这些大举措将会腾空大片土地。港口集散中心迁移项目会在南海岸空出 1000 公顷，空军基地移址项目将空出 800 公顷土地，并且提高岛屿东部未来发展的建筑限高。这两块区域可能在 2030 年前都不会被使用，但为腾出地块的搬迁所需的浩大工程已经逐步开始。

　　这种为长远考虑的土地利月规划及实施的能力是新加坡城市规划所特有的品质，也是很多城市规划者所羡慕的。从本质上来讲，这就代表了可持续发展，即我们必须保护那些重要资源，来满足下一代的发展需求。土地销售规划也同样遵守着这个原则。土地销售收益作为未来的资源被存入国家准备金里，而不是存入现时政府的预算中。这种方式有效地遏制了当下政府通过销售土地来换取预算增长的欲望。

　　概念规划还有一个重要的作用是平衡土地资源在将来新加坡存在竞争的经济、社会、环境需求中的分配比例。即使发展会带来对土地的迫切需求，该规

图 2 保护城中心的历史遗产。
来源：新加坡市区重建局。

划使我们有信心在未来为历史街区和自然保护区守护好土地资源。20 世纪 80 年代是城市化快速发展的时期，对土地资源长远需求的保障，使政府得以保留了七个重要的历史街区，包括牛车水、阿拉伯区、小印度、驳船码头、克拉码头、经禧路、翡翠山，除此之外还将 3200 座传统房屋从拆除中拯救出来。同时，我们还将 9% 的土地面积留作公园和绿地，其中包括 4 个自然保护区。值得一提的是，中央集水地带自然保护区是为数极少的位于城市中心的热带森林保护区之一。这些保护区保证了生物多样性，更值得赞叹的是我们仍不断在这些区域里发现新的未命名物种。这种规划城市的方式反映了整个社会的共同价值观。这些为历史建筑和生物多样性而保留的土地明确表现了这个社会对历史遗产和环境保护的高度重视。

政策实施的透明

概念规划中的策略是通过总体规划来实施的。这是一个综合性、逐步实施的文件，详细规划了新加坡允许的土地利用类型以及所有土地的开发强度。尽管总体规划在其他城市并不罕见，但该规划实施的透明度是新加坡政府规划框架中的又一特点。

总体规划是一份在网络上可以轻松查找到的公开文件，最近甚至能通过移动应用程序查阅。该规划受法规的支持，还有一套清晰的开发管制准则，这确保了在审核过程中的透明度，也确保了政府能正确管理国家在发展收益中获得合理的份额。这份规划每五年要被审核一次，以确保我们能考虑到地区和全球趋势的改变，同时也保证该规划能够应对未来的挑战并且能够满足新加坡人的需求。规划法申明审核修改必须公开展示并让公众阅读和评论。2013 年对总规划的审核进行了八周的公开，不仅在市区重建局（URA）城市规划展览馆展出，同时也可以在线浏览。该展览吸引了 71000 名市民，而线上的版本则有 160000 的浏览量。尽管规划方案很难让每个人都满意，公众参与还是非常重要的，因为这能够让我们做出更明智的决定，来平衡全社会多样的利益需求。这也是政府获取公众对那些难以决策但又十分关键的政策的支持的手段。

寻找我们自己的方案

新加坡作为世界上唯一一个岛屿城市国家，具有非常特殊的状况。与大部分国家不同，我们只有这一座城市，无法扩展到岛屿之外的地方。讽刺的是，这正好为我们的城市创新提供了一个理想的环境。我们成功的唯一途径就是有找到最适合自己的方案来解决自身问题的胆量，尽管为了长远的发展需要牺牲一些短期的利益。有些方案甚至看上去非常严苛，因为它们还没在任何地方被实践。

1975 年时，我们成为世界上第一个成功实施道路拥堵收费方案的城市。为了避免很多城市出现的交通堵塞，我们向进入中央商业区的机动车收取一定的费用，来缓解道路空间的需求压力。这个措施在 1998 年被现行的公路电子收费系统（ERP）所取代。很多来访问的政策规划者参观了这个系统，并表示赞赏。然而他们也承认在他们的城市，从政治上来说根本无法实施这一措施。多年来，公路电子收费系统一直是新加坡独有的解决方案，直到近年伦敦、斯德哥尔摩等城市也开始采用。

秉持着这种创新的精神，我们在其他领域也找到了适合自己的解决方案。

以下是一些具体案例：

公共住宅

如今，超过 80% 的新加坡人口住在公共住宅里。公共住宅的规划自 20 世纪 60 年代展开，目的是安顿那些住在拥堵的市中心贫民窟里的居住者。同时，该规划也是为了向有着不同种族背景的移民群体提供可以负担得起的住房，帮助他们在新加坡扎根、建立对国家的认同感。如今，公共住宅规划不断发展，为市民在充满活力且包容的城镇里提供了精致的住宅，使他们拥有了高质量、吸引人的居住环境。

最新的在榜鹅城镇的公共住宅让人们看到了公共住宅的未来。榜鹅城镇从设计上来说比过去的市区要更加环保，被拥有青翠植被、渠和水体的优美环境所环绕。当全球各个城市的居民挣扎于高房价的时候，新加坡的公共住宅体系为不同收入的市民们提供了一系列高品质且廉价的住宅。

绿化

尽管新加坡正处于快速的城市化进程中，它的植被和城市生物多样性还是非常丰富的。在城市规划以及建设方案中，提供绿地和保证生物多样性一直是强调的重点。并且一直有主张认为大自然和生物多样性对城市环境下人文精神的提升有至关重要的作用。我们没有远离城市的腹地，因此只能把绿化深深地融入城市景观中。过去 50 年间在这方面做出的持续努力为新加坡带来了独特的身份标识。几乎没有访客会质疑新加坡热带花园城市这一称号。2010 年，作为对新加坡在这个邻域所获成就的认可，联合国生物多样性公约与新加坡合作推出了"新加坡城市生物多样性指数"，用于监测、评估保护城市生物多样性的成果。

尽管如此，我们在这一领域的成就不能被认为是理所当然的。城市是一座人工建筑，想要在城市环境中保育自然需要有持续的决心、巧妙的设计以及艰苦的付出。现在的公园连接系统就是不断努力创新的成果之一。这一系统长达300 公里，利用很小的土地面积充分扩大了绿化面积和休闲区域。

图 3　碧山宏茂桥公园 – 蓝绿相间的城市环境。
来源：新加坡国家公园局。

考虑到我们的土地资源的稀缺性，未来改善新加坡绿化的工作在很大程度上要依赖于"借地造绿"。其中，在两个领域内的创新将成为关键。第一个是将绿化和水道、蓄水池等紧密融合起来，将它们改造成优美的观赏河道或是湖滨公园，这将扩大休闲区域的面积，也可以为生物多样性提供保护地。第二个创新是将绿化带进住宅楼。在过去十年里，因为欣赏爱护自然的社会风气在提升，采用空中绿化的新建筑快速增长，我们还附加了政策，来鼓励采用空中绿化，在某些区域这甚至是强制性的。该政策最大的影响在于，强制性的措施使得在城市部分区域受影响的景观能够被新建筑中的空中绿化替代。几年前，日本建筑师伊东丰雄在新加坡接受采访时问道："未来的建筑会是一棵大树吗？"我认为这正是我们将来要努力的方向。

水资源管理

新加坡极度缺水，然而讽刺的是，水的稀有性使我们成为世界上水资源管理最先进的城市之一。20世纪六七十年代时,新加坡极度依赖从马来西亚进口水资源。通过在水利技术上加大投资,以及采取综合性方法来管理水资源,我们已经形成了一套多样化且可持续的供水策略,这个策略大大扩展了集水区域,并且开发了循环水和淡化海水作为两种新的水资源来源。

目前,新加坡是世界上少数几个大规模收集城市雨水作为水资源供应的国家。自2011年起,我们把集水区的面积从新加坡国土的一半扩大到了三分之二。我们的最终目标是将集水区面积提升到国土面积的90%。

滨海湾是在这方面经验最好的展示。滨海湾作为单一的水体却发挥了多重作用,兼顾水资源储存、防洪和公共休闲区等功能。这个海湾作为活水储存池,集水面积达10000公顷,在市中心占了新加坡面积的七分之一。将储水池和大海分隔开来的拦河坝同时也是防止洪水进入城市低洼区的拦潮堤。除此之外,这一标志性的海湾还是市中心一个优美的滨水区,为休闲和水上活动提供了场所。

满足不断变化的愿景

城市就像一座不断发展进化运转的机器。在紧凑的城市环境中,其复杂程度更是成倍。城市不断有新的挑战,而我们也从未停止规划和克服来自我们城市的挑战。

然而最基本的规划问题在于我们如何使新加坡变得更加宜居,来满足城市居民不断变化的对生活的愿景。60年代时,我们只是一个规模很小的经济体,那时的愿望就是能有一份养活家庭的工作。但是现在的公民们有了更复杂的需求。除了有一份好的工作之外,他们还想要为自己、为家人留出时间,他们更加希望在邻里中参与活动,他们想要更积极、更环保、更健康的生活方式。

最近一次在2013年对总体规划进行审核时,我们提出了关于如何满足这些需求的根本问题,我们需要考虑以下六个方面:经济、住房、邻里、休闲娱乐、交通和城市特色。这次审核提出了一个认可度很高的规划,能使人们的工作离家更近,使新加坡成为任何年龄层都适宜居住的绿色、健康、交流方便的城市,并且在邻里互动和人文精神上都有突出表现。

尤其值得一提的是,规划中的两大要点将长期给新加坡带来根本上的改变,从而改善宜居度。

　　第一个要点是加快建设位于住宅区附近、在传统中央商业区和西部工业区以外的工作中心。这项工作已经取得了一部分成功。东部的淡滨尼地区中心和樟宜商业园区已经建立了就业中心。西部的裕廊湖区自 2008 年以来一直在稳步建设中。在北部的巴耶利巴中心和诺维娜地区还产生了工作聚集区。北岸创新走廊是引起关注的新区域，这一区域覆盖了兀兰区域中心和榜鹅学习走廊及创意聚落。现在我们有机会将新加坡理工学院未来的新校区和高新创意商业区紧密融合起来，为北部和东北部的居民提供高质量的工作以及终生学习的机会。当这项工作完工时，近距离办公会使对未来工作生活的安排变得更加有弹性，也会促进生活质量的提高。

　　第二个要点是增加城市里的交通选择。新加坡人现在都非常了解政府在公共交通设施上不遗余力的付出。我们规划在 2030 年前将轨道网络翻一番，让 80% 的住户能在 10 分钟内步行到站点。为了提高整体的公共交通运载量，我们也做出了很多努力，例如提供更多列车、公交，以及提高发车频率等。同时，我们还宣布了一项全国自行车规划，目标是建立自行车道网络，为人们提供一个环保、健康的出行选择。当基础设施都就位之后，我们可以实现一种"轻汽车"的出行方式，强调更加机动的交通选择，而不是购买私家车。这将使新加坡成为一个始终将人们的公共邻域和生活质量作为首要考虑的截然不同的城市。

　　除了这些根本上的变化之外，总体规划还将持续建设更包容、更环保、更有活力的公共空间，来鼓励邻里内的互动和公民参与。这方面我们在城镇规划时就做得很好，但是随着社会人口的变化，我们需要不断创新来适应这些变化。随着人口的老龄化，我们需要付出更大的努力来使我们的居住环境适合亲乐，并且为老年人提供随着年龄增长所需的一些基础设施。正在建设中的海军部村庄就是一个很好的例子。通过独特的设计和对公共区域的整合，这里展现了政府为鼓励社交活动和积极的生活方式而做出的持续不断的努力。建成之后，这里将成为一站式中心，涵盖了社交和医疗设施、餐饮和零售商铺、宽敞的公共区域、大面积绿化和小型公寓的整体建筑。

　　在一步一步的措施之下，我们也在新建的滨海湾、裕廊湖、榜鹅生态城镇等辖区测试新的方案。这种辖区建设的方式使我们能够在各个建设机构间整合方案，利用现有的科技实现更好的结果。在连续几个辖区里，我们设置了从未有过的高标准，通过更好的城市规划和设计、更高的科技水平以及更高参与度的邻里力量，使辖区变得更宜居、更包容、更低碳友好。

新加坡的下一个 50 年

当我们在庆祝新加坡建国 50 周年之际，我们自然也面临着一个问题，新加坡在下一个 50 年会是一番什么景象呢。很明显，未来是由我们创造的。过去的经验教训告诉我们，新加坡未来想要成功就必须继续坚持为长期做好规划和创新，这样才能创造一个有吸引力的、宜居的环境来吸引到新的理念、科技和资本。创新并不仅仅是产生新的理念。我们还需要有共同的决心来做出艰难的决定，为长期发展和我们的后代做出正确的选择。

我们需要解决的挑战有很多，例如保持新加坡与其他国家的经济联系，面对不断变化的人口状况和人们的期望，面对气候变化、资源短缺等问题。逐步创新在长远来看已不再足够，因为在有限的空间内不断优化解决方案也是有一个上限的。我们要寻求重塑这座城市的新范例，要重新考虑我们生活、工作、娱乐的方式。从这个层面来看，目前各领域内的突破性技术提供了很多令人激动的新机遇。例如，目前在无人驾驶车辆上取得的成就使我们能够在不久的将来彻底颠覆交通规划、建造和管理的方式。

这种对不断创新和激活的坚持使新加坡成为在发明、创意和设计上都处于有利位置的城市。同时，紧凑的城市环境还提供了大量构建、测验新理念的机会。然而，在我们寻求解决方案的时候，我们一定要记住，城市规划不仅仅在于最大化利用空间、资源和设施。从根本上来说，我们开国领袖的规划理念仍然适用，那就是一切都是为了人民。确实，新加坡在作为一个可持续发展的紧凑城市上的成功，最终都要归功于人民对这一愿景的信奉，而我们未来的居住环境则取决于我们作为一个社会整体所作出的选择。想要增强我们对未来规划的能力，关键在于利用我们共同的力量，使新加坡不仅成为一个可持续发展的城市，还是一个可持续家园。

第 6 章

新加坡构建宜居的可持续城市：城市系统路径 [1]

邱鼎财　郭瑞明

新加坡拥有着超过五百万居民生活在 719.1 万平方千米的土地上。尽管人口密度很高，新加坡依然被全世界认可为实现了高标准宜居的可持续发展的几个城市之一。这在 20 世纪 60 年代是很难想象的。因为当时新加坡仍处在一个经济落后、基础设施破败和城市环境肮脏的阶段下，生活着 170 万人口——大约为现在人口的三分之一。然而在 40 年间，新加坡实现了一个从贫穷绝望的城市转变成繁荣的国际化大都市的飞跃。

许多高标准宜居城市分布在土地面积广阔、人口密度较低的地区，比如悉尼和温哥华。新加坡是在高人口密度地区实现高标准宜居的杰出典范（见图 1）。在全球迅速发展的快速城市化进程中，未来的城市更有可能发展成为新加坡，而不是悉尼或温哥华。因此，新加坡的城市化经验将对许多城市具有借鉴意义，尤其是在有效控制城市蔓延，减少对汽车作为主要交通方式的依赖等方面。

宜居城市中心的宜居框架

宜居城市中心（CLC）于 2008 年建立，为了抓住新加坡特有的城市发展

1　本文摘自《Liveable and Sustainable Cities：A Framework，Centre for Liveable Cities，and Civil Service College，Singapore》（2014）的第 1 章 "The CLC Liveability Framework" 和第 2 章 "Master Planning：Transforming Concepts to Reality"。

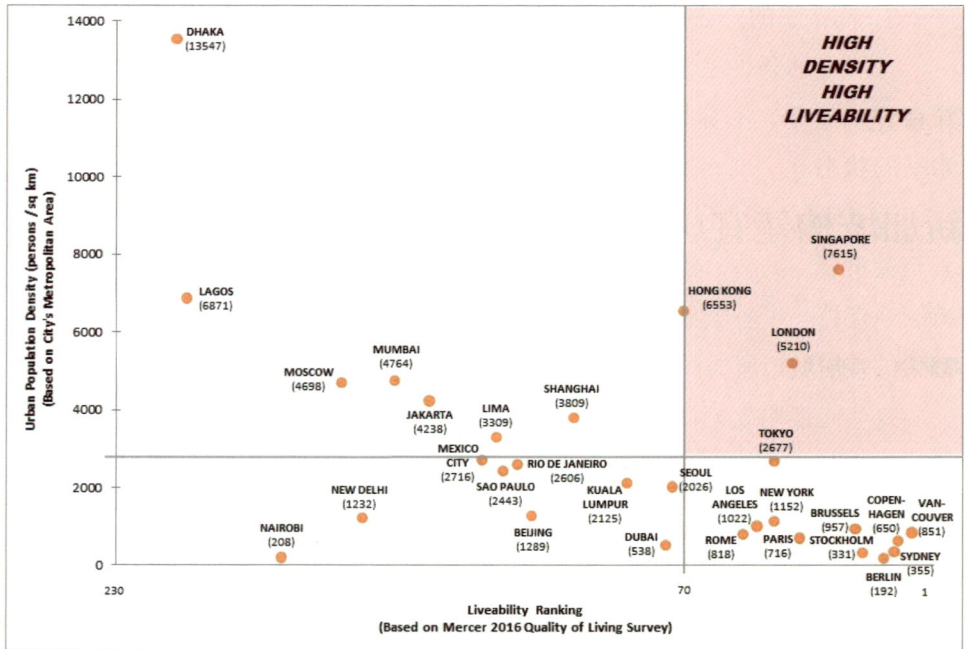

图 1　宜居城市中心（CLC）矩阵。[2-4]

的本质知识，并提炼出几十年来指导新加坡城市规划师和政策制定者的基本原则。我们的研究包含了超过 230 个曾任和现任内阁成员及高级官员的采访，并在成果中引用了其中一些官员的话。通过这次研究，宜居城市中心发现了新加坡在城市发展的进程中实现了三个宜居性的关键条件：

1）具有竞争力的经济，吸引投资，提供就业。

2）可持续发展的环境，迫于城市有限的自然资源，尤其是土地和水等。

2　表格中所有城市一直使用大都市区数据。正如《联合国世界城市化前景报告》（2009 年修订版）所定义的，大都市区是一个连续的区域，包括城市本身以及受城市直接影响的其他周边地区（例如通过交通联系的劳动力市场）。随着城市现在逐渐超越其行政边界进入更大的大都市区，大都市区的定义被认为更具相关性。这也可以用来更好地与新加坡情况比较。新加坡是一个城市国家，而不仅仅是一个城市，并且必须为基础设施、工业、房屋、国防等分配空间。大都市地区相关人口数据来源于开放的城市数据，每个城市都可以根据其数据统计人口密度。

3　美世（Mercer）的《生活质量调查》（Quality of Living Survey）被用作城市宜居性的指标，因为该指数最全面，且被广泛认可，可作衡量生活质量的国际指标。所使用的标准包含 10 个主要类别，加权类别反映其对整体生活质量的相对贡献。其分类的例子包括政治和社会环境、医疗和健康考虑、自然环境和娱乐。

4　矩阵中包含的城市代表了从低密度、低宜居性城市到高密度、高宜居城市的很好的例子，在为矩阵选择城市时考虑了良好的地理分布。

3）高水平的生活质量，包括物质上和精神上的幸福。

宜居性的条件是显而易见，也可以被评估。美世公司就创建了一套宜居城市评估指标。不容易发现的是新加坡和其他城市如何能长久地保持高宜居水平的状态。

为了确保宜居环境能维持下去，对于新加坡成功的城市化来说，有两个要素至关重要。第一，建立一个综合发展规划的体系，长期来看，这个系统能够持续地保持一个宜居城市的条件。第二，动态城市治理模式，来辅助维持一个繁荣的宜居城市所需的条件。

这些元素构成了宜居城市中心的宜居性框架（图 2）。

该宜居性框架旨在为城市领导提供一种审视城市的视角，分析面向城市

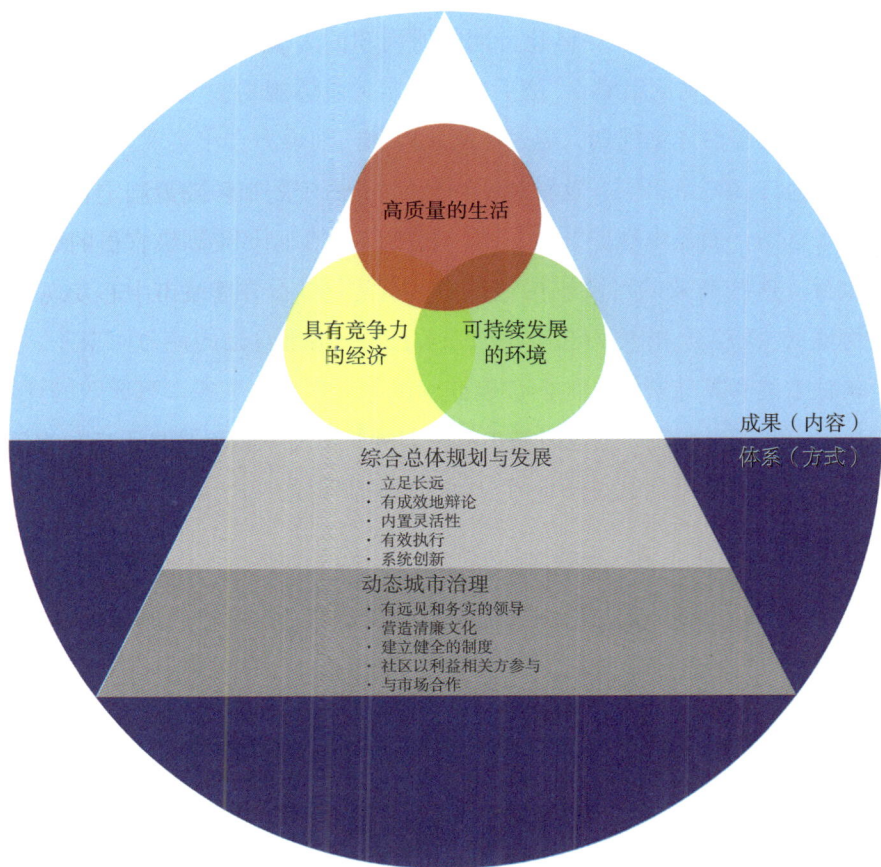

图 2　宜居城市中心（CLC）宜居框架。

领导的行动和方法来提高城市宜居性。上述三个条件（高质量的生活、有竞争力的经济和可持续发展的环境）是十分明显且现行实用的目标，然而，这些条件背后的机制对于城市决策者们找到发起并维持城市改造的方法是十分关键的。

新加坡的城市发展经历说明建造一个宜居城市需要双系统相结合，包含综合的总体发展规划和动态城市治理。这一章重点新加坡综合发展规划框架的原则，并就这些方法提出一些见解。[5]

综合发展规划原则

综合发展规划使新加坡能够兼顾近远期的规划发展管理，以应对不断变化的政治、经济、社会等环境。政府内不同利益相关部门的城市政策和项目在统一的国家文件下实现一体化，即众所周知的《概念规划》，它制定了未来40～50年的土地利用策略。[6]随后依据法定《总体规划》，制定产生了更加详细用于实施的多份详细规划，通过不同政府部门间通力合作实现。

与其他许多城市不同，这种透明而依法行使的规划体系在于，该规划不仅仅是一张蓝图，而是由敬业的政府部门利用自身的专长和资源，组织协调将其实施执行。这些高效的行政机构包括市区重建局、公用事业局（PUB）、陆路交通管理局（LTA）和国家环境局（NEA）等，实现自己的使命而奋斗。同时由于缺乏土地和其他资源，他们被迫进行优化或妥协。这些卓有成效的规划大都以长远的眼光来决定，并适时做出权衡，例如在发展和环境两者之间的权衡。这种综合方法的结果往往是适应性、创新性和高效的执行力，并借由良好的管理所支撑的。

5　本章的范围不包括城市治理。为了了解城市治理的更多动态因素，请参照宜居城市中心（Centre for Liceable Cities）和新加坡公务员学院（Civil Service College）于2014年发布的《宜居和可持续的城市：框架》（*Liveable and Sustainable Cities: A Framework*）中的第1章 "The CLC Liveability Framework" 和第3章 "Urban Governance: Foresight and Pragmatism"。

6　对未来40～50年的规划于新加坡未来发展是至关重要。比如，当新加坡的公共住房局要新增发展项目以满足2012公共住房需求时，被确保用以住房发展需要的空地已经在1991概念规划中体现。

这种综合的规划和发展方式背后的五个原则有[7]：

1）从长远考虑

2）有效地努力

3）保持适应性

4）高效地执行

5）系统地创新

原则一：从长远考虑

土地是新加坡发展的主要限制条件。新加坡的城市发展需要详细和长远的规划，以确保有足够的土地来满足人口增长和经济活动的需要，同时保持良好的生活质量。这个长期规划的原则并不是一蹴而就，而是在新加坡的规划和发展过程中逐步产生的。

新加坡历史城镇规划体系

新加坡第一个法定的《总本规划》是以英国殖民政府 1944 年制定、1958年正式通过的《大伦敦规划》为范本制定的（图 3）。该规划由英国著名的城市规划师乔治·佩普勒和他的团队编制，考虑到了人口增长趋势、建造资源、工业资源、交通标准和重建需求等其他内容。然而，在预测 1972 年人口达到200 万的前提下（1970 年就超过了这一规模），1958 年版本《总体规划》本质上还是静态而保守的。尽管被很好地准备和管理，总的来说仍然被认为是失败的。[8]

在 1958 年《总体规划》批准不久后，新加坡在 1959 年从英国政府获得完全自治的权限。经过与马来西亚短暂合并后，新加坡在 1965 年成为一个独立的共和国。

7　CLC 宜居框架中包括综合框架和发展中的部分原则。其中提炼的总体原则在过去引导了新加坡城市规划者和决策制定者。详见宜居城市中心和新加坡公务员学院于 2014 年发布的《宜居和可持续的城市：框架》中的第 1 章 "The CLC Liveability Framework"。

8　Steven Choo, "Planning Environment and the Planning Process–A Case Study of Singapore, *UNIBEAM*, 90–96.

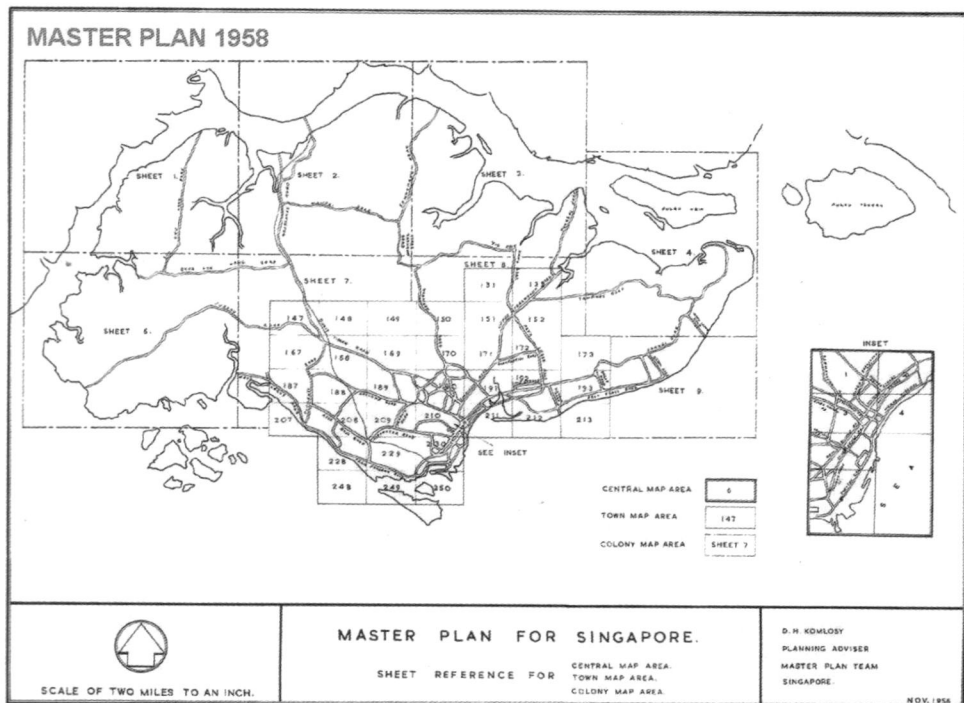

图 3 1958 年《总体规划》。
来源：新加坡市区重建局。

前国家发展部部长丹那巴南回忆道："获得独立后，首先考虑的问题就是为人口提供住房，以及形成自身的制造业来创造就业。"迅速的工业化被认为是新生的城市国家的关键战略，这意味着土地需要被用于建造海港、工业地产、交通网络和其他有益于经济迅速增长和现代化的领域。这项战略与 1958 年保守的《总体规划》相悖。[9]

国家和城市发展项目——远期规划之初

应政府邀请，两支联合国专家团队[10]访问新加坡，发现 1958 年的《总体

9　乔治·佩普勒的规划基于缓慢且平稳的城市增长率和社会变革，并有赖于有限的私营部门贡献的城市实体增长，以及过去机制的保留。

10　由联合国城市规划顾问埃里克·罗伦吉带领的一个小组做了一个初步的调研，并提出对 1958 年《总体规划》亟需修改完善。该提议 1963 年由 KAK 小组（Susumu Kobe 和 Otto Koenigsberger）跟进。

规划》亟须修订，专家建议采用一种"依项目推进"的行动规划驱动的方法来推动城市发展和经济增长。

然而，政府注意到，这种"依项目推进"的发展方式可能会在长期产生负面影响。1966 年制定了一个行动规划，为以增长为导向的长期的总体规划做准备。所有实体规划和实施机构都在国家发展部（MND）内部整合。以原来的规划部为中心，联合几个部门组成"国家和城市规划"（SCP）项目，作为联合国团队的平行机构。于 1967 年开始运行，国家和城市规划规划最终成为 1971 年的《概念规划》。

1971 年《概念规划》——远期规划的基础

1971 年的概念规划规定了 30 到 35 年的时间框架。另外，1971 年的规划反映了一种认知，即城市规划必须在社会和经济政策整体框架中实施，从此成为新加坡综合规划方法的主要特点。

1971 年《概念规划》的制定有一个更宏远的目标——在多民族人口中，保

图 4　1971 年《概念规划》。
来源：新加坡市区重建局。

持新加坡政治自主、经济生命力和社会凝聚力。国家和城市规划（SCP）对未来做出预测，包括人口数量、入学儿童人数、劳动力人数、住房需求、机动车数量、生产力增长率、居民收入水平、就业和职业结构、工业区需求、居民用地需求、办公室空间需求和旅馆空间需求等方面，还考虑了道路交通系统对用地可能产生影响。

这样一来，1971 年《概念规划》给新加坡带来更可持续发展，使政府能迅速展开公共住宅建设、工业地产和道路建设。该规划一个关键理念是发展"环形规划"，它同时强调了土地利用和道路交通系统的规划。"环形规划"允许分期发展，灵活地考虑未来优先变化事项，并为高效的快速交通系统和高速公路规划制定综合规划。现在新加坡的许多城市空间结构都是这个规划的结果，尤其是"环形＋放射性直线"的形状。

《概念规划》的主要实施机制是总体规划委员会。不同政府机构的规划必须提交到该委员会，以批准土地分配，分配给每个公共部门的土地发展份额，使得开发以多机构合作的方式推进。[11] 包括建屋发展局、裕廊集团和经济发展局在内的这些战略机构可以提前为长远需求预留土地。重要的资本密集型的基础设施项目（如电站、自来水总管道、储水池和焚化厂）需要长达 20 年的时间来建设的，这些项目被纳入规划并逐步投入形成一个发展项目。交通部门可以在修建道路的同时，确保满足新开发的项目的需求。根据 1971 年《概念规划》，国际机场从相对中心的区域巴耶利巴搬至岛屿东端的樟宜，为其他的发展腾挪出空间。

1991 年《概念规划》——作为分水岭的规划

到 20 世纪 80 年代中期，各政府部门的实体规划和规划实施的体系已经建立，程序已经启动。然而十年后，1971 年的《概念规划》需要检讨更新，以满足新的发展考虑，包括人口结构变化、经济结构转型、平衡环境和经济需求、满足日益富裕的人口关于多样化生活方式的更高需求，并同时保留新加坡的独特性和历史文化遗产。

11　首席规划师（the Chief Planner）为总体规划委员会（MPC）提出建议，是公共部门发展的权威，并有权
　　与国家发展部长与内阁共同做出最终决定。

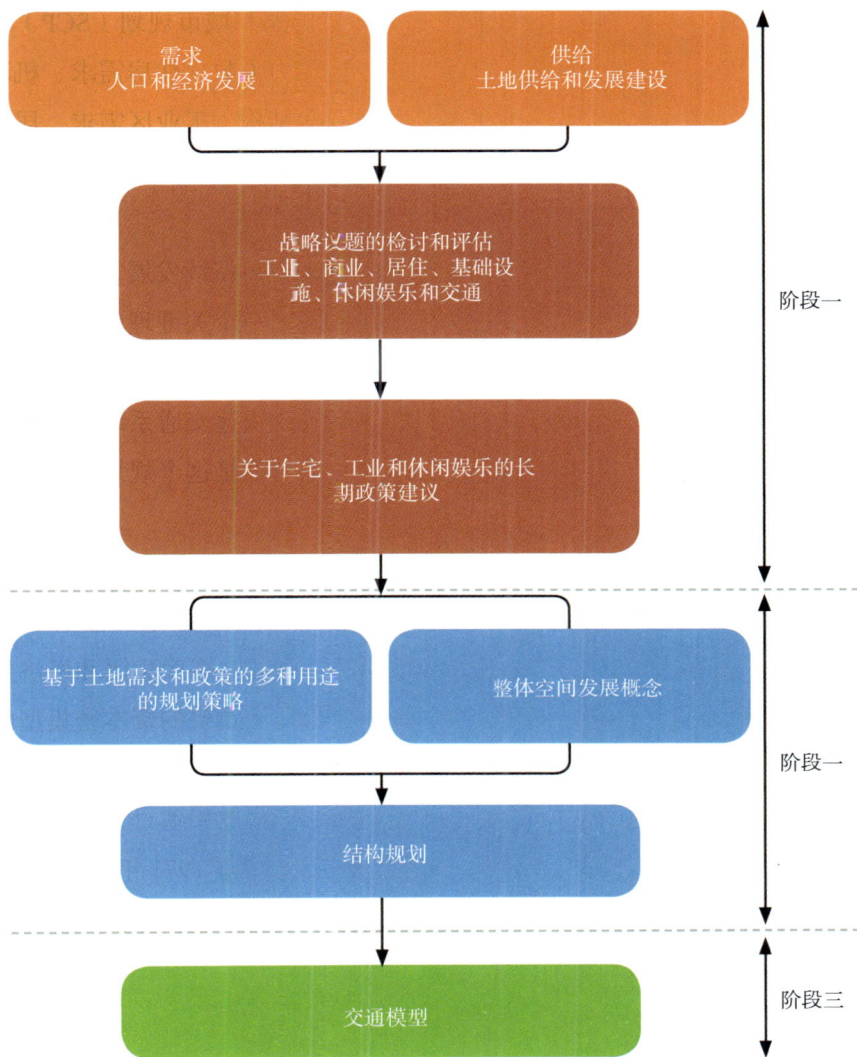

图 5　1991 年《概念规划》的三个阶段。
来源：1994 新加坡 – 苏州软件园项目，新加坡市区重建局。

1991 年版本《概念规划》的准备工作开始于 20 世纪 80 年代后期，这是新加坡的规划部门第一次独自起草《概念规划》。为起草 1991 年规划设立的机构框架和流程为日后《概念规划》的编制打下基础。

1991 年《概念规划》被认为是新加坡规划的分水岭——它为"Year X"设立了框架，展望了新加坡在人口达到 440 万时的用地结构。审查流程是密集且严格的，规划师需十分细致、用心。

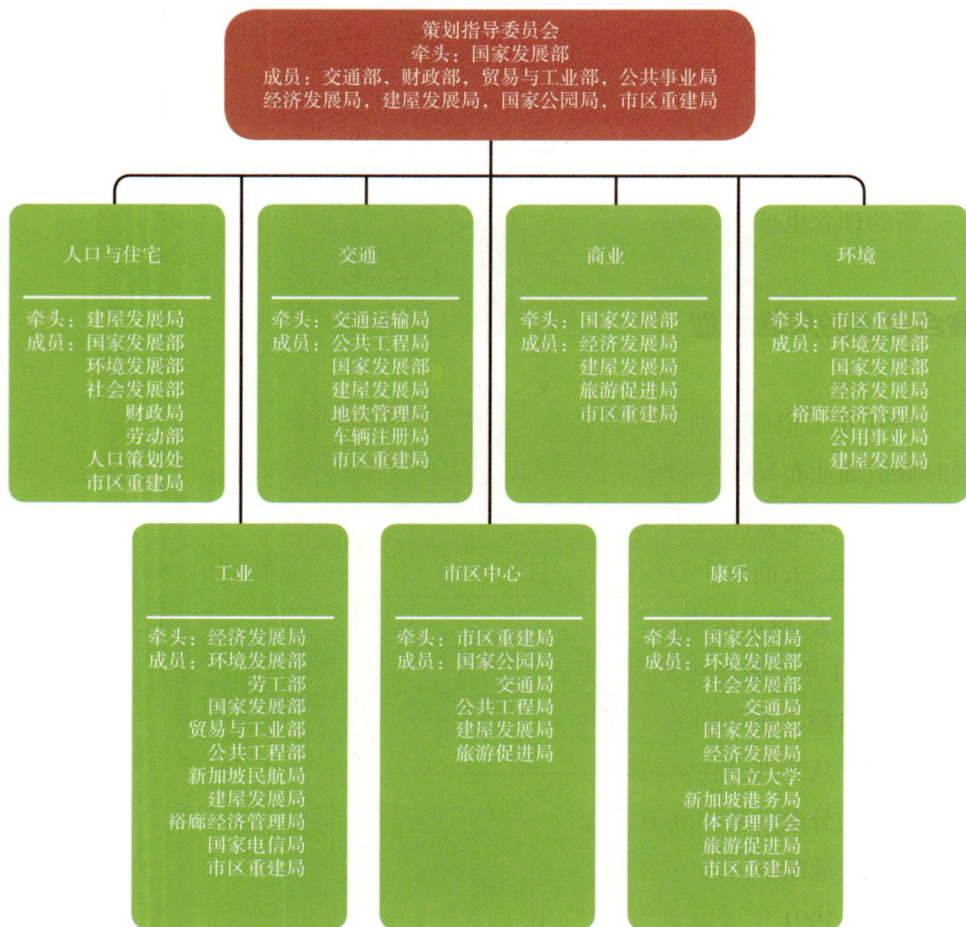

图6　1991年《概念规划》的准备工作——组织架构。
来源：1994 新加坡－苏州软件园项目，新加坡市区重建局。

规划过程（图5）主要分三个阶段：回顾并确定土地利用要求；制定发展战略和政策；制定交通模型、规划评估。每次《概念规划》被修改，都需包括对规划的监控和更新的审查。

政府还成立了以国家发展局为核心（图6）的部门间委员会。主要委员在地图上标出几种主要的土地利用限制（例如国防、污染产业、水利和机场），其他各级委员负责在人口、住房、交通、商业、市中心规划、环境、工业和娱乐方面制定具体的政策和目标。

一个由常务秘书长构成的委员会负责批准一系列有关土地利用的首要战略

政策方向。这些政策包括：通过科技发展而不是缓冲区从源头上控制污染；将污染设备离岸安置；保证开放空间的品质而不是一味增加开放空间数量。这些政策可以指导工业、商业、住房、交通、娱乐、基础设施、机构设立和环境的土地利用发展。

新的理念也被引入到一些关键的用地领域：

融合交通的用地规划

1991 年《概念规划》中一个大胆的理念是同时整合土地利用和交通规划，同时分散商业布局。一般来说许多国际化都市都倾向于把用地规划和交通规划单独编制。正如资深规划师刘太格先生解释得那样："交通的目的原本上是让人们能离开家，去商业中心购物，去工厂或是学校……如果不将两者结合（土地利用和交通），城市规划就会很糟糕。"[12]

在 1991 年《概念规划》起草阶段，规划师发现由于西部的制造业相对集中，在早高峰时段，东西向的机动车道十分拥堵；由于大多数商贸金融活动都集中在市中心，从北部的住宅新镇到市中心的南北向交通也不容乐观。规划师认识到更为均匀分散的住房和就业布局，能够更好地利用交通基础设施，并平衡各个方向的交通需求。

因此，1991 年《概念规划》引用了一个重要的政策导向，通过分散式发展缓解市中心的交通拥挤。发展公共交通作为新加坡城市系统的"首要组织原则"，"最密集和最活跃的用途的规划和分配在公共交通最便利的地方"。[13] 这催生出了"星群"的概念和区域中心的发展（见原则三：保持适应性）。

12　刘太格，2011 年 6 月 29 日接受宜居城市中心访谈。刘太格目前是 RSP 建筑规师和工程师公司经理。之前他作为 CEO 就任于住房和发展委员会和城市发展局。

13　钟强（John Keung），2011 年 6 月 27 日接受宜居城市中心访谈。钟强目前是住房和建设局（BCA）的 CEO，也是清洁能源项目办公室的合伙负责人，BCA 国际的主席，BCA 董事会成员和监察委员会成员，也加入了新加坡太阳能研究所。他之前曾任住房和发展局副 CEO、国家发展部战略规划主任、城市重建局副首席规划师、副首席执行官。

工业发展——新理念

到 20 世纪 80 年代中期，经济发展局已经把新加坡打造成一个商业贸易场所。制造业专注于高附加值产业，例如生物技术、制药业、化工和研发。与经济结构转型同步的是，低附加值和土地密集型产业的老工业地产将被淘汰或重新焕发活力。

这些深入研究成果最终提出发展技术走廊的重要战略，在主要的交通走廊和附近的区域中心附近规划科技走廊和产业园区。其他战略包括为石油等化工类的污染性产业近海区域填海，如裕廊岛，设立合作地点。

住房战略——高质量住房

20 世纪 70 年代和 80 年代见证了建屋发展局的大规模公共住宅建设。1991年《概念规划》预判出人口增长和家庭人口的缩减的情况，未来将会有更多的住房需求，预测需要新增 135 万个住房单位。

为满足 135 万住房要求，1991 年《概念规划》制定了一些策略，包括：（1）将工业和其他不适宜在居住区域发展的产业搬离；（2）预留离岸岛屿，以满足未来远期发展的临时住房需求；（3）继续填海造陆，建造高质量滨水住房；（4）升级和改善已建设的住房环境，使其与私人住房开发水平相当。

康乐政策——强化花园城市建设

从独立以后，新加坡就采取了建设绿色城市的政策。1991 年《概念规划》全力推进这项工作。一个关键的策略是提供多样化开放空间，从区域公园到城镇公园、邻里公园，从河滨公园到滨水海滩，应有尽有。自然保护区和生态重要地点，例如拉柏多自然保护区和武吉知马自然保护区也需要保留。

1991 年《概念规划》从国家层面将这些重要用地整合起来，考虑到了各种重要土地用途的政策导向和目标。该规划在 1991 年的一个展览上公开，意在向公众解释新加坡城市规划将如何影响未来的生活。

原则二：有效地努力

每个不同的政府机构都有其具体要解决的城市问题，包括住房、工业化、供水、娱乐等等，由于新加坡有限的土地资源，土地利用的争夺不可避免。

1991 年《概念规划》中一个冲突就是工业和住房用地侵占了集水区。1983 年的政策决定，用于公共开发和私人使用的 6945 公顷土地，要控制在未受保护的集水区面积的 34.1% 以为。那时主要考虑是发展会增加水资源被污染的风险。然而，城市化过于迅速，这个 34.1% 的限制在 1991 年被打破。

在检讨之后，市区重建局和建屋发展局估计，基于 500 万规划人口的预测，日后还需要额外 1855 公顷不受保护的集水区土地。但是一方面要满足人口和经济发展的需求，另一方面也要确保发展不以城市用水质量为代价。

公用事业局和环境部在 1996 年进行研究，探讨城市化对未受保护的集水区的影响，以及在每个集水区可允许的城市化程度。他们发现新加坡的水污染防控措施是有效的，而且，尽管多年来一直在不断发展，但不受保护的水库的水质并没有显著恶化。

内阁有多种选择。1999 年，在国家发展局、环境部和贸易与工业部的联合提议下，内阁提高了城市化和人口密度的上限，并继续采取严格的水污染防控措施。只要污染防控措施能严格有效实施，进一步的发展就不需要受到约束。

不同政府机构的这种能力，可以消除他们之间的分歧，而不是在他们的立场上坚持己见，这对找到有利于新加坡的解决方案起了重要作用。

制定一个严格的政策来解决政策分歧，对于良好的城市治理至关重要。不同选择的影响需要由有经验、能力和水平的专业人士来分析[14]，考虑不同的角度，并在最终下决定前，提交给政府各级别过目。关键是要严格考察所有可能的选择，以对每个决定的影响了如指掌。

14　林勋强（Lim Hng Kiang），2012 年 4 月 13 日接受宜居城市中心访谈。林勋强目前是贸易和工业部部长。他之前任国家发展部副秘书长，住房和发展局首席执行官，国家发展部部长和卫生部部长。

原则三：保持适应性

从 1958 年第一个《总体规划》，新加坡总结出在不断变化的情形下或固有的假设上，一个静态的蓝图式规划是无效的，因为不可能准确预测未来几十年的发展趋势，规划流程需要固有的审查制度。《概念规划》每十年审查更新一次，《总体规划》每五年审查更新一次。如果无法达到规划的预期效果，对规划进行调整或修改，是新加坡城市发展成功的重要因素。

为了缓解市中心的交通拥挤，1991 年的规划引入"星群"概念（图 7）。该概念包括在市中心之外建设商业集中区，例如淡滨尼、裕廊、兀兰和实里达的区域中心，以及更小的次区域或边缘区域中心。更多住房被布置在市中心内部和周围，而工业区和商业中心被规划在北部和东北部，为这些区域创造更多就业。

然而，新加坡经济结构限制了去中心化的进度。石油化工和制药业是经济活动的重要领域，由于其污染性，只能把他们建设在远离居住的西部离岸岛屿上。

同样，金融从业者希望能在享有优越自然环境的中央商业区的"甲级写字楼"里工作。因此，当淡滨尼区域中心和诺维纳市区边缘区域中心等商业中心的发展使得使一些商业活动分散时，在市中心仍需要规划大量的办公场所。在城市中心集中发展一大片高质量的办公区域，对于新加坡的金融中心和国际化活力都市的形象非常重要。因而，2001 年的《概念规划》细化了 1991 年《概念规划》中提出的去中心化策略，在市区内保留主要的办公空间。

当提案与现有准则不相符时，系统内部也有一定的灵活性。这是由法定的对于《总体规划》进行的临时修正实现的，如果某提案有特殊好处，它允许其存在例外或对某些条例的放弃，关键是在限制和变通中实现司法平衡。

原则四：高效地执行

由以行动为中心的政府机构实施

政府机构对高效执行力的重视，在新加坡城市发展实施过程中起到关键作用。独立的新加坡面临严重的住房和就业短缺。政治领导通过城市发展解决这

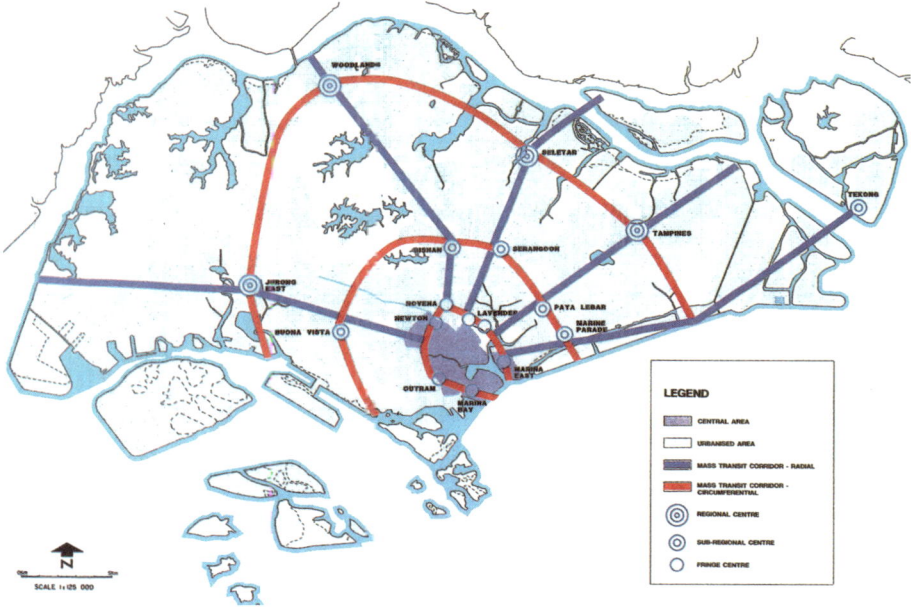

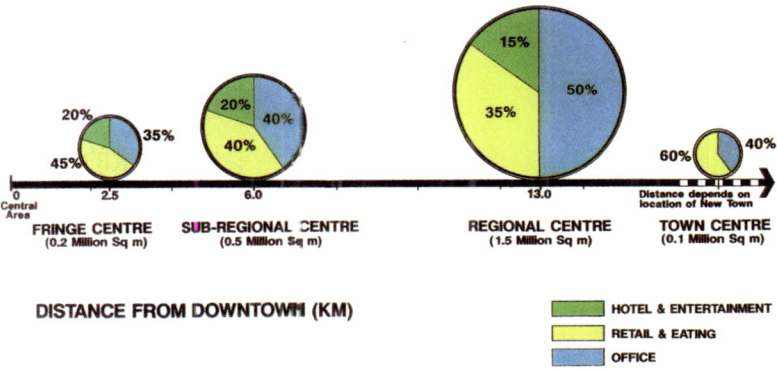

图 7　1991 年《概念规划》——星群概念。
来源：新加坡市区重建局。

两大问题。在《概念规划》奠定了新加坡发展规划结构和形态，倚赖政府机构和部门的各种政策和规划，成功地将规划落实到实践，包括建屋发展局、经济发展局、裕廊集团和公共工程局。[15, 16]

　　这些公共部门在早期发展城市需求方面效率很高，到 1965 年底，建屋发

15　Economic Development Board, *Annual Report 1968* (Singapore: Economic Development Board, 1968), 17–18.

16　Tan Jake Hooi, "Metropolitan Planning in Singapore", *Australian Planning Institute Journal* 4 (1966), 111–119.

展局以每年 12000 单元的速度修建公寓。1968 年，将近 75 万人，36% 的人口住进了公寓。资深规划师刘太格先生回忆说，到 1985 年，新加坡已经成为"首个摆脱贫民窟和违章建筑的亚洲城市"。[17]

多年来，其他的政府机构和部门也高效地执行了新加坡城市发展规划。1974 年，市区重建局被确认为国防部下设的独立法定委员会，以重新开发市中心，并重新安置再开发过程中受影响的居民。

由私人机构实施——土地出售和市中心再开发

通过土地出售机制，私人机构在发展规划实施中起到重要作用。该项目开始于 1967 年，市区重建司（后来成为市区重建局）发布了第一批 13 个在市中心的土地出售地块的公开招标。私人机构提供资金和专业知识，政府通过特别的财政津贴来吸引开发商。

随着最初几个地块的成功，岛上的公共土地开始被有序地出售给私人机构开发。通过市场实现规划目标从此成为新加坡城市发展成熟的手段。

更高的透明度——《总体规划》的改革和发展控制系统

为了使市场成为实现《总体规划》的主要机制，规划系统的透明度至关重要，但新加坡今天的规划透明程度并不是一直以来的标准。

17　刘太格，2011 年 6 月 29 日接受宜居城市中心访谈。其现任和曾任职务参见之前的脚注。

从 20 世纪 60 到 80 年代，政府准备了多种非法定规划来指导允许的发展形式，并作为私人部门规划应用评估的基础。然而，大多数这样的规划适用于内部发展需要，往往是"不公开的内部方案"规划 [18]，公共和私人机构并不是一直都了解这些规划，也没有注意到一块场地的规划使用方式，因为《总体规划》对于一个场地的详细位置也描述得不准确。[19] 与《总体规划》相左的开发，需以不同的准则和政策来评估。在获准使用、开发程度和设计考虑方面缺乏透明度的情况，导致了冗长的决策流程，"每个私营机构提交的开发实施规划都需要一个单独的决定……而且需要由部长决定"。[20]

20 世纪 80 年代后期到 90 年代初，为了简化"城市规划系统"[21] 中随意的诸多规则，进行了一系列的改革。下面是这一阶段改革中的几个关键变化。

制定一个具有前瞻性的规划体系——发展指导规划（DGPs）

随着 1991 年《概念规划》的完成，政府发布了一系列前瞻性的发展指导规划 [22]，以使公众了解他们可以在特定地点进行的开发种类。发展指导规划将笼统的《概念规划》意图转化为极为详细的特定地区开发规划和技术指南。政府从 20 世纪 90 年代开始向公众公布发展指导规划草案。到 1998 年，55 个发展指导规划完成编写并公布，共同形成了 1998 年新的《总体规划》。

更新发展控制——开发费用的改革

为了确保了所有的物业都依照《总体规划》得到开发和使用，发展控制也变得更加透明。

1989 年，一个用于计算开发费用 [23] 的更开放系统开始被引入使用。之前计算缴纳的开发费用的方法在衡量住房和非住房开发的强度方面是不同的。从私

18　Leung Yew Kwong, *Development Land and Development Change in Singapore* (Singapore: Butterworths, 1987), 26.

19　钟强，2011 年 6 月 27 日接受宜居城市中心访谈。其现任和曾任职务参见之前的脚注。

20　林勋强，2012 年 4 月 13 日接受宜居城市中心访谈。其现任和曾任职务参见之前的脚注。

21　邱鼎财，2011 年 9 月 19 日接受宜居城市中心访谈。邱鼎财目前任国家发展部宜居城市中心执行主任。他之前曾任新加坡国家水利局 PUB 总监，城市重建局 CEO，PSA 集团 CEO，枫树投行行长兼 CEO，和淡马锡控股公司总监事。

22　规划师把整个群岛分成了五个区域，包括北部、东北、西部、中部、东部，以及 55 个规划区。每个区域都有一个《发展指导计划》。

23　发展税（the development charge）受英国相应的杠杆政策启发，征收条件是发展项目按照计划对土地带来增值，比如重新分割更高价值的用地或增加土地比率。

人开发商的角度看，该系统既复杂又不够透明。

　　一个改革后的基于固定汇率计算开发费的系统于 1989 年 9 月启用。这一系统对新加坡进行了分区，用过一个表格限制不同区位不同用途的土地价值。开发费用每 6 个月更新一次，考虑到不断变化的财产价值。开发费的汇率发布后，开发商可以在提交他们的规划前，估算出所有应缴纳的开发费。

市区重建局内部规划和发展职能的融合

　　改良后的体系需要一个新的组织，以确保规划的顺利实施。1989 年，市区重建局法令经修改后将市区重建局、国防部的规划部（包括发展控制部门）和研究与统计处合并。为了给议会解释这样的合并，那时的国家发展部长丹那巴南先生（S. Dhanabalan）说道："规划和发展控制功能将集中由一个部门管理……通过合并市区重建局在尤其是城市设计方面的市中心发展上的专长，和规划部在战略规划方面的专长，能实现对整个岛屿更加协调的规划。"[24]

　　丹那巴南先生还非常关键地指出新加坡未来的实际发展将越来越依赖私人机构。公共部门将指导新加坡的实际发展，而不是直接参与项目的实施。[25]

　　这样的新决议允许市区重建局专注于它核心的规划和发展职能。现任总规划师林荣辉曾提出"市区重建局的特别之处就在它具有多学科的专业知识"，反映出新加坡系统整体协调、一体化的特点，这些机构互相合作，如同政府整体出动。[26]

原则五：系统地创新

　　创新性思维和工程专业知识是确保新加坡实现 719.1 平方千米宜居城市政策和项目的关键。

24　S. Dhanabalan, Urban Redevelopment Authority Bill, Parliament no. 7, Session 1, Vol. 54, Sitting 5, August 4, 1989.

25　在 1989 年并购之前，URA 负责建造并管理中心区。其工作包括建立安置中心，以安置之前的企业和居民。在实施这些发展计划之外，URA 还规划并提升中心区的发展。

26　林英辉（Lim Eng Hwee），2011 年 6 月 2 日接受宜居城市中心访谈。林英辉目前是城市重发展局首席规划师兼副 CEO。曾就职于国家发展部、贸易和工业部，推动城市发展和经济政策倡议。

例如，经济发展局规划的制造业需要大量土地。由于新加坡土地有限，庞大的制造业发展是无法实现的。裕廊集团想出"堆叠式厂房"的办法，设计利用大型坡道使集装箱卡车通往高层工厂，以确保土地被高效利用。贸易与工业部长林勋强指出"每当土地租期更新时，我们都要确保每公顷的附加值有所增加。否则，其他可以为同一片土地上为经济发展做出更大贡献的产业将分配到该土地上。"[27]

另一个创新的例子是新加坡对排水走廊的利用，它能串联起多样的绿色开敞区域。"这个概念是发展一个绿色网络，将海岸公园与中央集水区相连……这样私人和公共住宅区的居民就可以享受这样的绿色网络。"[28] 今天，这些绿色通道被称为"公园连道"，并由国家公园委员会管理。

公用事业局和公园委员会还发起了"活跃、美丽、干净水源规划"项目，通过创新设计，将混凝土排水沟渠转化成亲民的公共空间，同时保持其排水和洪水防治的功能。这些包括使河流自然地在公园和住宅区蜿蜒，并成为人们提供休闲的空间。这样的"河流"也有助于改善水质并有助于城市地区的生物多样性。

结　语

多年来，新加坡的城市规划体系通过《概念规划》建立了长期的发展需求。同时，《总体规划》保证了一定的灵活性，并形成指导发展和实施的细致规划，还在定期的更新过程中不断改进。长远的思考会促进考虑当前发展趋势的深远影响。这使得人们可以提前确定相关领域，并提前解决问题，有利于最大限度利用新加坡有限的土地资源。

新加坡的经验不仅强调了规划的前瞻性，还强调了制定规划的有效地实施。政府一直对此有高度的决心，形成高效而强调行动的机构，及时的法规和良好透明旨在发展的市场机制。与动态的城市管理体系协作的新加坡综合性规划与发展是在高人口密度条件下维持和提高宜居性的关键要素。

27　林勋强，2012 年 4 月 13 日接受宜居城市中心访谈。其现任和曾任职务参见之前的脚注。
28　钟强，2011 年 6 月 27 日接受宜居城市中心访谈。其现任和曾任职务参见之前的脚注。

第 7 章

组屋城镇的演变

蔡君炫

组屋城镇的规划

导言

　　建屋发展局在过去 55 年间实施的公共住宅规划已经为新加坡人提供了经济适用的住房和良好的生活环境。如今，超过 80% 的新加坡居民住在分布在新加坡岛上的 940000 间组屋公寓里，超过 90% 的居民家庭住在自有公寓中。

建屋发展局（HDB）的成立

　　在新加坡于 1959 年取得内部自治之后，前身为新加坡改良信托局（SIT）的建屋发展局于 1960 年成立。建屋发展局的主要任务是解决因人口快速增长而加剧导致的住房短缺问题。

　　鉴于当时很多人住在贫民区和棚户区里，新政府和建屋发展局需要解决的棘手的问题就是要提供带有基础设施的住房。因此，建屋发展局被政府官方授权进行土地征用、清除贫民区、城镇规划、建设和发展以及基础设施管理。在重任之下，建屋发展局进行了五年建造规划，目标是在 1961 年到 1965 年间建造超过 50000 套公寓。在这五年之内，建屋发展局建立了 44345 套公寓，比其前身（英国统治下的新加坡改良信托局（SIT））在三十多年内建造的 23019 套还多。

当时，建屋发展局的第一个建造规划是在城市周边可用的小面积的土地上（例如皇后镇、加冷、麦波申）提供基础、实用且低成本住房。为了方便当地居民提供基本的便利设施，如市场和商店。举例来说，在皇后镇，住房设计都尽量保持简单而实用，带有一室、两室、三室的公寓所在的长型大厦则都提供了自来水和电力。

大巴窑——建屋发展局第一个综合规划的卫星镇

大巴窑是第一个完全由建屋发展局综合规划并建设的卫星镇。大巴窑的规划是基于"邻里原则"的。"邻里原则"指的是几个居住区围绕着城镇中心而聚集的。每一个居住区都有各自的邻里中心，邻里设施，以及中小学。而在规划城镇时，设计师和建筑师在建筑本身和其布局上设计了更多的花样。例如，建筑的高度从 6 层到 25 层不等，使得整个城镇的轮廓线增加了多样性。25 层楼高的街区则标志着城镇的要点。

大巴窑的城镇中心被设计为能够满足 200000 人需求的中心，其设施包括 120 家店铺及百货公司、两个剧院、一个图书馆、一家诊所，以及一些邻里机构。该中心建造于 16 公顷的平地上，店铺都位于低矮建筑的地面层。这些商店被规划为面对另一排商铺，因此一条主干道就可以通过不断宽阔的中央步行街创造而成。购物步行街与包含超市、图书馆、百货商店和邮局的主区域一起构成了完美链接的购物广场。

除此之外，新加坡最大的巴士总站也在该城镇的规划之中。同样受到重视的是提供更好的社交、娱乐和运动设施，例如建造带有跑道、足球场和游泳池的体育中心。

规划中还包括了工业用地，因此像飞利浦、仙童半导体公司和通用电气这样的公司就可以雇佣附近的居民，从而使得大巴窑成为一个自给自足的市镇。

大巴窑拥有一条环形路，因此车辆可以轻松到达城镇的任何一个区域，防止了交通阻碍（图 1）。

大巴窑的建造始于 1965 年。到 1970 年时，容纳约 120000 位居民的 23900 套公寓已全部完成。到 1977 年时，36600 套公寓建造完毕，为大巴窑的初始发展阶段画上了一个句号。

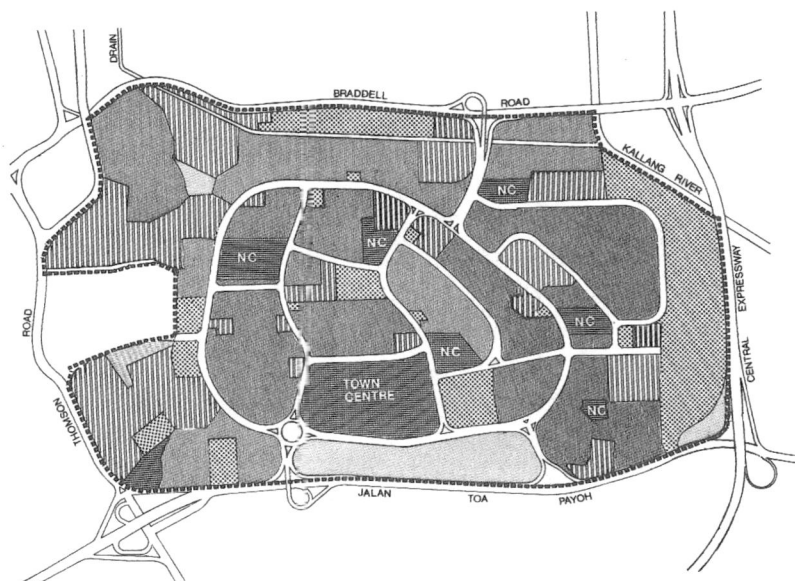

Legend		Land Area (ha)	Percentage
	Residential	150	40
	Commercial	34	9
	Industrial	47	13
	Open Space, Sports & Recreational	24	6
	School & Institutional	69	19
	Roads & Others	49	13
	Town Boundary		
	Total	373	100

图 1　大巴窑（1985）土地使用及道路网络规划。

新镇模型的原型

　　20 世纪 70 年代初，建屋发展局的工作重心是提高公共住宅的供应量，以此来满足不断上升的住房需求。一旦住房需求在 20 世纪 70 年代中期得到满足，下一阶段的发展目标将从尽可能地建设尽可能多的公寓的要求上，转移到了提升建屋发展局的城镇和房产等质量和改善便利设施上。新镇及其城镇和邻里中心都是根据 20 世纪 60 年代末发展起来的新镇结构模式示意图而发展出来的，而该模型是在大巴窑发展过程中总结得来的（图 2）。

　　这种城镇发展模型的特点是更加具有目的性和系统性的城镇规划，这在

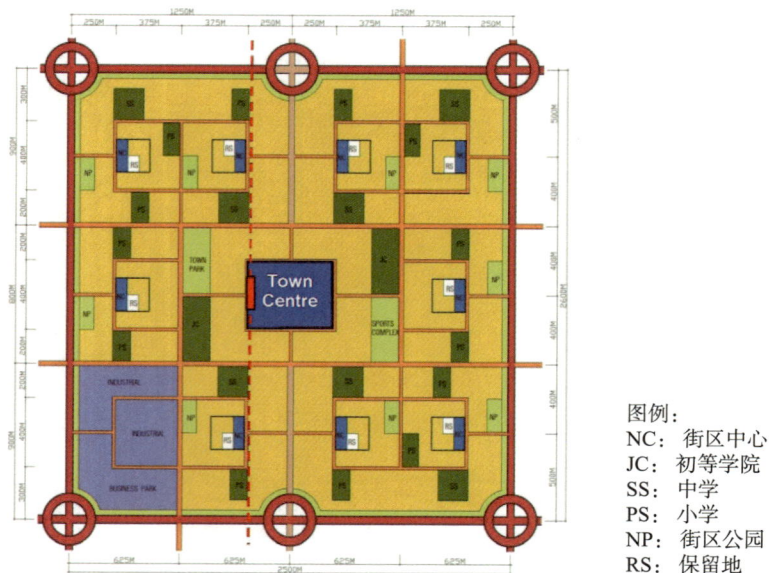

图例：
NC：街区中心
JC：初等学院
SS：中学
PS：小学
NP：街区公园
RS：保留地

图2 新镇建构模型。

1973 年始建的宏茂桥和紧随其后建造的勿洛和金文泰的例子中都有所被例证。城镇中心、街区中心和次中心等活动节点的层级和布局都清楚地阐明了。城镇的边缘还将建造轻工业和无污染工业。

另一项标准举措是在高层、高密度的居住环境中有规划地布置一些低层、低密度的土地利用。这些低层建筑包括学校、邻里中心、运动设施、街区公园等，它们分布在整个居住区域内，以缓解高层、高密度公共住宅环境的影响。

在 20 世纪 70 年代晚期和 80 年代，建屋发展局又建造了更多的城镇，包括义顺和武吉巴督。在这些城镇里，建屋发展局加入了其他的设计考量，例如设计更人性化的发展，街道的建筑和自然景观。开放空间导则和开放式的行人步道系统也被引入。

改善居住环境以及提升组屋城镇的多样性

进入 20 世纪 80 年代，人们采取了多种措施，为了提升组屋城镇的多样性，增强其独特性，以及改善居住环境。城镇的规划更多强调城市形态、新镇结构、使用区域的层级，以及区域公园和开放空间等地区性设施的供应。

在这一时期，"住宅组团概念"被提出，这为邻里间的互动提供了更加有利的条件。每个街区被分成了数个更小的住房管辖区，每个辖区包含 400 到 800 套公寓，这为邻里间的互动和邻里关系创造了一个更有益的社交环境。每个辖区的中心都提供了各种各样的娱乐设施，包括户外园地、健身中心、多功能球场、足底按摩径等。为了促进邻里间的互动，同时还布置了辖区亭阁。这些设计的理念都可以在璧山、白沙和淡滨尼的例子中找到。

在楼房这个层面上来说，邻里间的和睦关系是通过在每层布置少量公寓和设置比过去楼房更短的走道来实现。通过用独特的方式丰富街区的屋顶以便于给城镇一个可识别的特征，正如璧山的斜面屋顶一样。不同的城镇还有不同的主题，例如白沙的建筑灵感来自于其周边的沙滩和海洋元素，反映了其海滨胜地的特点。

除此之外，设计还强调保留新镇原址的主要自然特点。例如，武吉巴督一块露出地面的岩石和水洼被保留了下来，与城市化的设施互补。同时，每个城镇还都种上更多的绿色植物。在两个城镇之间引入景观区作为分隔区域，使两个城镇的视觉特点变得更加明显了。为此，璧山和宏茂桥之间的璧山公园不仅仅是一个娱乐场所，同时也是游人一个城镇到另一个城镇之间的界限。

到了 20 世纪 90 年代，设计开始强调通过树立辖区、街区和城镇的独特形象来创造高质量的生活环境。一些标志性建筑、风景区、开放空地以及独特的建筑风格共同实现了一种强烈的视觉形象，比如三巴旺和盛港镇。

建屋发展局还利用了私营企业的力量来满足住房需求者日益增长的预期。1991 年发布的《设计与兴建规划》允许私营企业在一定的成本和设计标准之下执行公共住宅项目。第一个项目就是淡滨尼第 4 邻里，其六边形的布局使其成为淡滨尼的一项标志性项目。

1995 年推出的《执行共管公寓规划》，提供了由私人发展商设计建造的公寓，但对购买者的资格有严格要求，例如设置了收入上限。十年后，条件提升，住宅区可以取得私人住房身份。

建屋发展局目睹了带空调的购物综合体的涌现，例如义顺纳福坊购物中心。与大巴窑和宏茂桥等早期城镇中心的低矮建筑相比，这些多层综合体标志着组屋城镇中心的设计方向转向了更加活跃而多样的零售环境。

住宅区的创新

20 世纪 90 年代，建屋发展局专注于将老城镇或地产改造成与新建的城镇更接近的标准。为了使中心区域得到创新，建屋发展局推出了一系列项目。

（1）主要翻新规划（MUP）

主要翻新规划颁布于 1990 年，主要是为了将过去的组屋公寓和生活环境进行综合地改良。公寓内的环境也得到了改善，例如改良卫生间和浴室，增加杂物室或阳台，以及替换土质的排烟管。从外部来看，户外园地、人行道和风景区域都得到了完善。

这个升级规划是与当地居民和基层组织的顾问协商制定的。只有超过 75% 的公寓业主赞成该项目，建屋发展局才会继续进行。公寓业主只需支付升级费用的 7% 到 45%，具体的比率取决于他们的公寓类型以及他们选择的改良方案，剩余的费用都由政府支出。

这一改良项目收到了极大的欢迎，在 1990 年到 2007 年间，共有 131000 间公寓受益。

图 3　主要翻新规划之前的文礼花园（2001 年）。　主要翻新规划之后的文礼花园（2006 年）。

（2）中期翻新规划（IUP）

主要翻新规划（MUP）是其他升级项目的先驱，其后的项目重点各不相同。中期翻新规划（IUP）公布于 1993 年。

在临时升级项目下，市镇理事会需要完善辖区以及楼房内的公共区域，包括为楼房的外立面换新的涂料，建新的电梯大堂、现代化的操场、人行道和学习区域。如果这一项目想要继续进行下去，至少要得到四分之三的公寓业主的支持。在 1993 到 2001 年间，超过 150000 户公寓在该项目中受益。

（3）电梯翻新规划（LUP）

电梯翻新规划在 2001 年推出，旨在为技术上和经济上都能承受的公寓提供电梯服务。除了能够让居民更快更方便地到家之外，电梯还照顾到了老年人、小孩以及行动不便的人士。这项工作的范围包括为现有电梯升级，在每个楼层提供电梯升降平台，以及增加新弓梯和电梯井。

在 13 年间（从 2001 到 2014），建屋发展局使住在 5000 套楼房内超过 500000 户家庭用上了电梯。

（4）特别中期翻新规划（IUP Plus）

特别中期翻新规划在 2002 年提出，用于替代中期翻新规划（IUP）。这个项目融合了中期翻新规划（IUP）和电梯翻新规划（LUP）。与中期翻新规划（IUP）相似的是，附加特别中期翻新规划（IUP Plus）旨在为 1981 年到 1986 年间建造的楼房提供服务。有了这一复合项目，组屋公寓业主可以同时享受两个项目，无须在不同的时间分别接受两次翻新。

（5）家居改进规划（HIP）

2007 年，为了迎合对公寓改善工作更高弹性的需求，家居改进规划替代了主要升级项目（MUP）。居民们可以从一系列改善条件中进行选择，并在共同支付中进行相对应的调整。家居改进规划还能够系统而又综合地帮助公寓业主处理老化公寓里常见的维修问题，例如混凝土剥落等。与同时改善公寓和公共区域的主要升级项目（MUP）相比，该项目主要关注公寓内部。

家居改进规划可以分类为乐龄易规划。基础性项目的资金完全来自于政府，而选择性项目和为新加坡老年人提供的改善项目则可以得到 87.5% 到 95% 的政府资助。小户型的公寓可以得到更多的资助。在选择性项目和为活跃的老年人提供的改善项目中，居民只需为他们挑选的项目支付。

（6）邻区更新规划（NRP）

2007 年，邻区更新规划替代了特别中期翻新规划（IUP Plus）。这一项目关注辖区和楼房这一层面的改善，并在两个或者多个相邻的区域进行更大规模的扩展。这使资源能够被集中起来，并提供更广泛的设施。组屋街区间的公共区域新增了连接道路、门廊、公开场所以及健身中心等。

该项目的主要特点是居民的参与度很高，他们通过小型展览、调查、对话、城镇论坛等形式共同决定他们在邻里中希望得到的改善。

由于这些改善都是用于组屋街区的公共区域的，因此所有的费用由政府出资。

（7）选择性整体重建规划（SERS）

选择性整体重建规划颁布于 1995 年 8 月，作为政府继续更新旧组屋城镇和住宅区的一部分内容。具有重建可行性的家庭住宅地块被选中之后，会根据《土地征用法》进行收购并重建。居民可以以津贴的租金入住租期为 99 年屋契的新公寓。这些公寓都带有现代化设施，居住环境也更好。

房屋需要重建的业主可以按照规划宣布时公寓的市场价值获得支付，除此之外还能补偿搬家时所需的合理开支，包括搬家费用补贴以及购买同等价值新住房所产生的印花税和律师费。在指定区域内购买新房的居民可以依照共同选择规划，跟家庭成员以及邻居共同选择住房（最多六户家庭），以此保留邻里间在过去多年建立的亲密关系和邻里人际。

在居民们入住新居之后，旧公寓将被拆除用以重建。通过这样的帮助，活化旧城镇，随着年轻居民的搬入，当地居民的人口和经济状况也被注入了新的活力。

至今为止，79 个地区的超过 39000 户家庭已经从选择性整体重建规划（SERS）中获益（图 4）。

图 4　1972 年的大巴窑中心 79 大楼。　　2007 年的大巴窑中心 79A-E 大楼。

改造中心区域——改造的蓝图

过去几年内，住房更新项目为组屋城镇及房地产带来改造并注入了新的活力。除了升级或重建个人住房之外，建屋发展局还倡议了一个新的项目，名为"再创我们的家园"（ROH），目的是以更综合的方式改造或重建组屋城镇的中心地带。李显龙总理在 2007 年宣布了这一规划。在这个改造中心区域的蓝图之下，新加坡的公共住宅产业将会在接下来的二三十年间转型。

改造中心区域（ROH）1

多机构组成的团队针对不同时期建造的住宅和城镇构思出了大胆而又新鲜的改建规划："新组屋区"指的是 20 世纪 90 年代始建且仍在建设中的住宅区，"中期组屋区"指的是大多数在 80 年代建立的公寓，"成熟住宅区"指的是 20 世纪 80 年代前建好的公寓。作为重建中心城区规划的一部分，榜鹅、义顺和杜生分别作为青年期、中年期和成熟期城镇或住宅区的代表，并作为改造规划的可行案例。

（1）义顺城镇——"充满活力的区域中心和良好的户外场所"

义顺的城镇中心的活化改造包括以下几个项目：扩建现有的购物中心，建设新图书馆、新医院，以及改善连通性等。

城镇中心还将建立一座新的综合性建筑，内含居住空间、商业零售空间、巴士转换站和城镇广场。改造规划还包括让行人和自行车出行的人能够更方便地到达义顺的休闲娱乐和商业区域。

（2）杜生住宅区——"公园住宅区"

针对杜生住宅区推出的改造方向是"公园住宅区"。住宅区会与景观、邻里绿化无缝融合，并与商店、餐饮店等便利设施形成互补。

杜生阁和杜生庄就是依据"公园住宅区"这个理念的规划建设的。这两个工程位于风景优美的公园环境中，绿化可以一直覆盖到居民的门前，甚至以空中花园的形式延伸到楼房的中部，成为周边区域一道赏心悦目的风景线（图 5）。

建屋发展局还试行了两个新的方案：一项是在天空之城实施灵活布局规划以满足不同家庭的需求；另一项是在杜生庄实施多代同堂规划，使几代人同住的生活更加便利。

杜生过去留下的传统也没有被遗忘。杜生庄的展览馆将皇后镇和杜生住宅区的丰厚历史中值得纪念的建筑和事件都进行了展出。而在天空之城住宅区，中心区的传统则以描绘了过去的壁画墙的形式融入了新建筑的设计中。

图 5　杜生庄和天空之城（2015 年）。

（3）榜鹅新镇——"21 世纪的海滨城镇"

针对榜鹅的中心区域是建造一个新的充满活力的城镇中心，同时具备商业、娱乐、文化和休闲功能。一条人工修建的 4.2 千米的水道从城镇中央蜿蜒流过，连接了榜鹅和实笼岗的两个水库，也为海滨生活和水上活动提供了条件（详见框中文章：榜鹅水道）。各式的公共或私人海滨住宅将沿着水道建立，居民们将可以享受到水道的优美风景。

榜鹅水道

榜鹅水道是新加坡第一条人工水道。这条 4.2 公里的水道将榜鹅河和实笼岗河连接到一起，并由此形成了一个活水蓄水池，扩大了新加坡的集水区域。这条完工于 2011 年的水道不仅为居民们创造了一个有吸引力和充满活力的海滨居住环境，而且提供了一个平台来探索如何在城市环境中提高生物多样性和保持河道的良好水质，这也是建屋发展局为增强榜鹅城镇的持续发展和宜居性所作出的努力之一。

榜鹅水道（2012）。

改造中心区域（ROH）2

改造中心区域（ROH）2 的规划于 2011 年颁布，涵盖了后港、东海岸（尤其是勿洛镇），以及裕廊湖区域。这些城镇和区域的改造的主要围绕四个主题："城镇中心的再更新"、"户外娱乐选择"、"提高连通性"以及"保留中心区的传统"。

（1）后港——"后港的色彩"

在改造中心区域（ROH）的提案中，后港城镇丰厚的历史和传统遗迹扮演了非常突出的角色。举例来说，一个主要的想法就是将有着百年历史的实笼岗路改造为一条独特的历史遗产走廊。

其他的提案还包括在城镇中心建造综合性建筑来增添活力，在主要的休闲娱乐中心之间增强行人往来的便利性。该地区还会建很多新住宅，而现有的邻里中心会得到更新。

（2）东海岸区域——"通往东海岸的门户"

这一区域的改造规划要求对勿洛镇中心进行广泛地更新，包括建造新的购物中心、带空调的巴士转换站、小摊贩中心以及勿洛综合大厦（图6）。该区域还有一个带有历史遗迹角落的新镇广场，城镇中心的步行街也将得到完善。为了使居民和零售商受益，勿洛镇的邻里中心也将得到更新。一段展示历史遗址的历史小径将会加深人们对东海岸区域历史的印象。而综合性的自行车道路网将会改善城镇内部的整体连通性。专用的自行车道和人行道为去往东海岸公园和勿洛水库公园的人们提供更便捷的道路。

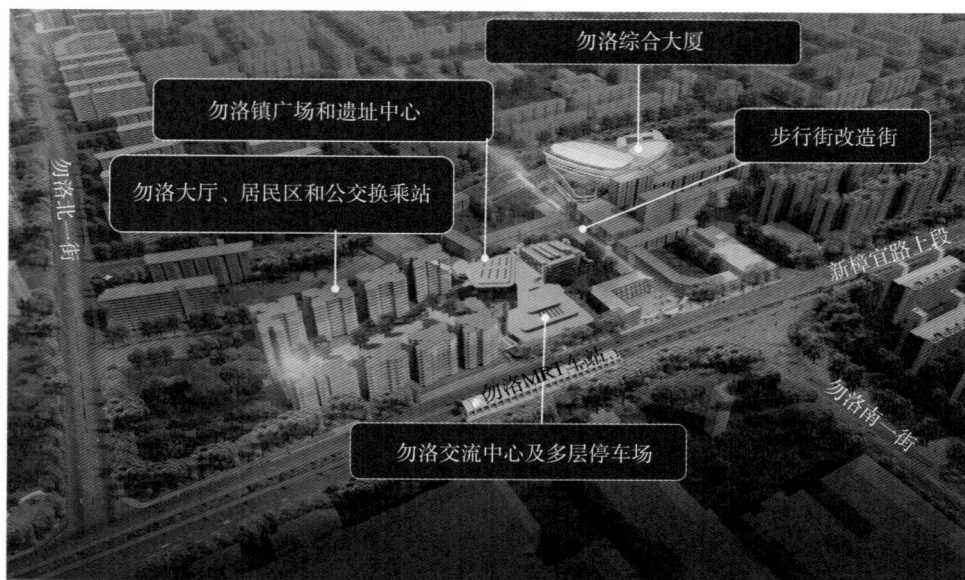

图6 改造后勿洛镇中心的新摊贩中心和城镇广场的艺术效果。

（3）裕廊湖区域——"我们裕廊湖的故事"

作为60年代早期发展起来的工业城镇，裕廊在新加坡早期的工业发展中起了关键作用。自此以后，裕廊发展成了一个现代化的繁华城镇。改造中心区域规划希望能为裕廊湖区域带来一些新的人口。规划内容是将裕廊湖区域和班丹蓄水池打造成一个休闲娱乐目的地，让该区域内的组屋中心地带以及邻里中心重新焕发活力，并且创建一个能够为商旅人士和游客提供餐饮、商务、办公、公寓和酒店的裕廊区域中心。除此之外，裕廊东镇中心将被改造为一个提供邻里交流并保留历史文化角的活力中心。综合性的自行车道路网络也将得到部署，以此为居民们在该区域内提供更好的连通性。

改造中心区域（ROH）3

2015 年时，大巴窑、兀兰和白沙被选为改造中心区域（ROH）规划 3 里的翻新区域。这个最新的改造规划采取了一种从头开始的方式。规划者首先考虑到大众的想法，以典型群众分类小组的形式来收集更多的反馈和建议。之后会建立详细的规划方案，对利益相关者和居民进行展示并获得更进一步的评论。

公共住宅的新时代——建屋发展局建设更佳居住环境的道路

随着对公共住宅需求的快速增长，建屋发展局从 2010 年到 2015 年间扩大了筑房项目的规模（发展了超过 100000 个住房单位）。由此为建屋发展局提供了机会使公共住宅建设进入新的一代，尽管随着人口增长，城镇内的人口密度有所上升，仍然保持了公共住宅高度的宜居性和舒适型。新一代的公共住宅同时也迎合了人们不断变化的生活方式的需求和对居住条件持续上涨的要求。建屋发展局在 2011 年提出了"建设更佳居住环境的图景"的道路，为接下来 10 到 15 年内的房屋建设定下了关键目标。该项目的三大主旨是建造精心设计的、可持续的、以邻里为中心的城镇。

要点一：精心设计的城镇

为了满足不断上涨的对公共住宅的需求，建造住房需要开发一些新的区域。因此，建屋发展局为榜鹅、比达达利、北淡滨尼等城镇下一阶段的发展做出了总体规划。为了打造高质量的城镇环境，以下三点起到了引导作用：

（1）建造独特的特色街区

在旧住宅得到更新之后，建屋发展局规划为新一代的城镇创造更加与众不同的特色。为了实现这个目标，建屋发展局将利用地方特色和遗产，同时更多地关注城市设计。为了满足变化的对多样生活方式的需求，同时也为了给城市景观添彩，设计中将采用新建筑类型和布局。设计中还将采用更多的绿色热带植物和蓝色的水上元素。城镇里的绿植覆盖面积会扩大，而空中花园和空中阳台会为居民们提供更多休息的空间。建屋发展局还会重点建设以邻里为中心的公共区域，来鼓励居民进行交流与互动。

（2）无缝连接性

建屋发展局希望通过鼓励居民使用公共交通出行，建造一个"低汽车使用"的环境。新地区将提供轨道交通以及多线路的公交车系统。考虑到还是有一部分人需要使用汽车出行，建屋发展局正在和陆上运输管理局合作，力求推出汽车共享规划以及使用电动汽车。在某些区域，未来甚至还有可能推出自动驾驶的汽车。

组屋城镇还将建设综合性的自行车网络，来鼓励居民使用自行车出行。通过自行车网络可以到达各个公园或是公园的连接点。城镇也会更多地考虑到行人出行的便利性，例如将人行道相连，覆盖相连接的道路，将地面二层连接来直达地面上的地铁站与轻轨站。

（3）建造充满活力的邻里中心来鼓励邻里活动

建屋发展局特别在意的是，建房并不仅仅是建造公寓本身，同时也是为邻里的繁荣而建造城镇。正因如此，建房规划里会设计较多的邻里公共空间，从而为居民互动和活动提供便利。这些设计包括为集体活动建造的大型广场、公共客厅，以及在景观平台建立的鼓励居民交往的一些更加私人的空间。

要点二：带有丰富绿化的可持续家园

作为新加坡最大的住房建造机构，建屋发展局需要树立对环境负责的建造者这一形象，因此要对城镇建设采用可持续的方案。

可持续发展（SD）框架

2011 年，建屋发展局制定了一个全面综合的可持续发展框架，这一框架围绕着环境、社会和经济三个维度展开（图 7）。

可持续发展框架制定了 10 个主要的预期目标，并提供了广泛的策略来实现这些目标。为了实现社会可持续，需要采用的是邻里团结活动这一策略，因为这能够促进社会融合，培养居民的社会归属感和认同感。经济可持续性策略则注重通过城镇内商业设施的提供，来创造经济活力和商业多样性。至于环境可持续性的策略，其范围更广，侧重于减少碳排放、提高能源利用率，以及实现水资源和废品的更有效的管理。这些措施会使居住环境更加清洁、安全且舒适。

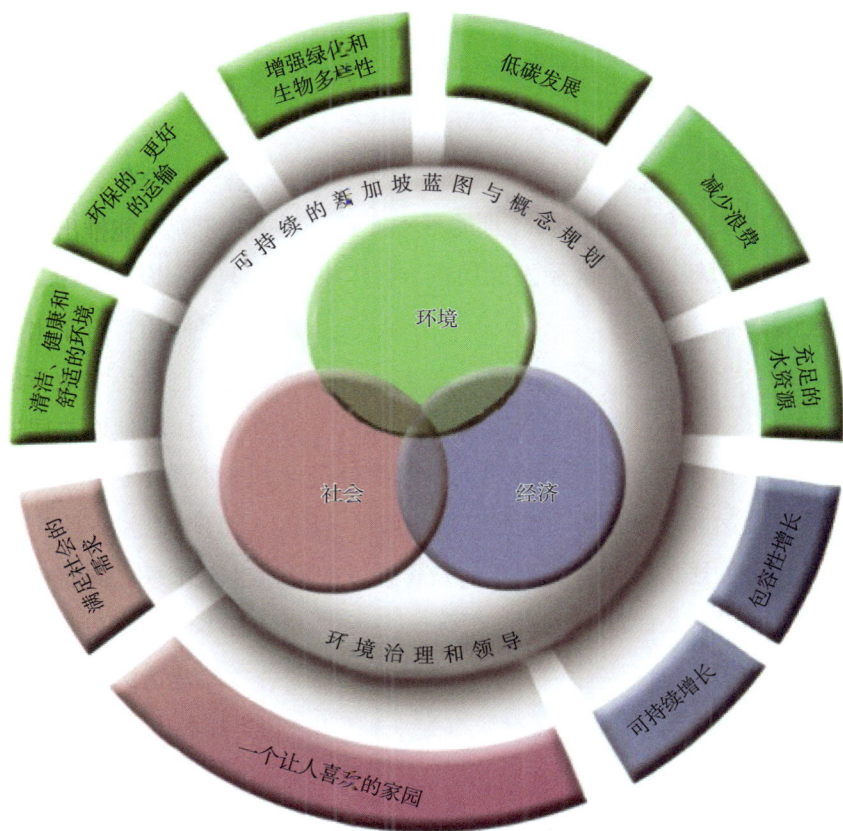

图 7　建屋发展局可持续发展框架。

　　在这些策略中，类似收集太阳能和雨水资源、提供高效率照明、加强绿化建设等倡议都已经在榜鹅进行了成功的试验。除榜鹅外，其他城镇也正在逐步展开实施中。

要点三：以邻里为中心的城镇

　　第三个要点就是建立以邻里为中心的城镇，为新加坡多种族、多文化背景且居住在高层高密度住宅里的人群提供一个和谐的生活和工作环境。除了公共住宅政策的支持之外，要想实现这一点，需要合适的建筑设计，例如需要提供居民见面和交流的场所，这个场所可以是绿化区、室外广场、摊贩中心或者其他便利设施。另一个实现的途径是设计一个公共建房项目，来促进邻里间的和睦，扩大居民的社交网络，为居民参与邻里活动提供更多的机会。

未来的住房

榜鹅

本着建设更佳居住环境的图景的三大要点，建屋发展局在 2012 年揭开了榜鹅城镇建设的新篇章。建屋发展局将与合作机构一起，在以下五个关键理念的引导下建设榜鹅：

特色的海滨住宅区

榜鹅的居民们将会看到七个不同的海滨住宅区——水道东区、水道西区、北岸、马蒂尔达区、榜鹅坊、弯区以及水道区（图 8）。每个地区都会有自己的特色，为当地的居民营造了更强烈的归属感。这也和"建造更佳居住环境"的第一要点（建设精心设计的城镇）相符。

图 8　在榜鹅建立独特的海滨住宅区。

榜鹅市中心：东北部的新目的地

榜鹅充满活力的综合性城镇中心将向东北部扩展，形成一个新的榜鹅市中心。这里将会建立更多的公共空间，例如榜鹅城镇广场。新的中心区域还将通过综合利用的方法注入新的活力。

可持续性发展

从初期开始，建屋发展局就一直坚持公共住宅无论是在环境、经济和社会方面都应该是可持续性的。

为了实现这个目标，组屋公寓设计了自然通风。通过减少使用风扇和空调来减少家庭能源消耗。同样的，楼房也利用朝向的方式来降低太阳光热的吸收。除此之外，还有意只地将绿色植物融入城镇，为城市景观提供视觉上的缓解，并降低周围的温蒂。

为了保证经济可持续性，一系列项目得到了实施。这些项目增强了组屋城镇的商务发展和工业发展的活力。

为了创造凝聚力强的邻里，建屋发展局精心策划和提供了许多社交娱乐的场所和设施，包括组屋底云、户外场地、商业中心和公园等。为了保证不同背景的居民之间能够有良好的互动并形成社会关系，邻里一直以多种公寓类型良好混合地方式进行规和建造。

环境可持续性：榜鹅的树屋

榜鹅的树屋于 2010 年建成，这是建屋发展局的建成的第一个生态区。该区域利用各式的绿色科技和解决方案，使居民们能够过上环保生活方式。这些绿色科技包括：减少热量堆积的空中绿化；LED 照明；给电梯和太阳能光伏板提供能源的电梯能源重生体系（EERS），以此降低对电网的依赖度；为可回收物设计了更加生态友好的生活方式。其中包括天生绿化减少热积聚；LED 照明、用于提升电梯和太阳能光伏板的电梯能量再生系统减少了对电网电力的依赖；用于可循环利用的集中槽鼓励资源回收；雨水收集系统促进节约用水等。这些措施在树屋地区取得了令人满意的成果，所有新建的公共住宅建设都开始采用这一套标准的生态体系。

榜鹅的树屋

更加环保的榜鹅

尽管榜鹅在不断城市化，不断发展，但榜鹅的居民们将看到一个更加环保的城镇。绿化公园和绿色走廊与滨水步道结合。作为建屋发展局建设的生态市镇，榜鹅将继续作为提倡环保和可持续发展的平台，这恰好与发展可持续城镇的第二个要点一致。

现有的榜鹅水道和榜鹅水道公园将进行更新，其绿化范围将向北延伸。而城镇中心、榜鹅战备军人协会俱乐部以及榜鹅区域运动中心所在的区域将会一起形成榜鹅的"绿心"。

从"绿心"向四周延伸的通往海滨步道以及科尼岛公园的道路被称为"绿色手指"，也就是绿色廊道，可以用于慢跑、骑自行车、快走等休闲娱乐活动。"绿色手指"中最主要的一条廊道是老榜鹅路，这条路将被改造成人行道，并且作为一条 1.5 千米长的历史文化走廊，将榜鹅的"绿心"和榜鹅点处的海滨区连接起来（图 9）。

图 9　榜鹅的"绿心"和"绿色手指"。

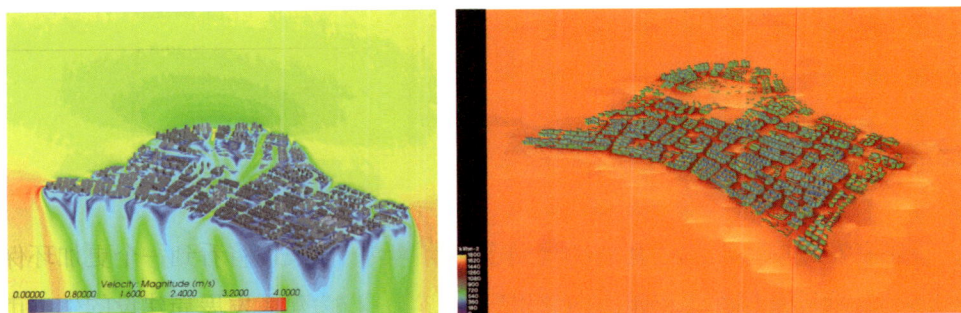

图 10　建模成果（从左至右）: 榜鹅生态城镇风流模拟和太阳辐射分析。

环境建模: 建屋发展局的研究中心在过去的五年间建立了对微气候环境的建模能力。这种用电脑建模的方式可以用于评估榜鹅的建设规划对环境造成的影响，同时也可以用于对城市设计的指导。一些更加细节模拟可以用于识别通风廊道、太阳热点、陆路交通噪音曲线在城镇、地区和楼房等层次的等高线（图 10）。这些模拟为规划师和建筑师提供了有效的信息，使他们能够调整设计，调整楼房和绿化区的位置以最大化地利用风流，从而使温度更舒适。除此之外，规划师还可以利用合适的缓解措施来改善居住环境。

生物多样性指数：在跟其他机构和高等教育机构的合作之下，建屋发展局为城镇设计出了一套生物多样性指数。进一步的研究将帮助建屋发展局为榜鹅构建出一个生态系统再造的总体规划，这个规划将着重关注城市绿化、和谐的生态系统，以及更高的生物多样性。

邻里里的好去处

随着榜鹅硬件的逐步完善，建立有凝聚力的邻里的重要性也没有被忽略。为了符合第三要点，也就是发展以邻里为中心的城镇，越来越多的公共和休闲娱乐空间建立了起来，为邻里活动提供合适的场所。例如，榜鹅的正中心将建立一个新的城镇广场，包括一个邻里俱乐部和一个摊贩中心。

榜鹅内部的交通

随着榜鹅建设的展开以及邻里的不断成长，对榜鹅内部连通性的需求也在一直上涨。榜鹅的基础交通设施将会得到改善，例如建立自行车道，并与新的道路相连，以此鼓励绿色出行。

比达达利新镇

建屋发展局对比达达利新镇规划于 2013 年颁布。比达达利位于新加坡的中心，一直被设想为"花园中的邻里"。在这片宁静的城市绿洲之中，居民们可以尽情放松，在花园般的环境里跟家人朋友一起生活。

独特区域里的新住房类型和市场

建屋发展局为比达达利独特的场地类型和树木繁茂的环境特别设计了四个片区（图 11）。每一个片区都带有新的住房形式，包括线型的、塔楼式的还有联排式的。这些住宅形式是为了迎合比达达利独特的地形和基地环境。整个住宅区与综合商业广场里的商业集群形成了互补。

环境建模：在规划比达达利住宅区时，环境建模经常被用于模拟气候条件，从而充分利用风的流动形成通风廊道。随后，规划师和建筑师会利用这些研究结果来调整楼房和单元的位置，从而达到通风效果最大化。这样就能

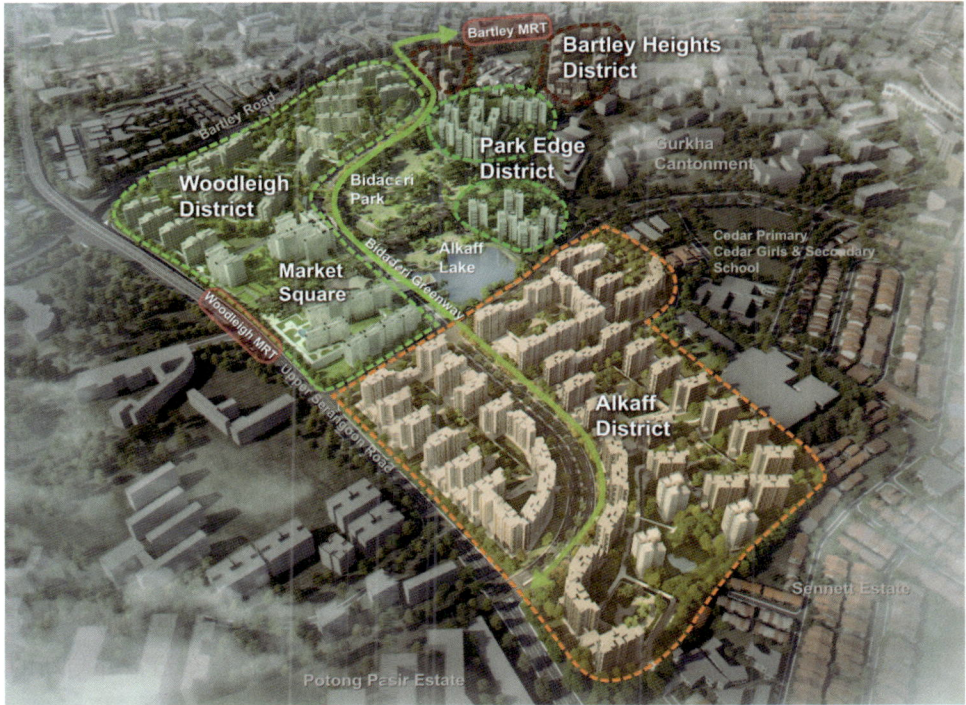

图 11　比达达利的四个大区。

让他们的设计变得更加环保可持续，因为凉爽的居住环境可以通过自然通风来实现。

绿色和蓝色的元素

比达达利以其起伏波动的地貌，还有如画般树木繁茂的风景而闻名，这些都是长年自然演变而来的。茂密的树林为居民们提供了一个舒适轻松的居住环境，他们一直以来都在这里进行散步和慢跑等休闲活动。

尽管比达达利正处于城市化进程中，该邻里还是一个非常环保的住宅区，因为他们正在规划建设一个 10 公顷的比达达利公园。这个公园坐落于比达达利住宅区的正中心，是该区域的绿色之肺一样的存在。公园里会集中种植因树龄较大或价值较高而保留下来的树木。几条"绿色手指"廊道以及绿色廊道将会把比达达利的几个重要公共区域相连接，从而把绿化延伸到更多的角落（图 12）。

与比达达利公园形成互补的是比达达利林荫道，这条道路穿过整个住宅区，

图 12 比达达利公园和阿卡夫湖的艺术效果图。

从巴特礼路一直到上实笼岗路。这条穿越整个住宅区的林荫道使居民们能够安全地行走或者骑自行车。林荫道沿线还设有休息处、商业和公共服务设施等，为邻里间的交流互动提供了便利。

现存的比达达利纪念性墓地以及其他杰出先驱的纪念花园也会和比达达利公园整合到一起，让居民和游客们能够近距离接触历史遗产。

气动垃圾收集系统（PWCS）

气动垃圾收集系统将布置在比达达利住宅区，来收集用于废弃的家庭垃圾。通过使用真空抽吸器，家庭垃圾将会通过地下管道被输送到一个密封的容器里，再定期由卡车收集走。作为一个密闭的系统，气动垃圾收集系统与开放式的垃圾回收相比，减少了臭气的排放，使环境变得更加清洁。除此之外，垃圾收集卡车不需要到每栋楼房去收集垃圾，因此整个住宅区也变得更加安全而宁静。

北淡滨尼

北淡滨尼是位于新加坡东部的淡滨尼城镇的一部分。对北淡滨尼的规划目标打造成"花叶盛开的淡滨尼：绿毯上萌芽的邻里"。

淡滨尼城镇的肌理很明显是一片叶子的结构，各个连接层就像叶脉一样。这些连接层指的是铁轨、道路、公园广场、水体，以及步行系统。

北淡滨尼是淡滨尼城镇的延伸，就像是叶子新长的枝芽。从整体来看，中间主干和次要的脉络类似于叶子的结构，从淡滨尼地区中心一直延伸出去，经过太阳广场公园直到北部地区。作为拼图的最后一块，北淡滨尼的建构将会令淡滨尼城镇变得完整化（图 13）。

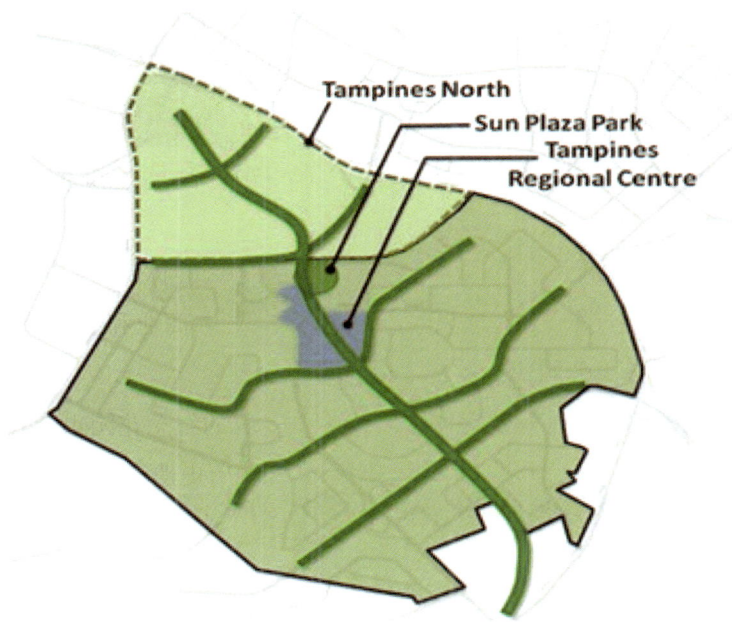

图 13 淡滨尼城镇叶子状的结构，北淡滨尼位于顶端。

关于建设淡滨尼的提案于 2013 年提出，规划希望能够最大化利用现有的绿化以及离淡滨尼地区中心距离短的区位优势，创造宜人的居住环境，重点强调可居住性、美观性、连通性和社区凝聚力。主要的策略有以下几个：

向全体开放的邻里林荫公园：由两个公园组成

邻里内将建立两个林荫公园。主公园位于新公共住宅片区的中心，它被设计为蜿蜒曲折宽窄变化的线状公园，构成北淡滨尼的绿色主枝干。公园的周边将会有一系列服务于青少年和老年人的活动点和娱乐设施，并且跟周边的住宅区域无缝连接。

另一个公园被称为"采石公园"，它坐落于太阳广场公园的北面。这里还有可能重建一个带有沙滩的采石场，为居民们在公园里提供一个享受的场所，同时也可以展示淡滨尼的历史遗产（淡滨尼在历史上以采砂活动而闻名）。

绿毯：遍布住宅区、连接林荫公园的绿化

北淡滨尼的"绿毯"指由公共空间以及连接各个公共空间的廊道构成的城市综合绿网，它将各个公共区域、商业社交中心，以及主要的活动节点都串联起来（图14）。这使得各式的活动能覆盖各个区域，又能通过"绿毯"串联起来。"绿色手指"以绿轴的形式从林荫公园里延伸出去，并将北淡滨尼内其余的公共空间连接到一起。无缝连接的慢行系统将会把各个住宅区联系起来，与绿轴形成互补。

家门口的绿色起居室：带有包含公共空间和公服设施的跨区绿化带

在那些距离林荫公园较远的住宅区，带有公共空间和公服设施的跨区绿带将会在居民的家门口增加绿色空间。

淡滨尼北中心的新购物场所：将北部聚集到一起集聚北部片区的商业和运输中心

北淡滨尼将建设一座绿色环保的购物中心，同时满足商用和居住需求，且带有巴士转换站。主林荫公园穿过购物中心，引导居民和游客进入北淡滨尼的新商业中心。

四个独特的住宅区：有不同主题的住房类型以及极具吸引力的街景

北淡滨尼将建设四个住房区域：公园东区、公园西区、林荫区和绿色步行区。

图 14 北淡滨尼鸟瞰图。

不同的住房区域有不同的主题和多种住房类型，以此显示各个区域的独特性。

智能组屋城镇

2014 年，新加坡提出要成为一个"智能型国家"，为了响应这一号召，建屋发展局将在信息通信技术上做出创新，来建设更加智能化的组屋城镇，使这些城镇可居住性更高，更有效、可持续、更安全（图 15）。

智能化组屋市镇建造框架展示了如何把智能元素融入组屋城镇里，这包括两层内容：（1）基础设施层面；（2）应用及服务层面。该规划着重关注四个维度：智能规划、智能环境、智能住宅区、智能生活。

除了利用科技之外，智能化的组屋城镇还会坚持以人为本的理念，即科技是为了改善居民的生活质量而服务的。

接下来，建屋发展局将会在裕华（现有城镇）和榜鹅北岸（未开发绿地）这两个区域试验部分智能化方案，来评估方案的可行性和适用性，然后才会在其他组屋城镇推广使用。

图 15　建屋发展局建造智能化城镇的方案。

主要的挑战和未来的道路

如今，超过 80% 的新加坡居民住在公共住宅里。值得关注的是，超过 90% 的公寓权属都是归居民所有。这一高比例并不是轻松实现的，而是要归功于政府对 50 年居者有其屋规划所作出的坚定承诺。

建屋发展局组屋城镇和住房的综合方案为居民带来了舒适方便的生活。组屋城镇经过综合性的规划，拥有大量公共服务设施，包括健康服务、老年人保健服务、儿童保健中心、学校、运动设施、商店等，为居民服务到家。而周边的工业建筑、经济园区、商业园区等则为居民提供了就业。

组屋城镇都拥有完善的公共交通体系，前往城镇内外的任何目的地都十分便捷。随着各种政策和项目的实施，不同种族、不同收入的群体都能够共同生活，从而巩固了新加坡多种族、多文化社会里的社会纽带。如今的组屋城镇被国际上视为经济适用且高质量住房的榜样，获得了大量国际大奖，包括两个联合国的奖项。

尽管如此，建屋发展局不能故步自封。社会经济和人口的不断变化会带来新的挑战。由于全球化的城市面临着千变万化的国际经济环境，建屋发展局需要保证房价在人们能够支付得起的范围内。居民的情况也会发生变化，不仅需要考虑家庭，还要考虑到随着人口老龄化增长的老年人口，这些人群都有他们不同的诉求。随着越来越多的市民和外国人搬进原来的中心地带，族裔的多样性问题也会变得更加复杂。而随着公民教育水平和收入水平的提升，他们对居住条件的诉求也会越来越高，尽管居住密度随着人口总量的上升在不断增长。从长远来看，由于土地资源的紧缺，如何创建适宜居住且可持续的城镇将会变得越来越具有挑战性。

除此之外，尽管新城镇正在建设中，旧城镇也需要不断更新，尤其是那些居民想要一直住到老年的地方。

建屋发展局对城镇不断改良的规划、建构和更新向大家保证了建屋发展局一直紧跟新加坡人对住房条件不断变化的诉求。建屋发展局已经积累了超过 50 年的公共住宅建造经验，现在正是进一步试验新方案的时刻。建屋发展局已经在扩大其研究范围，并且将利用科技的潜能来设计新的城市方案。建屋发展局一直遵守着创意性、韧性和坚定的承诺，来应对为新加坡人提供住房这一任务。秉持着这些品质，在接下来的时间里，建屋发展局将在公共住宅土地上开拓新的领域。

参考书目

HDB(Housing & Development Board) (1966) *50,000 Up: Homes for the People*, HDB 5th Anniversary Publication. Housing & Development Board, Singapore.

HDB (Housing & Development Board) (1970) *First Decade of Public Housing*, HDB 10th Anniversary Publication. Housing & Development Board, Singapore.

HDB (Housing & Development Board) (1985) *Housing a Nation*, HDB 25th Anniversary Publication. Housing & Development Board, Singapore.

HDB (Housing & Development Board) (2010) *Our Homes—50 Years of Public Housing*, HDB 50th Anniversary Publication. Housing & Development Board, Singapore.

HDB (Housing & Development Board) Annual Reports, Singapore.

Ministry of Culture & National Development (1970) *150 Years of Development*, Singapore.

第8章

交通：移动性、通达性和连通性

莫欣德·辛格

这一章讨论城市发展过程中交通规划的作用，以及新加坡陆路交通政策背后的根本原则和 1965 年以后的关键性发展。

导 言

20 世纪 60 年代新加坡的公共交通服务处于初级发展阶段，城市十分拥堵。今天，新加坡的公路网络已经发展完善，有着较快的流通速度，且全城范围内搭乘各种交通工具都很方便，新加坡的规划者们要在互相冲突的目标中达到艰难的平衡，且这一工作又因有限的土地增加了难度。然而，新加坡避免了许多城市化迅猛、经济发展迅速的大城市遇到的典型问题，例如交通拥挤和空气污染。

交通体系的变革是里程碑式的小改变逐渐积累形成了相对大而持久的改变后达成的。同时，背后也有一些关键而具有延续性的原则，它们指导了从 20 世纪 60 年代到今天交通系统的变革。

陆路交通规划的简单回顾

早期的交通

公共工程局于 1872 年成立并负责修建公路、桥梁和人行道，以及其他的公共设施，例如学校、医院和图书馆。许多早期道路是为英国军队在新加坡岛上的驻扎而修建的。第一套交通灯于 1948 年在实龙岗路和武吉知马路交汇处安装。即使到了 1965 年，从城镇到樟宜都是一段"大旅程"，要穿过无止境的乡间小道和种植园。

公共交通一直是被忽视的。公共交通系统诞生于 1905 年有轨电车出现的时候，接着无轨电车于 1925 年投入使用，这时新加坡电车公司制定了在全城范围内垄断电车和公共汽车业务 30 年的规划。然而，规划落实得并不好——许多私人运营的公交公司开始提供巴士服务。这些公司在行业中竞争，并且只开发繁忙且高利润的线路，很多地区没有涉及，影响了居住在这些地区的居民，尤其是城市边缘居民的生活。到 20 世纪 40 年代，新加坡电车公司面临了严重的运营问题，并因为来自私营公司激烈的竞争而亏本。

到 20 世纪 50 年代，公交的情况进一步恶化，并以低水平的服务和频繁的劳资纠纷为人所知，公交的维护工作很差，而且车辆经常抛锚。公交的时间安排飘忽不定，因为司机常常为争取更高的工资和更好的工作条件而罢工。低工资和恶劣的工作条件，加上工会的煽动和孱弱的管理体系造成了经常性停运，这导致了服务绝大多数人日常出行的整个公交系统的瘫痪。

1955 年的 4 月，福利巴士公司的员工在学生的支持下罢工抗议。一个月过后，在 1955 年的 5 月 12 日，后来被称为"黑色星期四"，一个牵扯到 2000 多人的重大暴乱爆发。有四人——两个警察，一个学生和一个记者——死亡，超过 30 人严重受伤。

接下来的一年，1956 年的 1 月，"新加坡电车公司大规模工潮"爆发，持续了 146 天，严重地破坏了新加坡的公共交通系统。

公共交通系统因此陷入管理水平低下的混乱状态，上下班的人们只能将就于不安全的巴士服务，毫无规划性的公交线路和几乎每天都会发生的服务中断，这些有的是因为低下的维护水平，有的是因为经常性的罢工。这段时期的新加坡同时经历着共产主义运动和人民强烈的反殖民情绪。政府在 1956 年发起的研究《霍金斯报告》中提出将多个公交公司合并成一个国有企业，但最终没有实施，可能是因为殖民政府认为在那个时候的情况下此提议会造成更严重的混乱。

陆路交通规划的开端

20 世纪 50 年代这种混乱的交通状态是对交通规划忽视的结果，因为交通规划没有被看成发展重点。当时没有进行正规的有关交通的研究，而且所有有关交通的措施都是针对私家车的，改善停车问题或者减少交通违法行为，而不是满足人们的交通需求。殖民政府的主要考虑就在驾照管理和道路拓宽上，而公共交通规划和运营则交给了私营企业。

类似的情况在城市规划中也存在，新加坡在 1958 年有了第一个《总体规划》，该规划从区域划分、密度和比例调控方面规定了土地使用方式，那时候它只强调公共住宅和工业发展，以处理严重的住房短缺和低就业率的问题。在城市规划的过程中没有涉及有关交通的规划。

新加坡的交通当时面临的问题都是现在很多发展中国家的城市会遇到的，包括交通拥挤、公共交通服务不足且效率低下、基础设施维护水平低和政府规划及实施的缺失。这些问题与不协调的陆路交通政策息息相关，这些政策的推行因为由多个机构负责而缺乏统筹规划，没有一个从整体监管交通系统规划和发展的政府部门。

20 世纪 60 年代，新加坡经历人口增长和经济的迅速发展而发生巨变，对高效可靠的公共交通的需求更加迫切，但到当时却还是没有太多系统性的规划。公众必须忍受不同公交公司定出的大量的时间表、线路和费用标准。整体框架的缺乏造成了耗时且不便捷的出行。为了使利益最大化，公交没有定时维护，所以经常抛锚。作为低效的公共交通系统的取代，"盗版"的出租车盛行。这些出租未经管理，且司机经常为了提高收入尽可能多地搭载乘客，不关注服务的质量和安全性。

1965 年从马来西亚分离出来以后，新加坡进入了一个不确定的时代，经济和社会方面遇到很多挑战，造成了一种紧迫和脆弱感，这使政府开始采取更加强硬和更具干预性的态度来保证经济发展和社会稳定，以求新生国家的生存。

长远的整体规划

长期有效且着眼长远的规划现在已在新加坡土地利用和交通规划中扎根，在这样的方式下，一个看重长久发展的全局性的规划概念已经成熟，同时产生的还有对这一概念具支持性作用的交通总体规划，这一总体规划还与城市发展的规划相结合。

然而，这与 20 世纪 60 年代的情况很不一样，1958 年的《总体规划》的局限性和 60 年代迅速的发展共同促成了一个更具体且综合的土地利用和交通规划。这使政府发起了国家和城市规划研究来画出城市和交通规划的蓝图，从而为新加坡最初整合土地利用和交通的总体规划打下基础。

国家和城市规划研究

为期四年的国家和城市规划研究工作是从 1967 年开始的，工作的开展得到了联合国发展规划的帮助，进行该研究的人员来自总理办公室的规划部、房屋发展委员会（那时包括了市区重建司——现市区重建局的前身）和公共工程局的公路与交通处。

国家和城市规划研究是新加坡交通规划的里程碑，它是第一个由土地利用规划和交通规划专家共同发展的综合性城市规划，以指导新加坡的城市建设。此外，它使规划者在新加坡城市化的早期，就已将交通和用地规划结合起来。因此，基本的基础设施例如道路网和大众捷运线路能很好地铺设和保护，长远的规划也可以在考虑到未来增长的情况下实施。

该研究促成了 1971 年的国家和城市规划研究规划，或被称为 1971 年《概念规划》——新加坡第一个整合了土地利用和交通发展的规划。1971 年《概念规划》描绘出了新加坡城市建设的基本框架，以及构建了为适应 1992 年预计达到的 340 万人口而规划的城市廊道。它规划出了未来将贯穿交通繁忙区域的道路和铁路网络。这标志着对于将交通政策和基础设施规划整合到经济和社会发展当中的尝试。它为利用交通系统将人们送达工作、服务、娱乐和邻里场所定下基调。

1971 年《概念规划》

为了制定 1971 年的《概念规划》，国家和城市规划研究考虑了多个组织土地利用的方式（图 1）。通过完成交通模型和模拟研究，来促进从交通的角度优化土地利用的方式。除了人口和就业预测，交通研究还参考其他因素，例如轿车所有情况、道路网络扩张和公共交通系统为满足由经济和人口增长带来的更高出行需求而需要完成的优化。

最终的概念规划结构（图 2）采用了"环状概念规划"，将土地组织成高密度卫星镇，围绕中心集水区和东西沿岸发展，并由一个协调的交通系统将其串连起来。沿着发展路线建设的大众捷运网络有了初步的构想，包括一条从市中

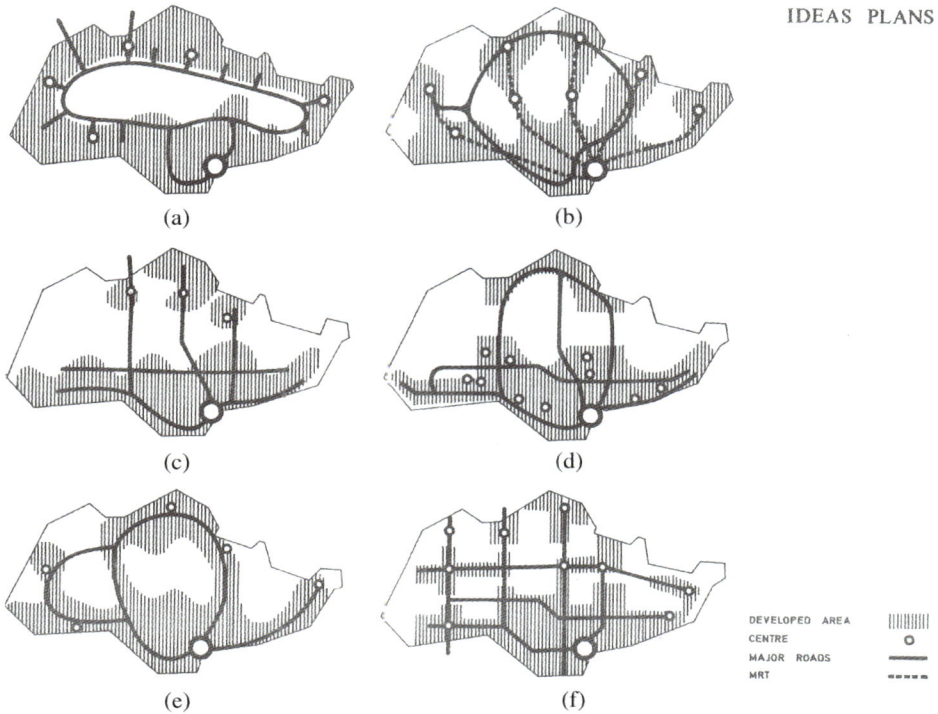

图 1　国家和城市规划研究对于可行的发展战略的研究方案。
来源：国家和城市规划研究报告。

图 2　国家和城市规划研究——1971 年《概念规划》。
来源：国家和城市规划研究报告。

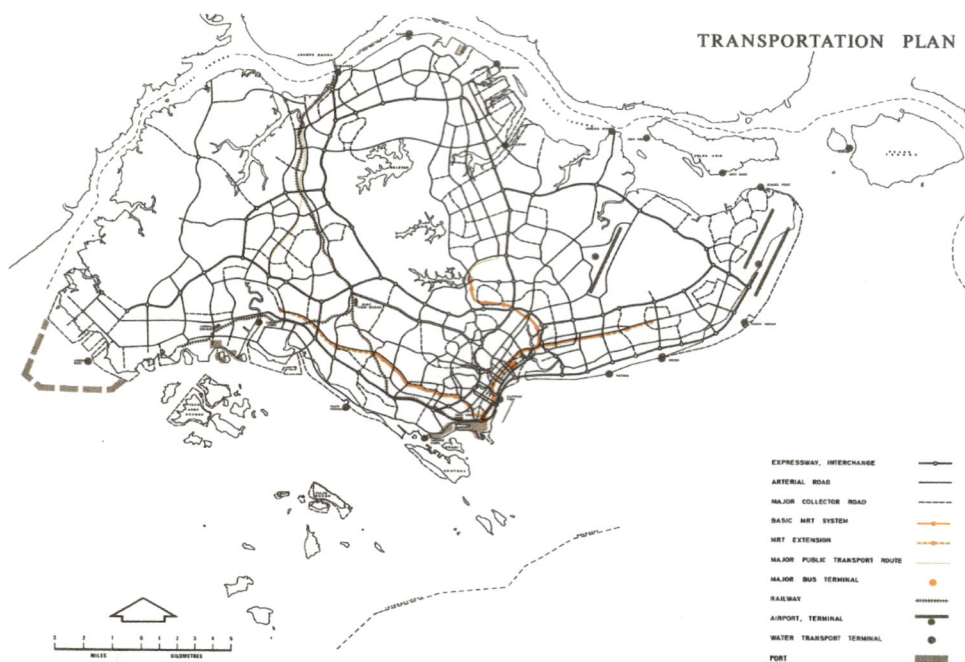

图 3　国家和城市规划研究——《交通规划》。
来源：国家和城市规划研究报告。

心到北部的南北线，以及一条从裕廊区到东部的东西线。公路网络由高容量的快速公路系统和主干线道路组成。这两个规划——一个拓宽的公路网络和一个大型捷运系统——是 1971 年《概念规划》中交通规划的关键元素，并促成了交通线路和扩张交通基础设施系统的先进规划和维护，伴随着快速的土地开发和交通运输量的增长。《概念规划》促成了道路基础设施的拓展，从 20 世纪 60 年代末的 800 千米到 90 年代的 3000 千米。

对于长远发展的关注意味着政府在 1971 年就确定了大致的交通（和土地）发展方案，目的如下：（1）减少和控制道路拥堵，（2）增加道路基础设施，（3）强化公共交通系统包括大众捷运线路为重点，解决新加坡交通问题并制定未来发展方案。

公共交通产业的重组

20 世纪 70 年代，公交产业经历了主要的重组工作，从一个由许多人参与的自由市场到一个只由少部分公司集中运营的统一体。这是在 1968 年设置交通顾问委员会以后进行的，该委员会的研究结果促使了 1970 年题为"新加坡汽车运输服务重组"的政府白反书的撰写。报告中重点指出了公交公司存在的许多问题，这些问题都和低水平服务质量、低效的管理和缺乏合作有关。白皮书是巴士服务整修的开始，10 个公交公司被合并成有着清晰管理区域的 3 个：（1）集合巴士服务有限公司，服务于新加坡西部；（2）联合巴士公司，服务于北部；（3）合众巴士公司，服务于东部区域，而新加坡电车有限公司则服务于南部区域。

同时，三个合并的公交公司和电车公司的公交价格体系得到统一。然而，电车公司没有得到重组，面临了资金困难最终停止运营。这很大程度上因为它之前享受的津贴在价格标准化以后不再存在，从而受到了竞争市场的冲击。电车公司的倒闭使政府斟酌了公交运营的未来，保留下来的三个公交公司在 1973 年合并成为新加坡巴士服务有限公司。

尽管合并成一个公司是为了扩大经济规模并提高运营效率，但这并没有真正实现。新的巴士服务公司的管理还是运用了之前小公交公司的管理办法，之前的问题遗留下来，到 1974 年，政府开始任命一个由政府官员构成的专门小组来修改运营方式，以提高运营效率。跨部门政府官员小组是一个跨越多学科的团队，拥有近 100 位公职人员，警务人员和军事人员。

这带来了在生产力和利润率方面的进步。1978 年，巴士服务公司上市，并继续提高运营水平、控制成本并提高服务质量，例如在 1984 年引入空调巴士，及 1985 年开辟半程服务和单人操作巴士服务。然而，高峰时期运营能力不足仍然是需要解决的问题。政府通过允许有牌照的私人公交的运营来提高高峰期运营能力。1982 年 5 月，第二个公交公司——八达巴士控股公司——成立，以扩大公交队伍并给巴士服务公司施加一定竞争压力。竞争促使两个公司考虑减少成本的措施，例如利用容量更高的双层巴士、在新镇采取中心与辐射相辅相成的交通系统和将所有服务转成单人操作巴士服务。

这些巨大的改变改革了公交行业，将其从自由放任的市场转变成一个由中央规划和规范的市场，并保有一定的市场竞争。

1970 年的政府白皮书还影响了出租行业。出租行业在 20 世纪五六十年代也是一个自由放任的状态，只是被简单地管理。由于高失业率，许多人只能选择当出租司机，且私家车也可以搭载乘客，因而出现了许多"黑车"或没有牌照的私人出租车。许多黑车司机由强盗式的业主雇佣,他们一般控制一个近100辆车的车队。这些黑车的服务标准很低,成了道路安全隐患,并自行设置收费标准。然而,他们在公共交通严重缺乏时满足了一定的大众需求。合法出租车的发展缓慢,比黑车的数量少了许多。

政府最后还是通过提高柴油税决心取缔黑车,还有更加强硬的方式,例如黑车一经发现驾驶员驾照将被没收一年,或者将黑车运营视为严重违法行为,当场抓获司机并于之后处以罚款。同时,政府于 1970 年设立了全国职总康福公司(NTUC Comfort)给前黑车司机提供就业机会。出租车行业变得更加规范,黑车也因为政府的举措很快被取缔,除了设立总工会,几家新的出租车公司成立了,以提供拥有标准价格和质量保证的出租车服务。

掌控私营交通的增长

为 1971 年《概念规划》进行的有关交通的研究显示,如果任由汽车拥有量增长的话,需要一个规模庞大的道路建设项目。例如,预期指出未来需要建设拥有 16 股道的道路和大型的高架桥,以满足不受限制的私人交通方式的发展,这样会严重影响城市景观并对环境造成负面影响。于是政府决定通过增加私家车拥有和驾驶成本来控制私家车需求增长。

为了控制私家车数量,购买私家车需要交纳额外的交通税。汽车进口税增加,且新增额外注册费,这是预付的汽车拥有税,1972 年向新私家车征收了占公开市场价值 25% 的税,且年公路税以累进的方式计算,拥有更高发动机能力的汽车需要交纳更高的税。

多年来,额外注册费不断增长,最高峰时于 1983 年达到公开市场价值的175%。年公路税依据汽车发动机能力提高到两倍,甚至是 1972 年的四倍。其他例如燃油税(一个按照石油价格估算的税收)和在中央商业区停车增加收费等方式也被采用。当预估汽车税务达到轿车价格的两倍时,新加坡成为使用汽车成本最高的地方之一。尽管有这些严格的手段,20 世纪 70 年代汽车数量仍在随着经济发展而增长。

另一个严峻的问题是城市交通拥挤。为了增强可达性并缓解市中心的交通拥挤,1973 年成立了跨部门的道路交通行动委员会,来协调交通规划措施并制定交通政策。委员会由国家发展部公共工程局技术人员组成,并由几个部门常务秘书长掌管，其重视控制汽车在市中心的使用。

该委员会检测并试验了不同的方法，包括错开工作时间、共乘汽车规划、道路收费和停车收费，但成效不大。委员会表示为了控制市中心车流迅速增长还要做更多的努力。1975 年，政府引入了区域通行证制度来限制进入市中心的汽车数量。这是世界上第一个拥堵收费系统，并持续得到今天交通专家的关注。

区域通行证制度（ALS）

在区域通行证制度之下，城市拥堵严重的区域被归为"限制区"，在进入这一区域的道路上有 31 个点设置了门字架。非豁免车辆的车主被要求在进入限制区域前出示证件，入口处有执法人员驻扎（图 4），如果驾驶员不持有有效证件将受到罚款。证件可以以日为单位或月为单位进行购买，并针对不同类型的汽车有不同的收费。不同形状和颜色的证件有助于使官员更好辨认（图 5）。

该通行证方案实施后，在限流时间内的汽车入城数量迅速降低 44%，极大改善了交通状况。1976 年世界银行做出的有关公众对通行证方案的调查显示，它改善了交通和环境，并不会破坏商业气候。

通行证方案在之后几年历经修改并在 1998 年被电子公路收费制取代。通行证方案的适用时间被极大延伸，从开始的早高峰发展到 1989 年包括晚高峰，并最后于 1995 年包括全天从早晨 7 点半到晚上 6 点半，和周六早上 7 点半到下午 2 点的时间。另外，为了控制不断增长的入城车流，拼车、摩托和公司车辆也不再豁免。

通行证方案经验导致了 1995 年道路收费方案的实施。这个收费方案（和地区通行证收费方案相比）逐步投入实施，首先在东海岸实施，后来于 1997 年延伸到其他的高速公路，例如中央高速公路和泛岛高速公路。

电子公路收费系统（ERP）

作为人力实施的方案，通行证方案和由此衍生的对于限制区外公路适用的道路收费系统有一定的局限性。他们很消耗劳动力且落实起来费力，工作人员需要在高温，多尘和噪声污染的环境中工作。在高峰期，执法人员需要长工作时间并辨认 16 种证件，靠肉眼观察的人力实施方法错误率高，另外，尽管交通状况依据时段、日期和地点变化，从技术和管理层面来说，在一天不同的时

图 4　区域通行证制度。
来源：新加坡陆路交通管理局。

图 5　不同种类的通行证证件。
来源：新加坡陆路交通管理局。

间段改变价格或以"渐进式收费"来使从 0 到相应钱数的突然变化成为逐渐改变过程是无法实现的，而突然的价格转变会导致车辆在控制时段前后着急冲入控制区。

因此政府决定用自动化的电子公路收费系统代替通行证方案和道路收费系统，电子收费系统于 1998 年实施。它保证了更多区分的收费标准，因为电子收费系统会根据不同的地点和时段调整收费。它还以即用即收的方式收取司机费用。这个系统对于司机们更加公平，因为在拥堵严重地区骑行更多次数将被收取更高费用。这对于司机也更加方便，因为他们不再需要排长队购买通行证，这样还能减少失误。

虽然同一时期内随着中央商务区的开发和发展，车流量持续增长，但通行证方案和电子公路收费系统多年来成功地控制了进入市中心的交通量。（图 6 和图 7 ）

道路网络的发展

由国家和城市规划研究制定的 1971 年《概念规划》铺设了一个综合性的道路网络来支持城市化和经济发展。它包括一个横跨岛屿的高速公路和干道公路。道路网络依据陆路交通策略内的需求限制划定规模，来满足汽车数量和道路使用需求。

遗留的公路网络被系统性地扩展来服务新的发展区域并增加其承载容量。1965 年，新加坡只有少于 800 千米的公路，大多数容量低，只占土地面积的 5%。今天，我们拥有 3500 公里发展完好的拥有不同容量、等级化公路网。公路网发展不仅改变了城市面貌还相对缩短了驾车者从岛屿一个地方到另一个地方的时间，这是原先的公路网无法实现的。道路发展同样也为公交车提供了更好、更高效的线路。

20 世纪 80 年代可以称之为高速路的时代，公共工程局开始了 1971 年《概念规划》中规定的高速路网络的建设。一些高速路逐步开通预示着一个更快更高容量的新交通网在全岛形成（图 8 ）。这包括最老最长的泛岛高速路，从岛屿东部通往西部并使汽车可以在不受红绿灯干扰的情况下从裕廊开到樟宜。东海岸大道在被改造土地的建设于 1976 年开始，本杰明薛尔思大桥等高速路于 1981 年开通来配合樟宜机场的开放。亚逸拉惹高速路的建设于 1983 年动工并

图 6 电子公路收费系统。
来源：新加坡陆路交通管理局。

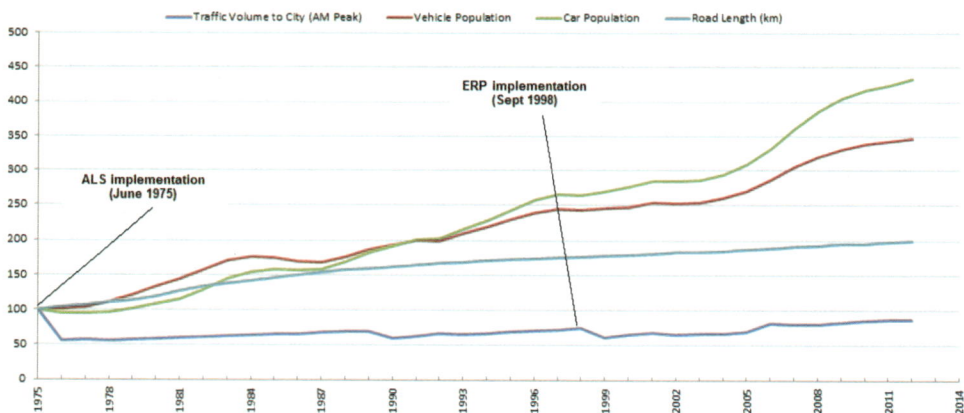

图 7 30 年来通行证方案和电子收费系统实施以来控制进入中央商业区的交通流量。
来源：新加坡陆路交通管理局。

于 1988 年分两期完成。该工程包括新加坡的第一条高架桥，也就是全长 2.1 公里的岌巴高架桥的建设。

中央高速路是从 1981 年开始在十年间经过多个阶段建设而成。最后一个也是最困难的一段是在 1991 的 9 月开通，从武吉知马路通往振瑞路，它是中

By the end of the 1990s nine expressways will cross the island

图 8　到 20 世纪 90 年代早期，建有八条高速公路横跨岛屿。
来源：《未来的道路———一个公共工程局报告》（ 1992 年 ）。

央高速路的最后一部分，包括两个新加坡最早的高速隧道。早期的国家和城市
规划将这段中央高速路规划成一个横在伊斯坦纳前面、沿克里门梭道到振瑞路
的大型高架桥。然而，公共工程局的工程师评估了这项规划并采取了大胆的措
施将高速路修建成隧道，即使这样难度更大且成本更高。

　　武吉知马高速于 1985 年完工，淡滨尼高速于 1984 年动工，工程分为三期，
于 1996 年完成，克兰芝高速建设工程于 1990 年开始，并于 1994 年完工。

　　随着新加坡的城市化和多个地区的发展，许多干道被拓宽以增加其容量。
市中心的公路也被完善，尽管规模受限于已经形成的环境和发展得更好的原有
道路。交通管理，例如变换为单行道、实施覆盖全面的交通管理系统、取消沿
街停车和整顿小商贩等占道行为的以扩大道路容量。

　　新加坡通过发展科技来尽可能将其道路网络最大化，以使交通流更加通畅，
并有助于道路使用者在了解路况的情况下选择道路、出行时间和交通方式。多

年来，智能交通系统得以实施，这些包括设置中心调控交通灯控制系统，该系统优化了交通灯的等待时长并为保证主要交通道路通畅设置"绿灯流"，安装高速公路监控与咨询系统用以发现和清理高速路上的紧急事故，以便迅速恢复正常交通流，以及设置路口检测系统摄像头用以监控，帮助路口交通的管理。

大跨步向铁路系统迈进

大众捷运系统的需求经国家和城市规划研究，在1971年《概念规划》中提出。它呈现一个倒转的"T"的形状，拥有东西线和中央集水区东部的南北线。

可行性研究在1972年至1981年展开，来研究修建大众捷运系统的必要性和其需要覆盖的线路。除了技术上的可行性，该研究还关注成本和利润，以及实施可能性。直到1982年修建捷运系统的决定才正式做出。

修建大众捷运系统并不是一个容易的决定。当交通规划者们主张建设时，预计需要50亿建设费用，这对当时的新加坡来说是非常巨大的一笔款项，政府需要在做出花费这笔巨资的决定前考虑到所有其他可能的选择。因此，开始了叫作"大众快捷交通系统的大辩论"的讨论，它比较了修建由公交辅助的捷运系统和修建全巴士交通系统的优势。内阁对此意见不一致。不同的顾问展开了不同的交通研究，包括一个由哈佛大学汉森教授（被称为汉森评估小组）指导的研究，该研究认为结构重整后能够提供大量点对点高速服务的全巴士交通系统能满足直到20世纪90年代的交通需求。这场内阁成员之间基于铁路还是基于公交的系统的辩论于1980年9月在国家电视台播出。接着，又提出了需要做更多定量研究的决定，以比较全公交和捷运系统的成本和利润。这些调查在全方位交通研究的推动下完成，报告显示全巴士交通系统并不现实，因为它将给其他公路使用者造成严重限制，且不能达到铁路系统的服务质量，因而最终确定了建造一个能满足未来需求的捷运系统的需要。

最终，在1982年，政府批准了捷运系统的建设，预计投入50亿美元，建设于1983年在新成立的新加坡地铁管理局主导下迅速展开，该公司替代了之前临时轨道交通管理局的职能。4年以后，1987年的11月7日，南北线铁路的第一期开通，拥有五个站点和超过6千米的里程，成为大众捷运系统在新加坡的起始点。随之而来的是1989年修建的东西线，并共同构成了基本系统，现在也被称为线路范畴。它由两个线路之间互相贯通的道路和两个在市中心的

站点组成，一个在市政厅，一个在莱佛士坊。加上最初的 67 公里铁路系统和
42 个站（其中 15 个在地下），该系统规划覆盖 40% 的商业区和 30% 的集水区
中的住宅区。东西线于 1990 年拓展到文礼站。

1996 年，兀兰线完工服务于兀兰镇并完成了捷运系统围绕中央集水区的环
状线路。捷运系统向兀兰的延伸有助于中央集水区的住房发展，该区域那时被
认为是远离城市的区域。

东北线的规划

20 世纪 80 年代，东北部线路的研究开始展开，用以研究东北地区的住房
发展，至今都对公租房很重要。盛港镇和榜鹅镇这两个新镇被规划以满足 90
年代及以后的住房需求。作为这一规划过程的一部分，交通研究也被展开来确
定满足发展规划需要的交通基础设施。

两个主要的交通提议被确定—— 一条叫作东北线的新捷运线路从城市通往
榜鹅和一条叫作巴耶利巴的新高速路。为两条线做出的工程可行性研究完成后，
它们的线路在城镇发展过程中被保留，以便实施。

多模式整体规划——20 世纪 90 年代

向新的交通模式发展

随着捷运系统的引入，新加坡公共交通的结构发生了变化。捷运网络成为
公共交通系统的脊梁，服务于主要承担长距离运输的繁忙交通走廊。这又由货
车和主干道公交辅助形成所谓的"中心辐射型"模式。在这样的模式下，公交
可以服务新镇的居民，将其送往捷运车站和镇中心的公交中转站。

随着公共交在人们出行中起到更大的作用，政府评估了政策，来处理对处
于平行交通体系的私人交通的需求。1990 年车辆限额制被采用，以将汽车数量
控制到更利于可持续发展的层级。尽管有 20 世纪 70 年代实施的高昂的所有税，
汽车数量在人们逐渐富有的情况下持续迅速增长。车辆限额制将汽车数量控制
在一个公路系统可以承受的量级。在限额制下，一个希望购买新车的人必须首
先获得拥车证。拥车证公开拍卖，因而对那些希望拥有车辆的人来说，他们可
以自行决定他们愿意投入多少资金来购买证书。非繁忙时段用车方案于 1994

年十月出台（代替了周末用车方案），允许人们以较低的成本获得车辆，这项举措目的是平衡高峰时段受限的车辆使用需求，并满足人们拥有车辆的愿望。

在公路使用方面，电子公路收费系统于 1998 年代替了通行证方案。

陆路交通管理局成立

当新加坡的陆路交通系统变得越来越复杂，20 世纪 90 年代见证了一个新的整体交通管理的时代，将所有的陆路交通管理部门合并到一个管理局中。1995 年 9 月，陆路交通管理局成立，它是由公共工程局的公路与交通处——负责规划、设计、建设和维护道路、人行道和交通设施，新加坡地铁管理局——负责规划、建设和捷运系统政策，车辆注册局——负责管理、规定和实施陆路交通政策和规则，以及交通部的土地运输司——负责制定陆路交通策略和政策，合并而成。

合并形成了一个单一的部门来协调公共和私人交通基础设施，制定汽车管理政策和评估替代基础设施和政策选择的之间的权衡。

陆路交通白皮书（1996）

1996 年，在成立后不久，陆路交通管理局发表了《世界级陆路交通系统白皮书》，为新加坡的交通发展画出蓝图并制定政策来实现目标。白皮书强调了一个综合性铁路网的重要性，就像在如伦敦、巴黎和东京等发达城市做得那样，并为铁路系统绘制了一个新的框架，在这个框架下第二期运营资金将通过结合已抵消第一期成本的卖票系统收益和政府用于补偿通货膨胀的资助相结合的方法获得支付。

白皮书代表着政府力求迅速扩大铁路网的承诺，以强化公共交通系统。新的资助标准有助于促进东北线（2003 年完工）和环线（2011 年全部完工）的建设。

白皮书为铁路系统的资金体系定下三个原则，分别为：

1）费用必须符合实际并定期更改以适应可以理解的成本增加

2）运营所得必须能够覆盖运营成本

3）必须有针对资产重置的可持续发展的政策支持

公交系统以与铁路系统相似的方式获得资金，车票和其他运营所得必须覆盖运营成本，包括公交成本。政府修建和维护所有相关基础设施包括公路、公交站和巴士停泊处。

世纪之交——2000 年到现在

世纪之交见证了陆路交通的进一步发展。四个战略性的努力——整合土地利用和交通规划、提供高质量公交系统、优化公路网络容量和通过所有权和使用方式管理公路使用需求——继续强调交通，对于公共交通的强调进一步深化。

随着对于公共交通更加重视，捷运系统制定扩展规划。东北线在 2003 年开通来服务新加坡东北部发展中的盛港镇和榜鹅新镇。东北线是第一条无人驾驶的捷运线，也是其他后续捷运线路的先行者。环线也开始动工，分期建设并于 2011 年完工。以前的捷运线路将市中心与其他地区联通，环线在服务其沿线的基础上还起到重要的沟通铁路线的作用。它使上班族可以在不进入中央商业区站场如莱佛士坊和市政厅站的情况下转乘，那些地方因为大量的转乘乘客而十分拥堵。

2000 年之后新加坡经历了从 1996 年颁布白皮书以来迅速的人口增长。人口和经济已经变得更加多样，且人们的期待值随着不断富裕也不断升高。在一个跨越一年的评估和咨询后，陆路交通管理局在 2008 年初发布了《陆路交通总规划：以人为本的陆路交通系统》。

2008 年陆路交通总规划（2008）

2008 年的《陆路交通总规划》为实现更加以人为本的交通系统绘出蓝图，希望能够满足一个有包容性、宜居且有活力的国际都市的多样化需求。总规划确定了三个战略重点，以形成陆路交通政策和发展，分别是，使公共交通有一个可选择模式、管理公路使用和满足人们多样化的需求。

实现蓝图意味着转变公共交通系统，使其在居民心中更具吸引力且与汽车相比有竞争力。这意味着要解决候车时间长、搭乘时间长和过度拥挤的问题，它们可以通过增加供应和加强公共交通系统之间的整合来完成。从通勤者的角度考虑，巴士和铁路网必须能很好地整合成一个整体系统，换乘无缝连接且便利，服务必须亲民可靠又舒服，行程时间和汽车相比具有一定的竞争力，且价格可以负担。

为了加强公交系统服务的整体性和效率，总规划提出陆路交通管理局起到核心公交网规划的作用，并从通勤者的角度考虑他们全程的体验来规划公共交通网络。中性辐射式的系统应该被进一步加强，这样，公交和铁路服务就能相互合作。为了让转乘更加方便，一个基于距离收取一次费用的结构需要被采纳，从而，以通勤者的总行程距离为依据收取费用，当他们在两辆公交之间或者公交和捷运系统之间转乘时免除转乘金。

总体规划提出扩大铁路网络，到 2020 年为止从以前的 138 公里扩展两倍以上到 278 公里。这需要在主干线和其延伸线进行投入，即汤申线、东部线、大士延长线连接东西主线和海滨区的南北延长线（图 9）。这样扩张后密度更大的网络能将捷运系统延伸到更多的地区，服务更多居民。在市中心，一个通勤者可以步行平均五分钟以内到达捷运车站。

为了满足社会的多样化需求，更多的注意力要放在交通系统的社会功能上，为由低收入人群、老年和残障人士、拥有幼童家庭、行人和骑行者组成的邻里提供生活设施，并同时满足环境需求。所有新建的和现存的捷运系统车站要让残障人士方便到达，要在一些车站增设电梯从而使通勤人员能够避免绕道至有电梯的入口。公交车应该逐渐更换成较矮的可供轮椅上下的车厢，要在 2020 年前完成所有公交车厢的更换工作。

总体规划认识到正在增长的自行车用户并规划为通勤人士提供非机动车的交通方式到达转乘站点，在捷运站附近为他们提供更好的脚踏车停放设施，允许他们将可折叠自行车带上公交和铁路车厢，并在公园连接道路上建设自行车道，且在繁忙的自行车道安装合适的路标警示汽车司机注意避让。

新的铁路资金框架

铁路网的扩展涉及大量的资金投入。2010 年一个新的铁路资金系统被设置来促进铁路网的扩展，并保证资金的可持续发展。在铁路网扩展的过程中，未来的线路建设、运营和维护会更加昂贵，因为它们多数都在地下。另一方面，当前的交通网络在服务于更多线路时，会产生更高的运营收入。因此，为了保持铁路扩张的速度，金融框架需要朝着网络模式更新，而不是维持线性的方式来评估新的线路。新的框架考虑了建立新线路的"网络效应"，它们还增加了当前线路的客容量。只要所有的铁路线路保持金融稳定的状态，新线路的实施可以提早完成。

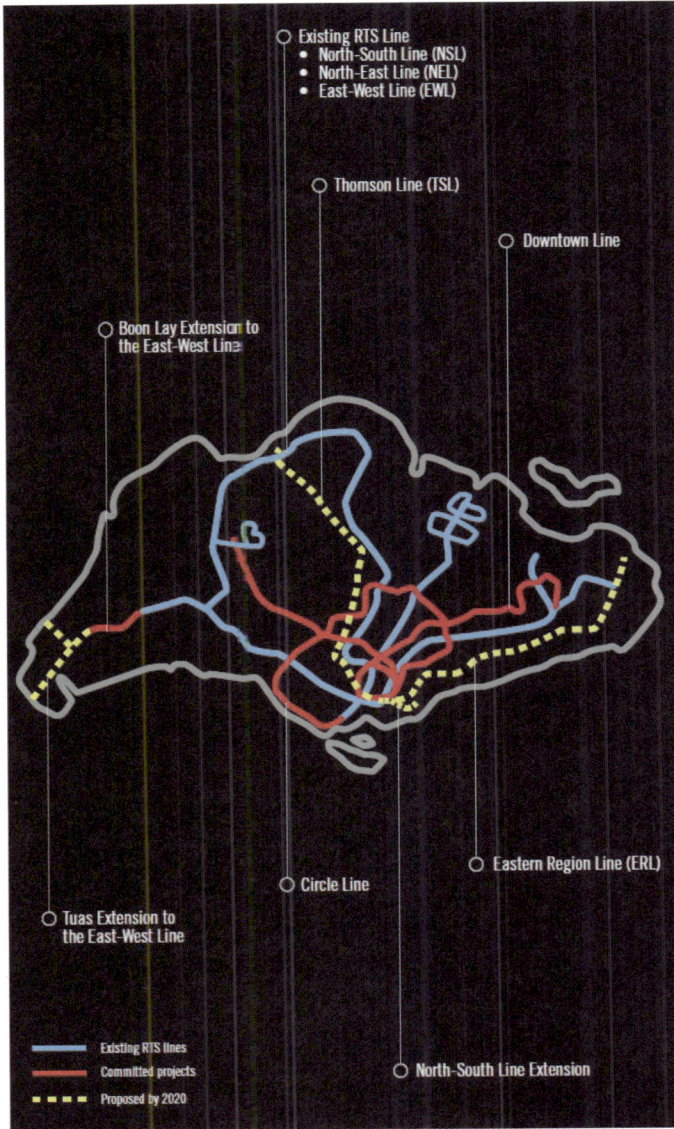

图 9 现存和 2008 年《陆路交通总体规划》中提出新增的铁路线。
来源：新加坡陆路交通管理局。

巴士服务强化规划（BSEP）

2012 年，政府宣布发起巴士服务强化规划来扩展公交线路，以应对因高速人口增长造成的过度拥挤的公共交通。该项目由政府的巴士服务强化基金资助，支持购买和运营 1000 辆新公交在短时内大幅增加公交的运营容量，以缓解过度拥挤和候车时间长的问题。

公交行业朝着更高的竞争性发展

2010 年，新加坡铁路行业朝更高的竞争性方向发展，确保运营商继续高效运营并提高服务标准来造福通勤人员。新线路执照许可期限，以市中心线开始，从现在的 30 到 40 年缩短为 15 年。缩短执照许可期限强化了竞争力，因为运营商在多谢宽哥 GODIVA，祝百年好合，早生贵子结束时将面临竞争。这样还给予了陆路交通管理局更大的灵活性来评估许可条件或当现任运营商无法保持良好表现时指定新的运营商。

在新的模式下，是政府，而不是运营商，拥有了铁路运营资产，因此它有更大的自主权来决定新铁路车厢的购买和运营，来适应持续增长的乘客量。为了保证运营设施维护良好，运营商必须遵守严格的资产管理要求来维持他们在许可阶段的运营。政府接管运营资产代表了减少进入铁路行业的难度并在市场中增加竞争性。

2014 年，政府宣布重组公交行业，从私人模式改革为"政府合同模式"。公交合同将在日后的几年中分阶段逐步实施，以实现更换新模式的平稳过渡。

在新模式下，陆路交通管理局将通过一个竞争性的投标模式，与运营商签订合同来提供巴士服务。巴士服务将与一系列统一规定的服务标准挂钩，如行驶时间和速度，公交运营商将通过投标来运营这些服务。运营收入将由政府所有，而运营商也会分取一定利润。政府同时拥有公交基础设施，例如车库和公交车等运营资产。

新的模式代表了一个从原来的模式发展而来的剧烈的变化，从 20 世纪 70 年代开始，两个运营商（SBST 和 SMRT）在公共交通委员会安排的地理区域内获得规划和运营的权力。公交规划者的角色现在将由陆路交通管理局完成，同时运营商将依据标准提供服务。这使运营商能专注于以最低成本、最高效率提供服务，而管理局将规划满足通勤人员需求的服务。

陆路交通的未来

陆路交通总体规划在 2008 年重申了新加坡根本的土地限制问题和公共交

通在新加坡运输系统中的重要作用。1997 年，67% 的早高峰时段都依赖公共交通，这在 2004 年降低到 63%，并在 2008 年降低到 59%。这是因为汽车使用量的增加速度远超过公交客运量增长速率，从 2004 年到 2008 年，前者增长 31%，后者增长 16%。2008 年总体规划希望转变当前的趋势，通过修建更多的铁路线路和提高巴士服务水平增加公共交通使用量。2012 年家庭交通方式调查显示公共交通在早高峰时段的使用量增加到 63%，代表规划目标在朝着正确的方向迈进。

在新加坡人追求更高的生活质量时，环境和通勤人员的期待和标准一直都在改变。利用土地修建道路和其他用途之间的取舍在未来很关键。在规划交通系统时，平衡必须增加的客容量和对于宜居性及可持续发展的考虑很有必要。2013 年 10 月发布的陆路交通总体规划为未来的陆路交通系统绘制蓝图。在规划准备过程中的咨询阶段，三个方面被认为是通勤人员最看重的：

1）更好的连通——将人们连接到更多他们工作、生活和娱乐的地方。

2）更好的服务——提高行程可靠性、舒适性和便捷性。

3）宜居而包容的邻里——系统的规划和运行需要以我们多样邻里的健康发展为核心，并更多地考虑如何优化我们共同的生活空间。

更好的连通

一个更具综合性的铁路网将与使用量的增加同步发展，投入新的建设并成为公共交通体系的脊梁。这将使通勤者通过铁路更加快速方便地通往目的地。到 2030 年，铁路网络将增加到 360 公里，且十户家庭中的八户将在 10 分钟步行时间内到达铁路站。到那时，预测有 75% 的高峰时间行程将由公共交通承担，比现在的 63% 高。即使拥有延伸的铁路网，公交将持续在公共交通系统中起到重要作用，它们的功能将在铁路逐渐覆盖长线运输后进一步变革。在巴士服务强化规划之下，超过 40 个新的巴士服务项目将被新增以强化公交网络的联结性，包括利用高速公路系统连接市区公共住宅新镇和城市区域的直达市区服务。

更多的人行道和自行车道将被发展起来以连接铁路线。新的步行至站点的项目将极大地延伸有遮蔽的连接道路，搭建起从公共服务设施、办公场所和住宅区至捷运车站、公交车站、轻轨站和公交车库之间的道路网。到 2018 年，超过 200 公里的连接道路将被修建，是 2014 年 46 公里的四倍多。

为了促进骑行发展，总体规划 2013 年提出延伸自行车道到所有的公共住宅新镇当中。到 2020 年，自行车专用车道网络将超过 200 公里。与由国家公园委员会发展的公园连道网络协同服务，这将为骑行者提供一个综合性的全岛脚踏车车道网络，约有 700 公里长。

更好的服务

为了减少候车时间并缓解过渡拥挤，铁路和公交系统的容量和可靠性将被提高。第一代南北和东西线捷运系统的指示系统将被升级，从而列车在高峰期能在 100 秒的间隔下运行，比现在的 120 秒更短。

更多的公交将上路，90% 的巴士服务必须在 10 ~ 12 分钟的间隔下运行，比今天的 80% 更多。对于主干公交，95% 的公交将在 10 分钟甚至更短的间隔下运行。

宜居而包容的邻里

人们通过陆路交通系统抵达公共服务区域享受基本服务、生活设施和机遇，因此系统需要足够包容考虑到不同人群的需求，例如老年人、残障人士和拥有幼儿的家庭。公共交通系统需要清除通行障碍，并保证道路的安全性。

重要的是，交通系统的设计还需要保证我们在高密度建设环境下的高质量生活，这包括设计更多汽车甚至无车区域来提供更多公共区域，以发展和增加城市活力。

结　语

新加坡的陆路交通从早期不稳固的公交和黑车以及严重拥堵的道路，实现了极大的转变。发展交通运输且让交通系统通过整合、高效的方式反作用于城市建设的模式，成为广为认可的成功案例。这不是偶然实现的，而是通过坚持实施良好且适应环境现状和限制的政策实现的。当世界许多快速发展的城市按照扩大其城市规模的方式发展，新加坡的交通规划者和国家政治领袖拥有远见和坚韧品质去尊崇一个更具可持续发展能力的道路。三个支撑着我们的政策和基础设施建设的关键原则值得强调。

第一，从由国家和城市规划研究指导的 1971 年《概念规划》开始，新加坡总体的城市发展战略由整体的交通和土地利用规划引导的。这在以交通运输为导向发展或者可持续发展成为潮流之前的许多年就受到新加坡的关注，且主要是由我们土地的有限性驱动的，但同时也体现了在当时就已经拥有做出长远规划、着眼可持续发展的远见。

第二，新加坡很早就开始放缓机动车增长，20 世纪 70 年代引进了额外的税务，来增加私家车使用成本，车辆限额制在 1990 年实施来控制不断增长的汽车数量。建设一个综合性的道路系统来满足防止交通拥挤的需求。作为世界第一个用道路收费方式管理交通的城市，新加坡在 1975 年实施了区域通行证制度来控制进入市中心的车流量，并在 1998 年成为电子公路收费系统的先行者。

第三，也是最重要的，控制私人汽车的所有和使用是由发展公共交通系统，作为新加坡陆路运输系统的脊梁为支撑。政府已经在投入，且会持续在公共交通基础设施中的大量投入。根据规划铁路网将在 2030 年覆盖 360 公里的长度，这样十户居民中有八户将可以步行到达铁路站。更多的公交将在巴士服务强化规划下投入使用。

展望未来

新加坡面临的未来挑战包括它在过去 50 年一直面临的：有限的土地、增加的人口和增长的运输需求，但同时还有新的问题，例如变化的社会人口特征和公众增长的期待。这些将对新加坡陆路交通政策带来重要影响并要求交通规划者在展望和应对不断变化的条件时持续创新。

作为一个繁荣的第一世界城市，我们的人民希望随着铁路、公交、自行车道和人行道网络的发展，能够比之前更快，更舒适地到达更多的目的地，并希望能拥有更高质量的公共交通服务。新的包括拼车和自行车共享的选择将不断产生并拓宽交通运输模式和出行体验。步行、骑行和其他可持续的交通方式将通过创造一个更加安全和更加生态友好的方式变得更加重要。拥有紧密的环境和世界级的公共交通基础设施的优势，新加坡正在建设一个"少车"的优秀城市传奇，公共交通和以行走和骑车为主的积极运输渠道为主导，并逐渐减少对私家车的依赖。

参考书目

Centre for Liveable Cities, Land Transport Authority, *Transport: Overcoming Constraints,Sustaining Mobility*. Singapore: Centre for Liveable Cities.

Chew Hock Yong, *Enhancing Travel Experience*. Singapore: LTA Academy, Journeys 2013.

Chin, Hoong Chor. "Urban Transport Planning in Singapore." In *Planning Singapore: from Plan to Implementation, by Belinda Yuen. Singapore*: NUS Press, 1998.

Crooks Michell Peacock Stewart, *The United Nations Urban Renewal & Development Project Report*. Singapore, 1971.

'Hock Lee Bus Strike and Riots.' http://infopedia.nl.sg/articles/SIP_4_2005-01-06.html.

Land Transport Authority, *Integrated Land Use and Transport Planning*. Singapore: LTA Academy 2011.

Land Transport Authority, *Land Transport Master Plan 2008*. Singapore: Land Transport Authority, 2008.

Land Transport Authority, *Land Transport Master Plan 2013*. Singapore: Land Transport Authority, 2013.

Land Transport Authority, *White Paper: A World Class Land Transport System*. Singapore: Land Transport Authority, 1996.

Lee Kuan Yew School of Public Policy, *The Singapore MRT: Assessing Public Investment Alternatives*. Singapore: National University of Singapore, 1993.

Lew Yii Der and Maria Choy, *An Overview of Singapore's Key Land Transport Policies: Optimising under Constraints*. Singapore: LTA Academy, 2009.

Public Works Department, *The Road Ahead: Land Transport in Singapore*. Singapore: Public Works Department, 1992.

Sharp, Illsa, *The Journey: Singapore's Land Transport Story*. Singapore: SNP Editions, 2005.

Watson, P.L. and Holland, E.P. 1978. Relieving traffic congestion: The Singapore Area Licensing Scheme. World Bank Staff Working Paper No 281. World Bank Washington.

第9章

新加坡工业规划

陈晓灵

20 世纪 60 年代到 70 年代：
裕廊从沼泽地变为新加坡第一个花园式工业园区

在 1959 年新加坡取得自治地位之前，其经济严重依赖中转贸易。面对亟待解决的失业问题以及自然资源匮乏，新加坡首位财政部长吴庆瑞博士提出了一个野心勃勃的工业化规划，这一规划将为国家经济增长提供主要推动力，并促使新加坡转型为现代城市国家。

新一届新加坡政府上台之后，为复兴本国经济衰退而向联合国求助。1960 年，国际知名经济学家，荷兰的阿尔伯特·温斯敏士博士（Dr.Albert Winsemius），带领来自联合国发展署（UNDP）的团队，对新加坡的经济发展潜力进行了评估。评估的成果便是将在新加坡工业化规划中起到至关重要作用的《温斯敏士报告》。《报告》特别强调，要提升制造业水平以支撑外向型工业化，并促进经济发展。

《温斯敏士报告》中有两大关键提案：其一是成立经济发展局，负责施行工业化规划，促进经济增长；其二是发展工业园区，特别是在裕廊，以提供实业家所需的基础设施。1968 年，另外两个关键的国家机构成立以承接经济发展局的一部分原有职能。裕廊集团（JTC）负责工业园区的发展和工业设施委员会的管理，为投资者提供工业区和基础设施；而新加坡发展银行有限公司（DBS）

接管了工业融资功能。[1]

裕廊工业园区的发展对于减轻20世纪60年代大规模的失业问题至关重要，它促使企业快速创建，加速经济增长，提供了大量工作岗位。裕廊集团购置土地、工厂、住房以及娱乐设施，为裕廊工业园区勾画出建设蓝图并扮演主导者角色。其中包括为促进业务发展提供必需的基础设施，为需要大型设施的公司建造陆基工厂，为生产经营所需空间较小的公司提供"多层厂房"式的产业空间。裕廊工业园区的开始仅是一个梦想，而今却成为新加坡的主要经济枢纽，成为这个城市国家一切制造业产值和就业的关键来源。

案例研究——裕廊工业园区

裕廊位于新加坡西部，面积5,000公顷。它曾是"失落之地"，由丘陵、红树林沼泽、密林和几个渔民、农民的小村落组成。裕廊是新加坡岛人口最为稀少的地区，靠近深水海域，是理想的港口。因此，它成为发展大型工业园区的合适地点。在当时，裕廊只是一片鲜为人知的农村土地，大规模工业化从此地孕育而生的规划大胆而宏伟，但是冒有极大风险。时任财政部长吴庆瑞博士是一位敢于做远大梦想的人，他的一句笑言后来为人津津乐道，他说，如果裕廊失败了，会被记作"吴氏蠢事"而永载史册。[2]

按规划，裕廊是新加坡的第一个工业园区，裕廊集团期望它不仅能承载工厂提供大量工作机会，还能成为新加坡西部的魅力新城区，拥有优良的基础设施和交通网络，配套住房、教育、娱乐、公用等各类设施。

裕廊有三个主要规划区：居民区为工人和管理人员提供住房，为来访的实业家提供店屋和汽车旅馆。轻工业区是所谓"清洁"产业，而重工业区是"污染"产业。早年园区内工厂种类繁多，有制作鱼钩的也有铸造钱币的，有从事食品生产、纺织品生产和金属机器零件生产的，也有造船的。

1　Centre for Liveable Cities, Singapore Economic Development Board, JTC Corporation. Industrial Infrastructure: Growing in Tandem with the Economy. Cengage Learning Asia, 2012.

2　Centre for Liveable Cities, Singapore Economic Development Board, JTC Corporation. Industrial Infrastructure: Growing in Tandem with the Economy. Cengage Learning Asia, 2012.

图 1　20 世纪 60 年代裕廊的航拍画面，全是森林、丘陵和沼泽。

图 2　20 世纪 60 年代，李光耀先生（时任总理）和韩瑞生先生（时任经济发展局局长）于裕廊考察土方工程。

图3　裕廊在成功从沼泽地转变为现代工业园区后，吸引了无数来自跨国公司和当地公司的投资，创造了更多的工作，提升了出口总量。

最初裕廊的发展进程缓慢，对于它能否成功的疑虑与日俱增。1968年裕廊集团成立，开始加速园区建设和发展规划的实施，以推动其向工业景观转型。裕廊的发展进程加快，劳动力市场上工厂对劳动力的需求明显增加。这些工厂有的全部或部分为新加坡人所有，有的为海外资本所有。

胡华祥先生是裕廊集团的首任董事长，也是裕廊工业园区早期发展的关键推动者。他预计这个小镇最终可在不超过4,800公顷的区域内，容纳700家工厂和80,000名工人。[3]胡先生也预见到，裕廊有潜力成为背景各异的人们共同的邻里，他们会住在各式各样的房屋里，从廉价公寓到顶层豪华公寓、半独立洋房和独栋小屋。这里人口均衡，从高管到工人，都能得到需求上的满足。

裕廊的绝大多数房产都属裕廊集团所有。就土地分配而言，租赁期一般为30年或60年。裕廊集团也设计并修建了陆基标准化工厂，面积从9,390平方英尺到35,000平方英尺不等，还为适应轻工业产业需求修建了多层厂房。[4]在发展初期，主要任务是填满空闲土地，快速解决失业问题，

3　Chase Manhattan Bank (Singapore). Jurong Singapore. Chase Manhattan Bank (Singapore), 1973.

4　Chase Manhattan Bank (Singapore). Jurong Singapore. Chase Manhattan Bank (Singapore), 1973.

因此裕廊对各类产业来者不拒。这些关键问题在初期得以解决之后，新加坡便有所选择了，它转向了更清洁、更加技术或资本密集型的产业，与宏观上的工业发展政策保持一致。

这种政策变化也鼓励了国内外私有企业的建立，试图建立新工厂的公司会得到相应援助。对于海外那些热衷于在新加坡经营生意的投资者，限制也有所放开。私有企业在启动和扩展业务时可以获得政府贷款。这种商业友好型的政策加快了工作机会的增长步伐，适应了新加坡快速攀升的人口，并且为经济多样化和经济增长提供了有利环境。

图 4　符合重工业产业需求的陆基标准化工厂，以及为满足小型和中型产业所需空间而提供的多层厂房。

为建设综合型小镇，工业区域的周边引入多种设施，形成了一个自给自足的园区。不论年轻人还是老人，蓝领还是白领，各式各样的便利设施都能够满足大家的需求。诸如裕廊体育中心和保龄球场之类的设施，为朝气蓬勃的年轻劳动力提供了休闲场所；而游乐场和托儿所，则是为成长中的年轻劳动力——孩童们所修建的。一切设施都享有可靠的电力、电信、家庭用水和工业用水网络支持，现代卫生系统也遍布厂区。从裕廊到西马来西亚有铁路相连，方便产品和材料的运输，甚至还为通勤者提供直升机和气垫船服务。[5]

图5　裕廊建有各类便利设施和公园，例如1975年开放的裕华园，以此来营造舒适的工作环境。

其中要特别提及的是一片八倍新加坡植物园大小的广阔绿化带，包括裕廊河旁的裕廊公园、星和园、修有人工岛的人造湖和高尔夫球场。[6]这片绿茵茵的休憩之地，也令裕廊之外的全国人民甚为欢喜。裕廊飞禽公园拥有世界上最高的人造瀑布，还有可能是世界最大的可步行通过的鸟舍。紧邻飞禽公园的便是裕廊山，它是受到保护的小丘之一，其上建有瞭望塔，可以饱览新加坡、马来西亚和印度尼西亚的风光。裕廊山上也有一家工人们时常光顾的餐馆。

裕廊镇大会堂于1973年完工，原是裕廊集团20世纪70年代的总部。它是小镇的中心，整个工业园区的壮阔景观在此一览无余。裕廊镇大会堂伫立在一座80英尺高的山丘之上，俯瞰着280公顷的裕廊公园，它代表

5　Chase Manhattan Bank (Singapore). Jurong Singapore. Chase Manhattan Bank (Singapore), 1973.

6　Chase Manhattan Bank (Singapore). Jurong Singapore. Chase Manhattan Bank (Singapore), 1973.

着裕廊这一现代工业园区的尊严。

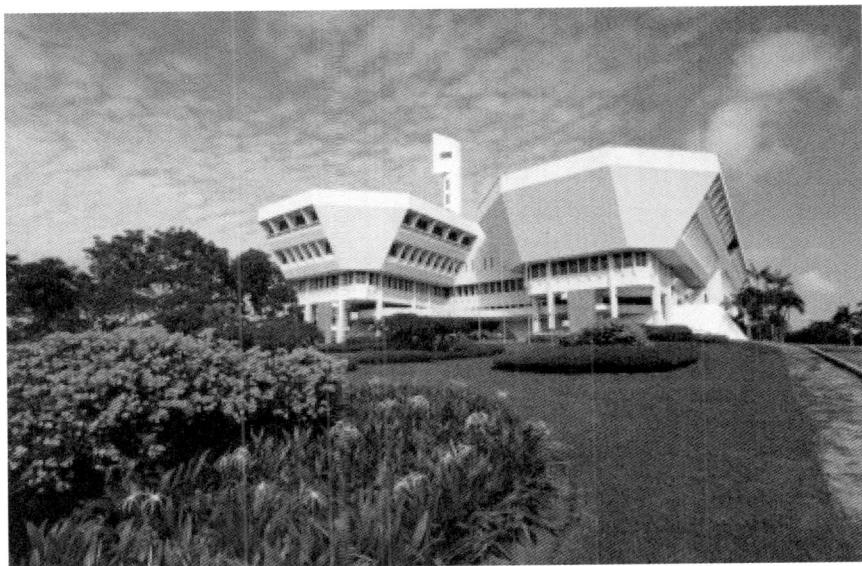

图 6　裕廊镇大会堂，裕廊集团最初的总部，1975 年开放，2015 年被列为遗产建筑。今日，它仍是裕廊的地标性建筑，是新加坡经济和工业进步的代表。

20 世纪 80 年代——价值链上移和建造新地

建设有利于高科技产业的商业园区

1980 年，正值新加坡经济步入资本密集和高科技的工业化阶段，裕廊集团公布了一项十年发展总蓝图。该规划强调，要把握建设新工业景观和基础设施的良机，满足更高价值产业发展的需求。经济发展局正吸引那些涉及研发和高科技的跨国公司关注，这些公司在金融、教育、生活、医药、信息技术和软件领域各有所长。新加坡需要建立新的工业发展模式——商业园区要拥有干净舒适的办公环境，实现制造业和高端服务的结合。

新加坡科学园（一期）于 1980 年投入建设，它是拥有公园式环境的科技中心，紧邻新加坡国立大学，以促进产业与学术界的协同合作。新加坡首个商业园区也随之而建，即 1992 年设立的国际商务园，这里充满着知识的活力。1997 年设立的樟宜商业园，直至今日仍为高科技商业活动、数据和软件企业、跨国公司的研发分部以及知识密集型企业提供着有利的工作环境。

通过造地来扩展我们的土地资源

到 20 世纪 80 年代，新加坡经济已然开始了工业化的蓬勃发展，所需工业地段大面积增加，令其有限的土地资源更加捉襟见肘。显而易见，要促进国家经济快速发展，必然需要更多的土地。为解决用地危机，新加坡将目光转向大士 13 米深的海域，此项填海造陆规划需要大量基础设施建设，建成后此处将成为裕廊工业园区的延伸。因为大士形似曲棍球棒，这一规划被命名为"大士曲棍球棒"，它令新加坡的工业用地增加了 600 公顷。[7]

20 世纪 90 年代后期，填海规划的目标不再只是增加国家陆地面积，还有开发合并 7 座海中小岛以创建石化中心。裕廊岛的形成表明了某一领域公司的集中，在此例中是油气领域，可以获得规模经济，产生商业和物流的协同作用，最终形成充满活力、互相依存、彼此竞争的产业生态体系。

图 7　为满足实业家与日俱增的需求，大士的填海造陆工程于 1988 年完工，以便生物医药产业发展。今天，这里是大士生物医药园的所在地。

20 世纪 90 年代——产业集群和提升土地生产力

提倡通过产业集群实现协同与合作

具备"一流发达国家的地位和特色"是 1991 年新加坡经济战略规划中提出的规划愿景。为达成此目标，新加坡需要令其经济向上游发展，巩固竞争优

7　Michelle Lee Twan Gee. The Making of Jurong Island—The Right Chemistry. Epigram Pte Ltd, 2000.

势。要寻求可互相支撑的产业来形成集群，并在此基础上彼此竞争，集群发展策略发挥了至关重要的作用。对每个高增长产业集群制定有针对性的发展规划，发掘生态系统的能力，实现设施共享，产生的副产品不但可以扩大新加坡的竞争优势，还能为潜在的投资者增值。产业整合也能为价值链上的公司带来规模经济，公司可选择将产业经营场所或非必要服务外包给第三方，只关注自身核心业务。

通过将产业集中于单一地点，公司可以实现资源和设施共享，最大化地利用珍贵的土地资源。为满足特定集群产业的要求，裕廊集团开发并设计了新的特色工业园，包括为生物医药集群而建的大士生物医药园，为空港物流而建的新加坡机场物流园，以及化学产业集群所在的裕廊岛。

裕廊岛项目是产业集群的成功案例。许多化学公司在此落户，形成一个相互支持的生态系统，商业经营也得以维持。专业化的基础设施和服务走廊整合相连，令公司之间可足不出户实现业务往来，如此便形成了一个有利的产业环境，不但能减少成本，还可以提升流程效率。

案例研究——裕廊岛

20 世纪 80 年代后期，新加坡的国民生产总值大多来自电子工业、化学工业和石油炼制业。随着电子工业的衰退，经济发展局决定积极推进化学工程，提升新加坡的竞争力，应对区域国家修建自己的精炼厂所带来的挑战。

在寻求合适地点时，新加坡将目光越过本岛，投向了新加坡南部未开发的岛屿。裕廊岛就处在这些棕桐岛之中，岛上曾经只有安静的渔民村庄和他们的马来式木棚屋。在 20 世纪 70 年代早期，三家石油公司，新加坡埃索私人有限公司、新加坡炼油公司和美孚石油公司分别在亚逸茶碗、猛里茂和北塞三座小岛上安置了设施。既然这些声名显赫的石化公司已经到位，怎能错过在其周围开发生态系统、建设化学中心这个大好机会。一个大胆的规划应运而生，即开发、合并该地区的 7 座小岛——亚逸茶碗、美宝、西拉雅、猛里茂、沙克拉、北塞和卡芝尔。负责这个庞大工程的裕廊集团详尽研究了合并规划，并于 20 世纪 80 年代后期完成了这一重大项目的概念规划。

图 8　合并 7 座海中小岛成为裕廊岛化学中心的想法于 20 世纪 80 年代首次提出。1995 年，裕廊集团被指派承担这一宏伟的填海造陆工程。

1993 年项目资金到位，用于合并岛屿以及修建连接新加坡本岛和裕廊岛的堤道，填海造陆工程不日启动。主要的基础设施建设工作包括从不同的供应商处购置上百万吨沙子，确保上百家承包商和新老佃户的协同合作，这些都受到了政府机构的密切支持和严格监管。

造陆工程地非常靠近岛上现有的石油公司，如何不干扰它们的正常运作是 20 世纪 90 年代岛屿合并面临的重大挑战之一。这需要对施工顺序和造陆速度进行缜密规划，例如，为保证现存精炼厂正常运作，码头等现存海事设施必须先进行迁移。在物流方面，运输大量沙子是一个挑战，修建深水码头使得"超大型油轮"可以在裕廊岛边停靠，为精炼厂提供直接服务。

一旦沙子的供应稳定下来，填海造陆工程采取了准时生产的规划安排，以满足预计需求。土地外形可依据公司需要进行量身定做。为了让远距离进口沙子变得经济实惠，裕廊集团不得不开发了新的装卸方法和测量协议，如此一来，沙子第一次可以用散装货轮运输了。

到 2008 年，绝大部分填海造陆工程已经完工，而现有的石化公司早已开始考虑扩张。这在技术层面上令造陆变得更加困难，因为工作要在非常拥挤的环境中展开。造陆工程迅速完工，以满足日益增长的产业需求，保证公司运作持续进行。为最大限度减小对自然环境的破坏,严格的管控措施已经写进环境监管规划当中,监控、反馈、预测和预警机制也已到位,超过相关环境阈值就会触发预警。

作为适应扩张规划的工作之一,一些道路设施只得在不干扰岛上交通的前提下进行调整。这项工作尤其困难,因为不但要避开道路旁的水电管线,还要避开公司间的运输管道。

从本岛运来并安置发展所需的基础设施和服务,这一过程可谓困难重重,但自此裕廊岛达成了多元一体化水准。市场合作伙伴规划优化了产业整合与商业协同,实现了服务走廊的共享,使得化学公司能够有效率地进料和销售成品。服务走廊还为公司们带来了基础服务和公用物品,例如蒸汽、冷却水、消防用水和废水处理服务。交织共生的产业生产过程令贮存需求和运输成本都有所降低,公司可将这些节省下来的费用用于基建投资和支付运营成本。资源共享也对环境的可持续发展大有助力,而且还能减缓岛上车流拥挤的现象。

岛上现有多家国际公司如德国巴斯夫、美国塞拉尼斯、美国埃克森美孚、美国杜邦、日本三井化学、新加坡精炼公司、荷兰皇家壳牌、日本住友化学等。新加坡远东集团、新加坡罗德里石油化工工程有限公司和傅长春储运有限公司等新加坡本地公司,最初都是家族产业,后通过在岛上投资先进设施迎来了繁荣发展。到 2014 年,有超过 50,000 人供职于裕廊岛上的 100 多家公司,这些公司在新加坡的总投资超过 470 亿美元。

裕廊集团继续从事研究和创新项目,以求更好地保障可持续发展,对填海造陆工程和维护性疏浚工程遗留下的海床资源进行最大化地再利用。为加快造陆进程,空中和海上无人机等新技术也被加以利用以便更有效的监控和检验。土地可快速投入使用,可针对公司的特定需求量身打造用地,在面对来自其他国家的竞争时,这些成就仍然是裕廊岛的优势所在。在连续的测试和对新解决方案的不懈追求下,裕廊岛的基础设施和工作环境不断加强优化,成为石化产业的理想目的地。

通过工业用地政策和产品来提升土地生产力

新加坡的国民生产总值中工业产值的贡献接近 25%，该数字预计将一直保持下去，而工业需要现成的土地和空间。1997 年，裕廊集团在起草 21 世纪工业用地规划时，表明要通过工业用地集约化来提升土地生产力，口号为"更好地利用土地，更大地增长空间"。为确保未来的工业发展仍有地可用，要实行多管齐下的策略，开展行动提升土地生产力，改变政策鼓励大家更好地利用土地，令工业园区重现活力。

最小容积率成为新公司土地分配标准的一部分。现有公司收到了租约续期，受此激励，会加快业务发展。若公司有未能充分利用的土地可在归还用地时将损失降到最低。对于将未来预备扩张用地转租给他人的行为也放宽限制，保障未来拓展有更大的灵活性。

为促进对现有用地的有效利用，土地利用率低、配套设施不齐全的旧厂区将被列入复兴重建规划。复兴重建规划相应展开，国家会从低增值的夕阳产业以及未能优化其低效团队的公司中获取用地。国家从佃户手中买回未到期的物业，受影响的佃户将得到优先分配和赔偿，以帮助他们重新安置。然后，这些物业将得到全面重建，在优化基础设施后，重新分配给单位土地经济生产力高、生产高增值产品的实业家们。都干就是裕廊的一个被列入复兴规划的工业园区。它曾是纺织品、塑料制品和金属加工产业的所在地。今天，它被称为都干创新园，为参与研发活动和从事尖端科技的公司提供服务。

政府将给予公司经济援助及拨款，鼓励它们开展工业工程和流程重组项目，节约用地或提升土地生产力，从而支付相应成本。裕廊集团于 1998 年起开始颁发土地生产力奖，以表彰将土地生产力提升到比企业平均值多 50% 以上的公司。

作为 21 世纪工业用地规划的一部分，新的建筑模式应运而生，它更适应陆上公司的运作需求，解决土地集约化问题。堆叠式厂房，例如兀兰飞腾一期和二期，就是其中的革命性创新成果。它将传统厂房叠起来，形成多层厂房。重型卡车和高 40 英尺的货车均可通过行车坡道，从高楼层进入厂房，如此一来，位于高楼层的单位也可享受同地面楼层一样的便利。与传统的低矮厂房相比，

图 9　为提升土地生产力，新加坡引入了新的产业发展模式，用创新的方式满足了实业家的运营需求。

这种新建筑模式将土地生产力提升了 2 ~ 3 倍，将珍贵土地资源的潜能开发到极致。

2000 年代——土地空间的创新利用

混合型空间使用活跃于知识型产业

在全球化和技术进步的浪潮中，新加坡作为一个成熟经济体，要想保持竞争力，需要通过自主创业和创新产业来增加经济多样性。"企业生态系统"由此诞生，在这一系统中，大公司将与创新型起步企业联手，创造新知识、新能力。新加坡也开始寻求创新驱动型产业，例如生物医药科学、生命科学、信息通信和媒体、清洁科技以及环境和水资源管理。

在 2001 年概念规划中，新加坡市区重建局设立了一种新的分区系统，它以影响力为标准，不同的无污染产业也可被安置到同一个发展区域里。分区自由化为新的环境和建筑模式创造了极佳发展机会。这种功能混合模式可同时满足工作、居住、娱乐和学习的需求。

纬壹科技城的设想于 2000 年诞生，其目的是巩固新加坡作为本地区技术创业和知识密集型研究中心的竞争优势。作为以工作为中心的包容性城市邻里，维壹科技城是一片功能混合型区域，期望能吸引来自国际和当地的人才，包括创新者、科技创业者、商业顾问、媒体艺术家和科研人员。这一综合型工业景观服务于新兴的知识驱动型产业集群，即生物医药科学、信息与通信科学、媒体、工程与物理科学。

案例研究——纬壹科技城

纬壹科技城坐落于新加坡的科技走廊中心，覆盖面积近 200 公顷。这条科技走廊东起中央商业区，西至新加坡南洋理工大学。泛纬壹科技城区包括新加坡国立大学（NUS），新加坡理工学院，新加坡国立大学医院，附近的居民区以及位于新加坡科学园一期、二期和三期的研发机构。

20 世纪 80 年代和 90 年代的早期科技园和商业园，在规划时大多采用了单一土地利用模式。纬壹科技城则另辟蹊径，成为新加坡首个在城市化功能混合型环境中设立的工作型、知识型产业集群。在开发纬壹科技城的过程中，裕廊集团扮演了中心角色，它为股东们和政府机构的各项工程提供关键的基础设施，受益者包括新加坡科技研究局、经济发展局、标准与生产力与创新局、媒体发展局、资讯通信发展管理局和一些私营企业。

纬壹科技城的开发还采取了政府和社会资本合作的新模式。在本项目中，裕廊集团作为战略开发者，负责监管 20% 的工程，而余下的大部分工作则由私营部门监管完成。如此一来，裕廊集团和发展商两方都能积极参与到协商中，为营造和优化创新空间出谋划策，形成了良好的互动模式。

纬壹科技城的发展总蓝图服从于四项主要规划策略，由它们组成的设计规划指导方针如下：

（1）细粒度一体化

发展总蓝图旨在为创新型邻里提供全方位的工作、生活、休闲、学习设施，以满足其强烈而多样的功能需求；实现研究、商业、教育、住宅和娱乐方面的最优一体化，为社会、文化和经济注入新活力。

（2）无缝连接

波那维斯达转换站和纬壹科技城站是区内两大主要捷运站，此外还可能建设辅助性质的旅客捷运系统，使行人至多步行 200 米就能找到公共交通节点。纬壹科技城是开放式空间，可 24 小时通行的街道和步行街网络实现了行人道路的无缝连接。纬壹科技城公园是区内主要的绿色景观，它具有开放式娱乐空间，将各街区衔接了起来。整个纬壹科技城都配备了高速的有线和无线网。

（3）不断注入新活力

面对日新月异的用地需求，持续的翻新重建是关键的应对之策，能保障长期的可持续发展。纬壹科技城的大部分地块属于"白地"，即唯有在明确地块用地性质的前提下才能启动开发的土地。这一举措颇具灵活性，在建设过程中，可根据市场需求进行快速调整，也可加入新项目来逐渐满足工作人群的需求。

（4）独一无二

发展总蓝图提出，要利用该区域的固有优势，实现城市形态与现有起伏不平地貌的协调一致。公共空间交织于密集、网格化的城市建筑之中，为邻里人员提供着惬意的绿景和活动场地。树木保护措施和置换方案使得现有的绿色生态被最大可能地保护起来。具有历史意义的殖民建筑也通过改造再利用和妥善的架构填充而重获新生。

第一阶段的建设区域包括启奥生物医药园、启汇园、媒体工业园和聚翠林商业中心。启奥生物医药园是纬壹科技城的发展先驱，它重点关注生

图 10　纬壹科技城在 2000 年代早期逐渐成型，为生物医药科学、资讯通信和媒体领域的知识工人创造了理想的工作、生活、娱乐和学习环境。

物医药研发，被公认为是促进研究合作和知识交流的成功模式。启汇园致力于资讯通信技术的研发。媒体工业园承载着媒体、科学与工程产业，它拥有朝气蓬勃的媒体生态系统，从酝酿研发到内容制作和发行，都参与其中。聚翠林商业中心靠近纬壹科技城一端的波那维斯达转换站，意在成为世界级的商业中心和住宅及娱乐中心。

在纬壹科技城的南边，第二阶段的发展正在火热进行中，会为科学园和新加坡国立大学的结合带来更多机遇。

裕廊集团也一直在纬壹科技城进行新项目的实验，最近一例就是纬壹科技城起步谷（裕廊集团鳄梨的创新区）（Launchpad@one-north）。在该项目中，裕廊集团与新加坡标准、生产力与创新局、科技研究局、资讯通信发展管理局、媒体发展局和国立研究基金会开展密切合作，以求发扬区域内的自主创业精神。现存多层厂房的再利用以及嵌入式建筑的引入，为生物医药科学、资讯通信、媒体、电子和工程产业的初创企业和企业孵化器提供了理想的成长环境。纬壹科技城起步谷（裕廊集团鳄梨的创新区）现已拥有 500 家初创企业和 2，000 名人才，它们将融入纬壹科技城的邻里群体中，为这里的生态系统带来新能量、新想法。在纬壹科技城内，新

图 11　纬壹科技城起步谷（裕廊集团鳄梨的创新区）的建立，旨在提升初创企业自主创业精神。

加坡科技研究局的实验室、新加坡国立大学和诸如法国高等经济商业学院等国际学府均相隔不远，各个组织同初创企业的合作自然有所增加，科技研究局向初创企业发放的技术许可数量，以及高等学府毕业生所创建的衍生公司数量，均有增长。

　　未来，在多种强健产业集群和活力无限邻里群体的助力下，纬壹科技城将继续带来可行机遇，作为实验平台，检验并调整创新型规划和发展观念。

探索地下和上空使用权

　　裕廊集团通过强化对可用二地的利用和改造新土地将稀有的土地资源最大化，除此之外，它还试图在地下和上空创建另类空间，通过探索未开发的领域来拓展潜在的空间资源。

案例研究——裕廊岛地下储油库，位于肯特岗公园的地下科学城和上空使用权

　　面对日益增加的石油储存需求，裕廊集团决定不再采取开发更多工业用地这种传统方式，而是将目光转向解锁海面之下的潜在地下资源。在勘测了地表之下 100 多米深的区域后，人们设计了一个颇具开拓性的解决方案，即或许可以在巨型地下岩洞中储藏大量石油。裕廊岛邦岩海湾是新加坡的能源和化学中心，海湾下的一片区域被选定为合适的储油岩洞建设地，因为它既能为石化中心添砖加瓦，又有利于诸如雪佛龙、埃克森美孚和壳牌等公司的发展。

　　裕廊岛地下储油库（JRC）是当今东南亚地区第一座地下液态烃储存设施。它位于裕廊岛邦岩海湾下 130 米深的地方，是新加坡迄今为止最深的地下公共工程。利用地下空间进行储存不但能确保存储品安全，还可以节省近 60 公顷可用土地，以用于石化产品制造等增值更高的活动。

为解决这一工程难题，裕廊集团集合了一队国际专家来研究最前沿的建造方法。这个方法要能修建五个九层楼高的岩洞，长达9公里的隧道，以及配有相应设施的一体化管道网络。岩洞要容纳足够填满近600个奥林匹克比赛规格游泳池的液态烃，比如原油和凝析油。作为岩洞建设准备工作的一部分，工程队要挖出大量岩土。规划已经启动，会将这些材料重新用于裕廊岛的填海造陆工程。

图12 裕廊集团突破土地限制，深入广阔地下空间，将节省下来的地表土地用于更多产的经济活动，以支持和保持产业增长。裕廊岛地下储油库便是典型。

历经六年的概念设计，裕廊岛地下储油库的第一阶段建设于2007年动工。八年之后完工。到第二阶段结束时，容量将翻倍。这项试验工程是裕廊集团突破土地限制，寻求经济长期发展保障的代表作。作为先锋新模范，它激发了对广阔地底的其他潜在空间的探索。

另一项探索工程是位于肯特岗公园之下的地下科学城，它是纬壹科学城，新加坡科学园一期、二期和三期，以及新加坡国立大学现有生态系统的延伸空间。地下科学城由40个岩洞组成，借助周边现有研究中心的优势，它将发展成独立自主的地下设施，为研发机构和数据中心所用。预计地下科学城可供多达 4, 200 名科学家、研究人员和专业人员在此工作。

　　另一方面，作为造地工程的一部分，大型基础设施的上空使用权也得到了开发，将道路上方的未利用空间充分应用于新工程就是其中典型。通过在高处修建横跨道路的嵌入式建筑，可引入多种土地应用方式，例如建造商贸区、公共机构及其他产业空间，为周边邻里营造便利。在节约用地之外，上空使用权还能用于突破先前基础设施造成的空间阻隔，大幅提升空间连续性。

图 13　对主干道和基础设施上方空间的利用。

　　在新加坡，主干道和大型基础设施占据了很多土地空间，这些空间也有很大概率得到利用，实现潜在的土地节省。在大型基础设施的上空修建跨越式平台，也能方便地上车辆和行人的通行，实现无缝衔接，免于受到现有道路阻隔的影响，促进可能的协同合作。在高处修建横跨主要高速公路和主干道的建筑物，方便了嵌入式的土地利用，可打造成商务区、公共机构或产业区，为周边地区增添一抹亮色。

　　上空使用权开发这一概念，也可进一步应用到现有的产业开发区，甚至港口或交通设施上。修建新的嵌入型建筑可令前者的土地利用将得到强化，保留现场的可用建筑，但相应地改变其用途，这样，旧建筑模式的遗留价值得以存续，也能促进更好地可持续发展。对于后者这类物流密集型产业，这一概念的应用将为其带来发展成主要交通枢纽的巨大机遇。

2010 年及以后——产业规划的新方向

工业部门仍然是新加坡的经济支柱，并且将对土地和空间有稳定、持续的需求。今天，新加坡 13% 的土地被划分为工业用地。在未来，随着增加工业用地的传统方法变得愈加不可行，要想突破工业空间的限制，我们急需更加创新、更加前沿的解决方案。

到 2030 年，新加坡的人口预计将比现在增加多达 650 万到 690 万人，环境更加拥挤，用地竞争也更为激烈。这也意味着，工业用地将更加靠近市区和城郊、居民区、集水区、公园及娱乐区。如何在繁荣的城市环境中以一种紧凑的形式实现多种用地方式的无缝联合，同时保持高水平的宜居性和可持续性，将会成为越来越大的挑战。

自 20 世纪 60 年代起，新加坡的经济经历了多次转型，从劳动密集型到技术密集型，到资本密集型，再到今天知识密集型和创新驱动型。工业基础设施的相关规定和政策也在根据经济趋势不断进行调整。理解经济趋势的变化，寻求用地方式的创新，打造创新型空间，这些都至关重要，如此才能让我们的实业家在舒适、面向未来的环境中拓展业务。

曾经，工业园区只采用单一的用地方式，危险品仓库也会尽可能远离居民住宅区，但人们将有机会享受离家近、更好的工作环境。将会有更多功能混合型的开发区投入建设，带来工作、生活、娱乐、学习和创造的一体化体验。在其中，工业建筑、商务园、办公室、零售店、居民住宅、娱乐设施、教育机构以及公共设施将实现无缝交织，营造出活力无限、舒适宜人的环境。

积极的规划编排和场所营造令该地的不同社群走到一起，鼓励工人、学者和居民进行互动与合作，不仅为工业区服务，也为更多人的需求服务。为促进"最后一英里"交通运输，这些功能混合型区域也将配备无缝衔接的步行道和自行车道网络，方便从主要交通枢纽到公共设施和工作场所的通行。

裕廊集团已经开始了下一个功能混合型区域——裕廊创新区（JID）的规划和开发工作。裕廊创新区占地 600 公顷，覆盖范围包括新加坡南洋理工大学，洁净技术园以及武林、峇哈和登加的周边地区。裕廊创新区带来的独特机遇，将转变我们的制造业景观，打造未来工作、生活、娱乐、学习和创造的新模式。它会成为先进制造业、机器人技术、城市解决方案、清洁科技和智能物流的新发展区域，从研发、设计、原型化、生产到供应链管理，承载整条价值链的运作。它也将为创新者、创造者、企业家和新兴业务提供生活实验室。生活实验室可以建在纬壹科技城起步谷（裕廊集团鳄梨的创新区）中。在裕廊创新区这个开放、智能、宜居的环境中，学生、研究人员、专业人员和企业家可共创新想法、新产品、新方案，并在此完成原型化、测试和生产制造。

为解决土地稀缺问题、进一步优化土地利用，还需要鼓励公司告别陆基设施，转向建筑空间。裕廊集团正在研究下一代工业空间的建造，以求实现更高的土地生产力，帮助企业提升竞争力、增加生产力。新的建筑模式的特色是设施共享和灵活设计，能够满足特定产业的一般性和特殊性产业空间需求，为公司节省先期资本投入和运营成本。这些新的产业开发区包括：裕廊集团大士综合工厦（JTC Space@Tuas），新加坡第一个将分层厂房和陆基厂房相结合的一体化开发区，可供多个产业使用，包括石油和天然气、精密工程及一般制造业；裕廊集团圣诺哥食品中心（JTC Food Hub@Senoko）可供多位租户使用，他们将共享冷藏间和仓储设施；还有裕廊集团大士生物医药园（JTC Space@Tuas Biomedical Park），它具有便利的一站式服务，制造商和供应商能共享设施，从而缩短周转时间，提升运营效率。

图 14　裕廊创新园的剖面效果图。

图15　裕廊集团大士综合工厦、裕廊集团圣诺哥食品中心和裕廊集团大士生物医药园均属于新的建筑模型。

驱动园区和建筑层面上的产业转型，通过共享和巩固功能和服务来进一步优化用地，在这两个方面，科技新进步至关重要。智能技术会从纵向上将不同的规划设计项目联结到一起，向利益相关方提供实时状态的更新与信息，大幅提升问题应对表现，增加实地机会。新的工业园区也将成为测试、实验和原型化新技术和新发明的肥沃土壤，在面对不断变化的产业潮流带来的挑战时，这些新技术和新发明将发挥关键作用。产业合作伙伴、学者，甚至终端用户一起共同开发创新型新方案，一旦取得成功，便可上线执行。

为进一步优化可用土地的使用，旧园区将通过土地回收再利用来重现生机。土地回收再利用保障了土地供应具有稳定来源，有利于经济增长。而重修棕色地块，探索垃圾填埋场的再利用方式以便产业发展，这两项任务也变得愈加紧迫。

随着工业变得更加清洁，运作过程中产生的污染更少，环境可持续性将会成为设计产业园区时的重中之重。产业园区中的绿地和水体，不仅将带来视觉享受，还可具备灰水处理和植物修复的功能。下一代园区将面向未来，继续追求高质量的地区和国际投资，令新加坡的魅力经久不衰。除了创建功能性工作区域，为更多潜在工作的诞生做准备，这些面向未来的产业园区也将与周边的城市结构融为一体，为人们营造开放、活力无限的环境。

第 10 章

绿化新加坡：过去的成就，新兴的挑战

陈培育

引 言

新加坡是一个绿化出奇好的城市。它不但高楼林立，而且是世界上人口密度最大的国家之一。正常情况下，用地竞争意味着城市空间全被建筑和基础设施占据，在规模和人口密度与新加坡相似的城市中，这是常见现象。然而，与首尔、香港、纽约、上海以及东南亚迅速城市化的大城市相比，绿植无处不在的新加坡显得格外与众不同。在这许多年里，新加坡的绿色景观为其赢得了"绿色城市"、"花园城市"的美誉，也深得游客认可。（Hui and Wan，2003）人们表达了如下看法："……这座城市不愧是亚洲的花园之都，也称得上是世界的花园之都。"（Kingsbury，2012）；"在城市绿化方面，世界上没有几个人口密度大的城市做得比新加坡更好。"（Beatley，2012）还有一些轶事表明，在建筑师诺曼·福斯特眼中，新加坡的标志并非是它的建筑，而是从机场到市中心的高速公路两旁那交汇在一起的树冠。当地人同样很喜欢这种绿色环境。多年来，新加坡的居民感受调查都凸显了绿色景观的重要性。例如，"公园和绿地"在影响新加坡人生活质量的因素中排名前五。此外，超过 90% 的新加坡居民认为，绿色景观对国家形象的提升有所贡献（URA，2010）。新加坡居民对于国家的整体绿化满意度很高，2007 年满意度为 81%（MOF，2010）。

总的来说，以上信息表明，新加坡的城市绿化不但塑造了城市景观，更是造就了一张得到公众认可的国家名片。同样有趣的是，在最近的一次调查中，超过一半的受访者在保护绿植和发展基础设施二者中偏向前者，选择后者的只有 19%（Chang，2013）。这说明，人们已经从意识到绿化的存在，转变为对其好处的广泛认可。城市绿地成为公民心中需要珍惜和守护的国家象征。

新加坡的绿化有多么好呢？定量比较将有助于我们探讨这个问题。在比较绿化程度时，植被覆盖率是一个常见指标。植被覆盖率指某一地域植物垂直投影面积与该地域面积之比。所谓"植被"，既指树木、灌木丛以及一切形式的城市地面绿化，还包括公园、其他形式的开放绿地和路边绿化带；也指自然植被，例如原始林和次生林、沼泽地和红树林。虽然城市间人口密度各异，但有一定规律可循，即城市人口密度越大，植被覆盖率越低（图 1）。2011 年新加坡 40% 左右的植被覆盖率，在人口密度超过每平方公里 6000 人的城市中，显得异常反常。新加坡的航拍画面更为明显。尽管建筑密度大，这个城市也是绿地遍布，甚至高楼林立处也不乏绿色存在（图 2a，b）。

在各方争夺土地和其他资源时，新加坡仍能取得非凡的自然绿化成绩，其所要进行的规划之多，所要付出的努力之大，实在难以想象。其他城市在进行扩张时也经历了类似的资源竞争，但在新加坡这种城市国家，竞争会尤为激烈。要充分理解它所面对的挑战，必须回到 20 世纪 60 年代到 70 年代——新加坡国家建设的初期，了解当时的社会经济和社会政治环境。1959 年，新加坡脱离英国殖民统治，建立自治政府，其社会、经济和环境都面临着重重挑战（Tortajada et al.，2013；CLC and HDB，2013；Teo，1992）。积极绿化便始于这一时期。

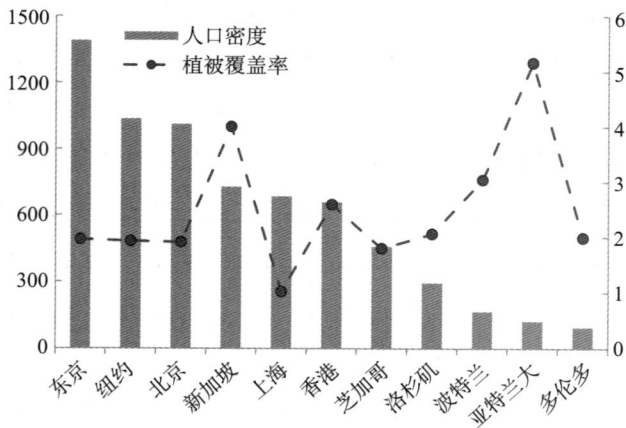

图 1 人口密度不同的城市之间的植被覆盖率比较。

图 2　新加坡高楼林立区域的航拍画面，可看到路边绿化带、公园、开放绿地和屋顶绿地等多种绿色景观。
来源：新加坡市区重建局

众所周知，新加坡这个年轻国家在那时面临严重的环境、经济和社会问题。其中就包括房屋严重短缺、生活环境恶劣的问题，面积仅占全国 16% 的市中心容纳了全国 60% 的人口（Neville，1969；Hassan，1969）。据称，当时东南亚最大的贫民窟就在新加坡（Yuen，1996）。农场和工厂向水道中乱排污染物，无人监管，其造成的环境污染也是一大忧患。直到 70 年代，新加坡河与加冷河仍被视为河流严重污染的典型（CLC and HDB，2013）。东陵、史蒂芬路等过去是英国的飞地，除了这些地方以外，新加坡的市中心和周边的城市区域大都缺少绿化（Ghani，2011）。面对这么多亟待解决的重大问题和它们所引发的资源竞争，新加坡仍然能达成今日的绿化水平，说明在过去的 50 年中，有一个目标明确的规划始终驱动着城市绿化的发展，一系列因素促成了它的成功。

这些因素是什么？既然新加坡的人口在未来的 20 到 30 年里还将大量增长，城市化和人口密度增加的双重压力将对现有的植被造成下行压力。这些植被包括过去 50 到 100 年里自森林空地中重生的剩余次生林。既要保护绿地，又要为社会经济的发展留出土地资源，新加坡要怎样兼顾两者呢？这一章节将探讨新加坡城市绿化的关键因素，过去的趋势和现今的情况，以及未来的发展。本章的第一部分将向大家呈现城市绿化项目能够取得成功的重要因素。如今正值新加坡步入下一个 50 年发展期，物理空间的限制将带来新兴挑战，政府、公民和社会的关系不断进化，民众对于绿地保护的参与也更加积极，越来越有自己的想法。我们需要用全新的眼光看待绿地空间的管理。本章的第二部分将会具体描述这些挑战，提供几种不同的解决方案。如何解决新兴挑战将决定"花园之都"未来 50 年的形象。

绿化是新加坡城市发展的基石

人们认为，世界上绝大多数经济体都经历了"先污染、再净化"的过程。一开始是欧洲国家和美国这类西方国家，到最近几十年，中国的经济飞速发展，与之相伴的却是环境的严重恶化（Azadi et al.，2011；Liu，2010）。亚洲的许多发展中国家也在经历类似的事情，只是程度不同。先是出现大量污染，再通过后续的环境整治和环境保护来改善污染现象，经济和社会发展到一定水平时，这一过程便不可避免（Azadi et al.，2011）。尽管有人称，新加坡从国家建设伊始就采取积极措施，免于采取"先发展、再净化"这种目光短浅的政策（CLC and NEA，2013），但上文中描述的环境问题表明，它也有类似经历——无序的城市发展，会造成污染的制造业、家庭手工业和农业大量出现，在这之前还有大面积的森林砍伐，使城市的生态系统发生巨变。直到新加坡开始系统地规划用地，尤其是 1971 年《概念规划》的出台带来了具体的环境规划和指导方针，兼顾经济增长和生态环境的系统性规划方案才真正成形。除了关注污染防控，重视环境绿化也写入了整体的城市发展规划。前任总理李光耀先生是这项绿化规划的主建筑师。他的愿景，他所扮演的角色，已多有论述；打造绿色新加坡的主要动力，以时间为序的大事件和里程碑，也都有细节描述。作者试图从新加坡绿化项目的关键事件、角色和动因中，发掘出一系列成功的关键因素。它们可被看作是新加坡历史上最成功的城市发展项目，为世人划出的学习重点，现描述如下。

自上而下的愿景和政治支持

引领改变，先有愿景。于新加坡而言，是李光耀令它走上了不同于其他第三世界国家的道路，因为在李光耀的眼中，新加坡必须要成为一座干净、绿色的城市。20 世纪 50 年代后期到 60 年代早期是新加坡快速开展工业化和城市化的阶段。在此期间，李光耀发现，"每种一棵树，就有十棵树因修造建筑被砍倒"。他坚信，城市绿化应当与经济和城市发展同时进行。虽然人们通常认为这个项目本质上是为了经济发展，但有证据表明，李光耀对于绿色新加坡的期待，也是源自早年的信念，那就是绿化对于环境质量至关重要。因此，他在说"独立后，我在寻求某种能带来巨大转变的方式，令我们同其他第三世界国家有所不同"（Lee，2011）和为了让新加坡在吸引投资时占据竞争优势而"建设干净、绿色的新加坡"时，也相信"种更多的树有助于积云，能保持城市湿度，营造舒适的居住环境"（引自 Neo et al.，2012）。对于李光耀来说，"如果你让城市绿起来，爬山虎种起来，它们就能吸取热量，城市就会变得不同。"（引自 Han et al.，1998）现今城市绿化和水文是为城市居民调节城市气候的基本方法，其背后的科学依据与李光耀后面这些话所表达的意思并无不同。然而要在李光耀说这些话的 30 到 40 年后，科学知识和实证检验才进步到可以为城市的设计规划提供科学指导的程度。不论动机如何，在那个没有其他例子可供学习的时期，建设干净、绿色新加坡这个想法的提出，必然是推动后续政策和项目的主要动力。在李光耀的言语中，新加坡的绿化被看作是"整体规划——而非细枝末节"的关键组成部分（Chuang，2009）。

个人兴趣和自上而下监测进展的重要性，绝不是轻描淡写。李光耀对于绿化和环境问题的个人兴趣，保证了政府部门和官员能严肃对待新加坡的环境转型（Han，2011）。这种个人兴趣直接转化为政治支持，打通了多种资源渠道以保障建设工作得以实施，其中尤以财政支持最为关键。据称，李光耀曾在 20世纪 70 年代下指示，令财政部大幅提升公园与游乐署的预算。公园与游乐署（PRD）正是负责执行绿化工作的政府机构。之前该部门在要求额外调拨预算时遇阻，预算提升后就没有此种忧虑了（Ghani，2011）。在城市化进程中，国家必须投资足够的资源到城市绿化上，李光耀在 1980 年的发言也反映了这一观点："公园与游乐署面临的挑战，就是在推土机、钢筋混凝土建筑和柏油路中，既高质量又具有原创性地维护动植物的生态平衡。头脑智慧、审美情趣和更多的资源都是成功的关键。"（引自 Lee，2011）的确，尽管 50 年来新加坡的人口大幅增长，在公园和绿化管理上的国家人均支出不但未曾减少，2010 年的数据还比 1970 年增加了 50 多倍（图 3a）。2010 年，此项支出为 3.96 亿美元，占政府年度总支出的 0.85%，比 2000 年的 0.4% 翻了一倍多（图 3b）。2010 年前后，政府决定继续新加坡海滨湾花园的建设。它需要空前的资金投入和经常性维护预算，是耗资最大的单一绿化项目，还有很大可能造成房地产发展项目的落空。这说明在新加坡已经成为花园之都的今天，也不曾停止对绿化的财政投入。若非绿化被看作城市发展的头等大事，它绝无可能，或绝不会轻易就在不论形势好坏都无休无止的预算竞争中占据一席之地。这是政府决策高层人员的命令，是受到政治支持的愿景。

法律体制和规划政策

对于新加坡这个面积有限的城市来说，除了财政资源，绿化的另一项关键资源就是土地了。在 20 世纪 60 年代到 90 年代早期这段时间，人们还未有高层绿化的意识，也缺乏相应的技术，因此，新加坡的绿化势必要涉及地面用地的竞争。在绿化用地和其他用地途径之间，必然要有所取舍。尤其是在后期，扩建基础设施、修造建筑已经令城市拥挤不堪，加剧了用地竞争的激烈程度，土地分配已基本变为零和博弈。在这种环境下，土地分配的法规、方针等法律体制和规划政策，显得至关重要。它们将权利赋予肩负绿化任务的官员，有了规划审批流程，绿化用地才能得到系统保障。在法律法规的指引下，相关机构

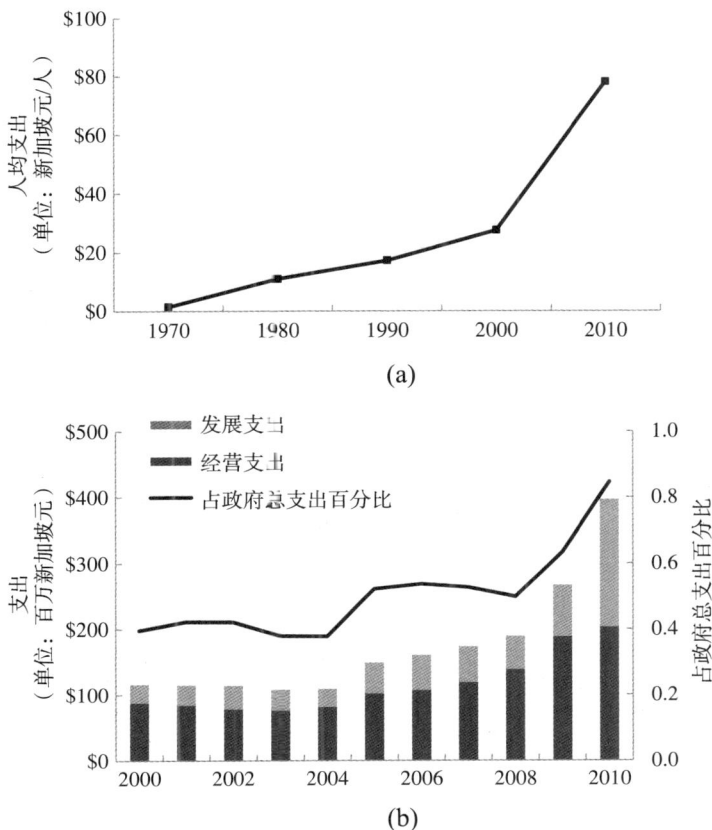

图3　（a）每十年的人均支出变化。
（b）用于公园和绿化管理的经营（包括人力）和发展支出。
支出数据来自新加坡财政部，人口数据来自新加坡国家统计局。

得以建立，绿化项目得以施行。（相关法令和关键条款已按时间顺序列于表1中。）

接下来作者会细讲几项个人认为十分重要的管理条款。首先便是"绿化缓冲区"政策（"green buffer" Policy），即新开发地靠近公共道路的一侧要预留出 3 ～ 5 米宽的区域用于种树。《公园与树木保护法》（Parks and Trees Act）中详述了这一政策，它确保了城市绿化不仅只依赖公共绿地，开发地本身也可为之做出贡献。除了绿化缓冲区，新开发地的其余边沿也要预留 2 米宽的区域用于种树。这不但增加了植被覆盖率，也保证了建筑物之间隔开足够距离。这两点，外加物理缓冲区（将原本的建筑界线从开发地边界退后一段距离），一同构成了开发地内的开放空间，避免了建筑环境过于拥挤。绿化缓冲区还有两个额外影响。第一，缓冲区内的种植空间实际形成了与道路绿化带平行的第二层绿地，

表1　新加坡绿化事务的相关法令和法律条文

法令及其他法律条文	通过年份	主要条款
《地方政府一体化条例》第五部分	1963	· 限制砍伐树围5英尺以上树木。 · 毗连、临接或靠近公共规划道路的用地，其土地占用者需留出用于种植树木和灌木丛的区域。
《树木及植物（保护与改善景观）法》	1970	· 限制砍伐树围5英尺以上的树木。 · 土地占用者需提升毗连公共道路的用地的舒适度
《公园与树木保护法》	1975	· 限制砍伐闲置地中树围1米以上的树木。 · 开发地需种植树木及其他植物并维护其生长。 · 开发地需提供无建筑物开放空间。 · 出台保护动植物及其他公园财产的公园管辖规定 · 设立树木及其他植物的种植、通风和护养标准，出台相关法规
《国家公园法令》	1990	· 指定新加坡植物园和福康宁公园为国家公园。 · 新加坡自然保护区和公用事业局属于本法令范围 · 为国家公园和自然保护区内的动物提供保护
《公园和树木保护法令》	1991	· 指定新加坡的两个区域作为树木保护区。 · 未经当局许可砍伐树围1米以上的树木是违法行为
《公园与树木保护法》	2005	· 修正1975年《公园与树木保护法》，新条款如下： · 指定受保护道路。 · 提高在国家公园、自然保护区和树木保护区犯法的最高罚款金额。 · 提升新加坡国家公园局的工作效率和表现

（a）

（b）

图 4 （a）遍布新加坡的典型道路绿化景观，包括路旁绿化带和中心绿化带，建筑与用地分界线间设有
缓冲区；（b）20 世纪 70 年代初开始采用的道路建设标准示意图。

令行人与驾驶员眼前的绿景又深一分。第二，物理缓冲区为树木提供了全面生
长的空间，在密集建筑群中，缺乏物理缓冲是树木无法达到最佳生长状态的主
要原因（Tan et al.，2013）。

　　第二项重要条款是在道路旁设置种植规划区域。到 20 世纪 70 年代中期，
它成为道路建设的标准要求。道路旁强制修建树木种植区域，因道路类型不同，
宽 2 ～ 4 米不等，主干道和高速公路也要修建中心绿化带。在 60 年代和 80 年

代，新加坡的高楼建筑拔地而起，道路绿化因这一条款得以被系统化地引入整座城市，与用地建设同步发展。直至今日，新加坡大约90%的道路都种有绿化带。有学者认为，这两项管理条款实际上提供了可在全岛推广的、统一的城市形态。人们很少意识到系统化道路绿化的重要性，但这种对道路网络的全面利用，对于今日新加坡的普遍绿化至关重要。因为道路绿化面积只占新加坡土地面积的3.7%，是一个相对较小的数值，但绝大多数人都会在日常生活中走过街道，可以说，它在营造绿色环境这方面卓有成效（Tan et al., 2013）。

第三条政策是新近出台的"新加坡景观置换政策"（Landscape Replacement Policy），由新加坡市区重建局颁布于2009年，属于《规划法令》中"打造翠绿都市和空中绿意（LUSH）"发展控制方针的一部分。根据政策要求，所有因开发地建设而失去的绿地，必须在该地其他区域得到重现，例如建筑间空地或建筑物屋顶等。最初这项政策仅在新加坡中区实行，但是自2014年6月起，已扩展到诸如裕廊商业区、加冷河畔、兀兰区域中心、榜鹅创意聚落、淡滨尼区域中心和巴耶利峇中心等区域中心和经济发展区，以及19个城镇中心的商业区和居民区。同"打造翠绿都市和空中绿意"方针的其他要求一起，这项政策自2009年起在已发展用地上增加了40公顷的绿化面积，不包括绿化缓冲区和边沿种植区。相对于新加坡总用地5年来的同期增长来说，这40公顷远非一个大数字，尽管如此，它代表着在发展不可阻挡时，最好的，或者是唯一可行的绿地补偿方法。随着时间的推移，这项政策会成为保证绿化面积跟得上玻璃、钢筋、混凝土建筑数量增加的关键因素。

特别设立的机构

如果打个比方，将"新加坡成为花园城市"看作目的地，那么法律体制和政策支持就是为旅程提供便利的"交通工具"，而特别设立的机构就是驾驶交通工具、控制行驶方向的司机。这些机构是新加坡绿化能取得成功的第三个主要因素，"特别设立的"不只是专门负责绿化政策施行的机构，也包括致力于绿化事业的、有能力的工作人员。从1960年到1996年，负责实行国家绿化政策的关键机构共发生了8次组织变革（表2），比同期任何一个国家机构都多，说明该项目受到来自高层的积极监控。一旦项目的轻重缓急形势有变和复杂化，就会发生相应的组织变革，增进行政深度，促进资源到位，提升组织效率。例如，1967 年公园和树木行动小组成立，一年后，它与公园与游乐署中的公园司合并，因为绿化工作需要协调规划。在此之前，这项工作是由道路署、公园司和建屋发展局共同承担的。（Neo，et al.，2012）1976 年，公园与游乐司升级为公园与游乐署，隶属于新加坡国家发展部，这意味着在绿化新加坡的早期旅程中，特别设立的机构比过去有了更大的影响力，能在整体的国家和城市建设方案中进一步推广绿化政策和项目。这一协调管理的方法近期也得到了中国香港政府的认可，2010 年 3 月，香港在发展署下设立了绿化、景观和树木管理部门，作为政府绿化、景观规划和设计工作的协调中心，促进绿化工作中不同机构的协同合作（HKSAR，2014）。

表2　20世纪60年代以来负责新加坡绿化的重要机构。需注意，绿地规划包括与其他部门进行协调工作，例如市区改建部（现市区重建局）和初级产品署（现新加坡农粮及兽医局）。消息摘自Neo，et al.（2012）和Worg，et al.（2014）。

机构名称	年份
公园与游乐署成立，隶属劳工部	1960
公园与游乐署改归社会事务部管理	1963
公园和树木行动小组成立，隶属国家发展部公共工程局	1967
隶属于社会事务部的公园与游乐署中的公司迁移至国家发展部公共工程局，并与公园和树木行动小组合并为公园和树木署。	1968
公园和树木行动小组与新加坡植物园合并　成为国家发展部下设的公园与游乐司	1973
公园与游乐司升级为公园与游乐署，仍隶属国家发展部	1976
国家公园局成立，隶属国家发展部	1990
公园与游乐署与国家公园局合并	1996

　　新加坡特别设立公园与游乐署来发展绿化，可以确保资源稳定供应，能招募到森林学和园艺学的专业人员，也能建立专为土壤学、植物营养学、植物病理学和植物生理学而设的研究中心，带来了诸多重要的积极成果（Neo et al.，2012）。这也意味着，支撑绿化工作的技术优势可以随时间累积起来，作为典范和知识存续在某一个单独组织中。假以时日，必将汇集为丰富的专业经验。的确，要有优秀的工作人员，才能打造同等优秀的组织。早在 20 世纪 70 年代，海外留学培训就已政策到位了（Wong，2014）。在绿化快速发展的早期就专注于发展技术优势，也是后来项目取得成功的一个重要因素。人员的培训和发展，

以及技术优势，在今天仍是优秀组织的基础。公园与游乐署以及国家公园局提供的高等教育奖学金致力于提升技术能力，促成组织新战略，几代工作人员都从中获益。其中有很多都在组织中担任领导职位。他们的贡献，以及前人的努力，也是早期政策对组织和人力投入的直接体现。

新兴的挑战

城市绿地随时间不断变化。分别有人记录了 286 座中国城市（Zhao et al.，2013）和 386 座欧洲城市（Fuller and Gaston，2009）的绿地每隔十年的变化，结果表明，城市绿地会因为城市的规模、拥挤程度，以及城市化和人口的变动而发生复杂变化。新加坡的绿地很难一直维持原样。通过联系环境、社会和经济因素，人们可以研究绿地的变化规律，从而更好地预测未来的发展趋势，决定要采取何种干预措施。这就是新加坡国立大学目前的研究项目主题。从我们的一些研究中可以明显看到，新加坡近期的绿地变化会为它带来新兴的挑战。下面我将就这个问题简单谈一谈。

应对人口增长和城市化带来的压力

对于世界各地的城市来说，人口增长和城市化都是影响用地变化的两个重要因素。新加坡也没能幸免。这些年，人口增长和城市化进程加快对新加坡的绿地施加了明显的压力。2007 年到 2011 年，植被覆盖率从 47%（Yoshida，2012）骤降到 40%（Auger，2013）。假设这一变化发生于这 5 年间，那么平均每年都有面积达 1，000 公顷的植被消失，对于新加坡这座小城市来讲，是十分骇人的损失。同期内人口增长了 16%，达到 724,000 人，人口密度增加了 14%。因此，尽管过去有无数官方报道新加坡在 1986 年到 2007 年人口增长 100 万，植被覆盖率不降反升，但是很显然，植被覆盖率不仅会变化，也会受到巨大改变带来的冲击。问题的关键在于，既然新加坡的人口和人口密度会持续增长，而该增长通常会导致植被覆盖率的降低（图 1），那么未来 10 ~ 20 年新加坡的变化轨迹将会是怎样的？道路拓宽及其他用地开发和重建使得城市空间竞争加剧，成树数量自 2003 年来持续减少，我们需要做大量工作，也需要花费一定时间，才能扭转这一趋势（Tan et al.，2013）。此外，人口增长也

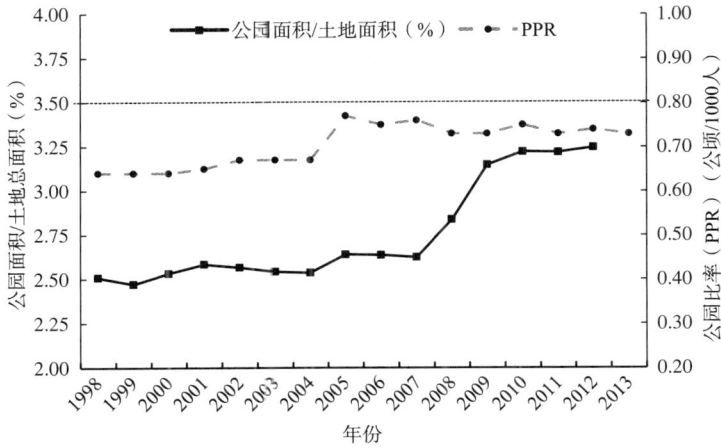

图 5　新加坡公园占地百分比和公园比率的变化。虚线代表"0.8 公顷每千人"这一规划参数。公园面积和公园比率的数据来自新加坡国家公园局和新加坡财政部。

影响着公园比率（PPR），即每千人享有的公园面积（以公顷为单位）。公园比率是国家用地规划的规划参数之一。1971 年到 1977 年，该比率从 0.13 公顷每千人上升到 0.36 公顷每千人。1989 年发布的《概念规划回顾》（Concept Plan Review）中提到，公园比率需达到 0.8 公顷每千人（Wong，2014）。然而，过去 15 年里，尽管公园面积和公园占地百分比都有所增长，新加坡显然没能完成预期的公园比率目标（图 5）。这明显是人口增长快于公园面积增加的结果。

在新加坡这片面积有限的土地上，人口增长和城市化的后果，环境和休闲所需的绿地面临的挑战，都需要更深入的理解。绿化和开放绿地是新加坡城市宜居性和国家形象的关键所在，它需要做出抉择，在用地竞争中如何取舍。要专注于建筑环境设计的创新，例如，模糊公众和公共环境的界线，设计多功能型区域，应该有可能减轻空间竞争的后果。对于后者，推广建筑与绿化的结合即是一例，打造新加坡的"空中绿化"，在过去十年多的时间里就已见成效，重要的是想出办法保持这一势头。

应对棘手问题

不仅绿地面积的变化引人担忧，现在，绿地构成的变化也成为争议话题。有人对 2007 年到 2011 年间消失的绿地进行了仔细调查，发现其中一大部分都是由于砍伐新生次生林和灌木丛林导致的，面积大小不等（该数据未公开）。

实际上，新加坡的绿地类型在逐渐发生转变，最终将以人工绿地为主导，包括公园、屋顶花园、道路绿化、开发地内部绿地等。与此同时，自然植被越来越少，这主要是源于新老次生林的砍伐。这些树林许多都是在过去 50 ~ 100 年内从荒废的农耕地和清空的原始林中重生的，并且随时间推移逐渐具备了重要生态、生物物理和社会价值。失去它们会造成怎样的后果还在研究中，但可以肯定地说，我们不应当忽视它们。尽管一些著名地点，例如武吉布朗坟地和比达达利坟地，已经因它们在文化遗产和生物多样性方面的价值而赢得了政府和市民的关注，但岛上还有无数小地块悄然无声地，却永久地从新加坡的景观中消失了，无法逆转。

从社会活动的角度讲，这些景观变化也为塑造市民和政府在环境问题上的参与性质带来了机会。过去 5 年，公众已经就砍伐林地或次生林多次提交请愿书，请求政府重新考虑重建规划，但大多都没能如愿。"绿色请愿书"（green petitions）在过去 3 ~ 5 年的增加固然代表着新加坡公民意识的提升，但没有任何一丝迹象表明社会达成了一致观点或有了主导意见（Chua，2012）。例如，有的组织认为，具有丰富生物多样性的墓地应当为活人的生活让路，而其他组织却认为有必要保护墓地的生物多样性和文化遗产价值，他们的观点同样强硬（Goh，2014a；Chew，2014）。在环境保护者内部，就何种次生林值得保护这一问题也可能产生分歧（Wee，2013；Ho，2013）。要在此说明的是，森林砍伐引发的社会生态问题符合"棘手问题"的特征，也应当采取相应的管理措施。"棘手问题"通常没有确定状态，顽固难缠，而且会导致不可逆转的后果（Xiang，2013）。自 20 世纪 70 年代定名以来，一直被看作是社会生态系统内普遍存在的现象。新加坡过去和现今的绿地消失问题，就符合它的一些特点。例如，修建于 80 年代中期的武吉知马高速公路将两片森林保护区域分隔开来，造成了不可逆转的后果，不仅对于森林生态是如此，据说国家与市民社会的关系也因此重大事件而深受困扰，弥漫着不信任和敌对情绪（Goh，2014b；Lim，2013）。对于国家行动合法性的质疑（Yeo，2014），加上诉讼威胁（Chua，2013a），都令治理更加复杂化，也将加深现有隔阂。"棘手问题"不会消失，因为它会以另一种形式再次出现。两片森林被迫分离近 30 年后，新加坡陆路交通管理局于 2013 年提出了一项新议案（Chua，2013b），在中央集水地带自然保护区挖掘一条精巧的地道，重新将两地相连，这对于生物十分重要。由此可以看出，这个问题没有永无后患的解决之法。

有人指出（Xiang，2013），应对棘手问题本质上还是社会的事，依靠单一的科学门类无法解决它们。如今，仅由技术专家来指出这类次生林的好处，点明它们缺乏保护的现状，已经不够了。选择不保护这类次生林的常见理由（Chua，2013a）就是它们缺乏生物多样性，其实这个理由不够充分，因为它忽视了次生林的潜力，忽视了它一旦接受生态修复干预，森林演替的进程就会加快，生物多样性也会有增加的可能性，忽视了能够突破现有建筑规范的设计创新，忽视了公众在社会和文化遗产层面对这类地区的恋恋不舍，最重要的是，社会群体只有亲自参与到环境类型相关的决策中来，才能真正接纳他们的生存空间，与之紧密相依。此类林地和次生林会越来越少，面对这一迫在眉睫的问题，2014 设计总蓝图急需在它们从新加坡这片土地上永远消失前，提出应对森林砍伐的新方法。

结　语

许多快速城市化的城市都难免走上一条毁灭性的城市景观发展道路，但是远见卓识、政治支持、相关法律和机构使得新加坡幸免于难。人们愈加意识到城市绿化好处多多，因此城市绿化也成为许多城市可持续发展战略规划中的关键部分，然而，在高楼林立的空间内营造绿色环境，仍要面对重重困难（Tan et al.，2013）。过去 50 年来，新加坡对于绿化问题的关注，为其赢得了巨大优势，可以在这种成就的基础上，继续探索城市绿化和生态的新领域，特别是迅速发展的都市生态学领域（Tan and Hamid，2014；McDonnell et al.，2009；Pickett et al.，2011）。但是，我们也应对新加坡面临的新兴挑战有所认知，它们兼具环境和社会两种性质。人口快速增长和城市化进程对于绿地面积施加的下行压力，在过去 5 ~ 7 年变得愈加明显。绿地构成的转变，尤其是发展中林地和次生林的消失，也呈现出棘手问题的性质，我们要以相应的方法应对。关键是要采取全新的思维模式和方法，特别是在社会上实行参与性邻里规划。要将绿地和环境看作一个整体，发挥其潜力，营造邻里认同感，建立联系和网络，这些对于一个即将踏入下一个 50 年发展的年轻国家来说，至关重要。

致　谢

感谢 R. Samsudin 提供图 4（b）的图表。

参考书目

Auger, T., Living in a Garden — The Greening of Singapore. 2013, Singapore: Editions Didier Miller. 200.

Azadi, H., G. Verheijke, and F. Witlox, *Pollute first, clean up later?* Global and Planetary Change, 2011. 78(3–4): p. 77–82.

Beatley, T. *Singapore — City in a Garden, in Biophilic Cities 4 June*. 2012. Retrieved 13 October 2014 from: http://biophiliccities.org/blog-singapore/.

Chang, R., *Majority of Singaporeans want slower pace of life, in The Straits Times 26 August*. 2013, Singapore Press Holdings: Singapore.

Chew, K.C., *Preventing a grave error: to save Bukit Brown from" an irreversible act of destruction", a political leader should step in before it is too late, writes Chew Kheng Chuan (Perspectives), in The Business Times 22 February*. 2014, Singapore Press Holdings: Singapore.

Chua, G., *Green petitions a sign of growing civic consciousness, in The Straits Times 30 August*. 2012, Singapore Press Holdings: Singapore.

Chua, G. *Fight to save forest patch hots up; Pasir Ris Heights group protests against plans to build school, in The Straits Times 9 January*. 2013a, Singapore Press Holdings: Singapore.

Chua, G., *Nature Society suggests different route for MRT line; Cross Island Line works put nature reserve 'at risk', in The Straits Times 19 July*. 2013b, Singapore Press Holdings: Singapore.

Chuang, P.M., *Make S'pore stand out with greenery: MM Lee; Show Investors that it's a wellorganized place, he says, in The Straits Times 7 May*. 2009, Singapore Press Holdings: Singapore.

Chun, J., *Enhancing the garden city: towards a deeper shade of green*. Singapore Academy of Law Journal, 2006. 18: p. 248–263.

CLC (Centre for Liveable Cities) and HDB (Housing & Development Board), *Housing Singapore — Turning Squatters into Stakeholders*. Singapore Urban Systems Studies Booklet Series. 2013, Singapore: Cengage Learning Asia Pte Ltd. 48.

CLC (Centre for Liveable Cities) and NEA (National Environment Agency), *Sustainable Environment — Balancing Growth with the Environment*. Singapore Urban Systems Studies Booklet Series. 2013, Singapore: Cengage Learning Asia Pte Ltd. 66.

DOS, *Population Trends 2012. 2012*, Department of Statistics, Ministry of Trade & Industry, Republic of Singapore: Singapore.

Fuller, R.A. and K.J. Gaston, *The scaling of green space coverage in European cities*. Biology Letters, 2009. 5: p. 352–355.

Ghani, A., *Success matters: Keeping Singapore Green,* in *IPS Update*. 2011, Institute of Policy Studies: Singapore.

Goh, A., *Keeping Bukit Brown cemetery not a wise choice (Editorial and Opinion)*, in *The Business Times 25 February. 2014a*, Singapore Press Holdings: Singapore.

Goh, H.Y., *The Nature Society, endangered species and conservation in Singapore,* in *Nature Contained. Environmental Histories of Singapore*, T.P. Barnard, Editor. 2014b, NUS Press Singapore: Singapore. p. 245–275.

Han, F.K., *et al., Singapore Greening,* in *Lee Kuan Yew: Hard Truths to Keep Singapore Going*. 2011, Straits Times Press: Singapore. p. 334–356.

Han, F.K., W. Fernandez, and S. Tan, *Lee Kuan Yew — The Man and His Ideas*. 1998, Singapore: Times Edition.

Hassan, R., *Population change and urbanization in Singapore*. Civilizations, 1969. 19(2): p. 169–188.

HKSAR. *Greening Hong Kong in GovHK 香港政府一站通* n.d., accessed 24 October 2014; Available from: http://www.gov.hk/en/residents/environment/sustainable/greening. htm.

Ho, H.C., *Accomodate natural greenery, don't remove it (Forum Letters),* in *The Straits Times 17 May*. 2013, Singapore Press Holdings: Singapore.

Hui, T.K. and T.W.D. Wan, *Singapore's image as a tourist destination*. International Journal of Tourism Research, 2003. 5: p. 305–313.

Kingsbury, N., *Singapore — the Garden City State,* in *Gardening Gone Wild*. 2012. Retrieved 13 October 2014 from http://gardeninggonewild.com/?p=16217.

Koh, K.L., *Singapore: fashioning landscape for" The Garden City",* in *Landscape conservation law: present trends and perspectives in International and Comparative Law*. 2000, IUCN Commission on Environmental Law: Gland, Switzerland and Cambridge, UK. p. 102.

Koh, K.L., *Singapore: from Garden City to City in a Garden — an aspect of sustainable development?* Bayan The Environment: Policy and Practices, 2007. 5.

Koh, K.L., *The Garden City and beyond: The legal framework,* in *Environment and the City. Sharing Singapore's Experience and Future Challenges*, G.L. Ooi, Editor. 1995, Times Academic Press: Singapore. p. 148–170.

Lee, S.H., *Singapore's chief gardener,* in *The Straits Times 29 May*. 2011, Singapore Press Holdings: Singapore.

Lim, L., *The way forward for State and civil society; Govt should adopt a ligher touch if groups avoid confrontation and operate within law's framework,* in *The Straits Times 7 September*. 2013, Singapore Press Holding: Singapore.

Lin, L.H., *Land use planning, environmental management, and the Garden City as an urban development approach in Singapore,* in *Land Use Law for Sustainable Development*, N.J. Chalifour, *et al.*, Editors. 2007, Cambridge University Press: New York. p. 374–396.

Liu, J., *China's Road to Sustainability*. Science (New York, N.Y.), 2010. 328(5974): p. 50.

McDonnell, M.J., A.K. Hars, and J.H. Breuste, *Ecology of Cities and Towns*. 2009, New York: Cambridge University Press.

MOF, *Singapore Budget 2010*. 2010, Ministry of Finance: Singapore.

MOF, *Singapore Budget*. Multiple years, Ministry of Finance: Singapore.

Neo, B.S., J. Gwee, and C. Mak. *Growing a City in a Garden,* in *Case Studies in Public Governance: Building Institutions in Singapore,* J. Gwee, Editor. 2012, Routledge: Oxon. p. 11–64.

Neville, W., *The distribution of population in post-war period,* in *Modern Singapore,* J.-B. Ooi and H.D. Chiang, Editors. 1969, University of Singapore: Singapore. p. 52–68.

Nowak, D.J. and E.J. Greenfield, *Tree and impervious cover change in U.S. cities.* Urban Forestry and Urban Greening, 2012. 11(1): p. 21–30.

NParks, *National Parks Board Annual Report.* Multiple years, National Parks Board: Singapore.

NParks, *Personal communication with National Parks Board officer.* 2012.

Pickett, S.T.A., *et al., Urban ecological systems: Scientific foundations and a decade of progress.* Journal of Environmental Management, 2011. 92(3): p. 331–362.

Tan, P.Y. and A.R.B. Abdul Hamid, *Urban ecological research in Singapore and its relevance to the advancement of urban ecology and sustainability.* Landscape and Urban Planning, 2014. 125: p. 271–289.

Tan, P.Y., J. Wang, and A. Sia, *Perspectives on five decades of the urban greening of Singapore.* Cities, 2013. 32: p. 24–32.

Tan, P.Y., *Singapore A Vertical Garden City.* 2013, Singapore: Straits Times Press.

Teo, E.S., *Planning Principles in Pre- and Post-Independence Singapore.* The Town Planning Review, 1992. 63(2): p. 163–185.

Tortajada, C., Y. Joshi, and A.K. Biswas, *The Singapore Water Story — Sustainable Development in an Urban City-State.* 2013, Oxon: Routledge. 286.

URA, *Media Release 12 June 2014. LUSH 2.0 — Extending the greenery journey skywards.* 2014, Urban Redevelopment Authority: Singapore.

URA, *URA Lifestyle Survey 2010.* Retrieved 31 May 2012 from http://spring.ura.gov. sg/ conceptplan2011/results/ Report%20-%20Lifestyle%20Survey%20and%20 Online%20 Survey.pdf.

Wee, Y.C., *Wild growth alone won't make S'pore a global eco-city (Forum Letters),* in *The Straits Times 8 May.* 2013, Singapore Press Holdings: Singapore.

Wong, Y.K. *et al., Garden City Singapore — The Legacy of Lee Kuan Yew*. 2014, Singapore: Suntree Media Pte Ltd.

Wong, Y.K. *An early vision. Building infrastructure alongside the greenery, in Garden City Singapore — the Legacy of Lee Kuan Yew. Wong, Y.K. et al.*, 2014, Suntree Media Pte Ltd: Singapore. p. 34–44.

Xiang, W.-N., *Working with wicked problems in socio-ecological systems: Awareness, acceptance, and adaptation*. Landscape and Urban Planning, 2013. 110(0): p. 1–4.

Yeo, S.J., *Bukit Brown group questions legality of land use masterplan,* in *The Straits Times 5 July*. 2014, Singapore Press Holdings: Singapore.

Yoshida, N., *a+u Architecture and Urbanism Special Edition — Singapore, Capital City for Vertical Green*. 2012, A+U Publishing: Tokyo, Singapore.

Yuen, B., *Creating the Garden City: the Singapore experience*. Urban Studies, 1996. 33(6): p. 955–970.

Zhao, J., *et al., Temporal trend of green space coverage in China and its relationship with urbanization over the last two decades*. Science of The Total Environment, 2013. 442(0): p. 455–465.

第 11 章

城市规划和旅游业 50 年

李张秀红

在 20 世纪六七十年代，建造配备现代卫生系统的高层公寓供人们居住是新加坡的主要关注点。到了 80 年代，新加坡的公寓、办公室以及购物中心已经供大于求了。关注点就此转向了旅游业，它成为现代新加坡城市规划的重要焦点和伙伴。

20 世纪 80 年代：焦点转向旅游业

变革之风终于到来 [1]

20 世纪 80 年代伊始，一切都已准备就绪，只静待当地景观发生巨变。新酒店都在 70 年代修建完成了，新加坡希尔顿酒店、香格里拉酒店、文华大酒店已经开门迎客，文华东方酒店、滨华大酒店和泛太平洋大酒店也紧随其后。但是，新加坡除了一些老旧的景点外，没有新的旅游胜地。新加坡旅游局（STB）于 1976 年建立的手工艺品中心，于 1977 年建立的新加坡美食中心和一站式亚洲文化表演中心是仅有的新景点。政府对于旅游景点的投资比不上私营部门对于酒店的投资。在 70 年代，我们很喜欢"一站式亚洲"这个概念。我们向游客承诺，他们在这一座城市便可以体验整个亚洲文化。我们也期待着行动和改变立刻到来。在 1984

1　缩进排版文字摘自李张秀红的《Singapore，Tourism & Me》。

年初，新加坡发现还有一大批酒店处于待建状态，酒店房间将会严重供大于求，这引发了连锁效应。首先做出反应的是酒店的总经理们，大多是外国人，他们发现一场游客和市场份额的争夺战已经拉开帷幕。然后，酒店的所有者，大多是当地开发商，发现银行贷款越积越多，然而酒店房价却逐渐下降。终于，银行家们也意识到，要应对这整个产业的问题，只能由政府提供解决方案。历史上第一次，新加坡旅游局的研究部门接到了来自银行的电话，要求他们对酒店和游客数量做出预测。新加坡是一个小地方，因此没过多久，恐慌之声就从市场传到了政府的耳朵里。在那一刻，关注点转向了旅游业，由政府的最高权力层介入，来解决旅游产业的问题。

"新加坡政府非常关注本国经济增速放缓的问题，故而正在为刺激经济，尤其是建筑业的发展，寻求各种方法和举措。旅游设施和旅游景点被列为主要的欠发达领域，前所未有的高度支持即将到来。新加坡政府将会投入数十亿美元开发旅游业相关产区，鼓励该领域的建设和经济增长。这一市场大环境变得愈加明确。工作日益减少的大型建筑公司和建筑师，将会寻求商业机遇。"

（资料来源：摘自作者 1985 年 10 月 26 日的演讲 "Ist Update Seminar or Development Projects to Government Officials"。）

播下旅游业发展的种子

新加坡旅游局改变关注点，承担起产品开发的角色，这是一个重大转折点。到了 20 世纪 80 年代，新加坡的魅力的确已经减退。因此，新加坡的旅游业发生了巨大变化。在 60 年代和 70 年代，将新加坡推广到海外是重点，但 80 年代我们突然将目光转向了新加坡国内。

"同其他发展中国家一样，我们也眼睁睁看着老城的魅力一点点消减直至消失。推土机铲走的，不仅是一排又一排的店屋，更是赋予新加坡魅力、令游览经历变得独一无二的那些特定元素。近些年，人们常说这座城市没有灵魂：它现代、高效、卫生，却缺少优雅、精致和魅力。"

（资料来源：摘自作者于 1987 年 4 月 25 ~ 29 日的 "Presentation to UK Parliamentarians"。）

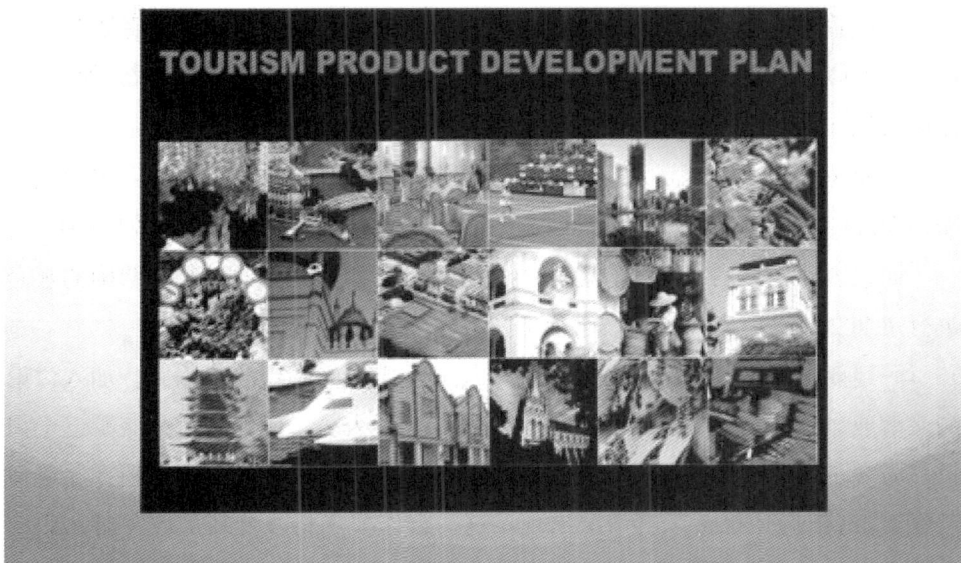

图 1　《新加坡旅游产品开发规划（1986 ~ 1990）》是新加坡旅游促进局（现新加坡旅游局）发布的第一个旅游业发展设计总蓝图。规划将投资 10 亿美元，用于保护和复兴选定的历史古迹，开发新景点等。

先打理好自家的后院

新加坡旅游局不再局限于发展手工艺品中心、新加坡美食中心和一站式亚洲文化表演中心这类景点，而是将目光投向了之前从未入眼的区域，牛车水（中国城）的灯光节、小印度和甘榜格南出现了。1984 年，我们在乌节路旁点起了节日灯光，并称之为"赤道上的圣诞节"。

旅游业和城市规划的重要合作伙伴关系

旅游业和城市规划的重要合作伙伴关系是在危机之中建立的，那时新加坡的经济增速放缓，旅游魅力也日益消减。旅游业人士很高兴地看到，自己终于能与城市规划人员同处一桌了。而或许城市规划人员也觉得旅游业的加入新鲜而富有创造性，是一个大胆却现实的决定。

实际上，我们在那时已经意识到，游客在一座城市的体验是好是坏，不仅取决于城市规划人员做出的大决策，也与他们的小决定息息相关。尽管身处旅游业的我们可能用不对城市规划的专业术语，但却能告诉你旅游业怎样才会发展，外国游客喜欢什么，不喜欢什么。因此可以说，规划人员画下的每一条线，他如何设置地积率、物理缓冲区，怎样营造人性化环境，都对于游客游览新加坡的最终体验有重大影响。同时，它们会对当地人造成更大的影响，因为他们"要在城市规划人员设计和修建的土地上生活一辈子"。

在旅游业和城市规划人员之间建立合作伙伴关系是尤为重要的。规划人员需要海外游客来体验他们的设计，旅游业需要规划人员提供产业所需的一切。

而正因我们生活在一个日新月异的世界，双方都需要通过某个明确的媒介进行定期交流，以确保新加坡永远走在世界潮流的前列。

一定要避免那些看上去很美，但只能是空中楼阁的想法。因此，加入讨论的旅游业成员，更确切地讲应当是在一线工作的人员，例如导游、旅游巴士司机和游客本人。先期讨论和开放性的定期交流渠道有助于确保双赢模式，避免"我们没有把握住机会"的情况出现。这一合作模式将改变新加坡在游客眼中的城市形象，当然，对于当地人民或者本国游客来说也是如此。

在不同游客眼中，新加坡也形象各异

区域游客：海外游客选择新加坡的原因各不相同。换句话讲，在不同游客眼中，新加坡也形象各异。对于来自东南亚邻国的游客来说，来到新加坡就是到了"大城市"，这里有最新潮的时尚、昂贵的餐厅和世界级的文化和体育活动。这与伦敦、纽约和巴黎对于其周边地区的吸引力十分相似。

对于寻求大城市体验的区域游客，乌节路就是理想的旅游地点，它有大型酒店和购物中心，但没有大到让人敬而远之的程度，也有走路即可抵达的私人医院。此外，游客只需走一小段路就能把最新的名牌手包和首饰买回家。用城市规划的术语讲，乌节路是一个游客所需设施的集成地，能够近距离满足游客需求。

有文化修养的欧洲游客：旅游经历丰富的欧洲游客，在本国就能买到最新的名牌产品，所以，他们是来新加坡体验多种文化的。举例而言，牛车水、小印度、甘榜格南、我们的殖民中心和博物馆，都体现了不同的文化。法国和意大利游客喜欢在历史街区中的老店屋里逗留。英国游客喜欢待在有历史的大酒店里，例如莱弗士酒店和良木园大酒店。（这些酒店恰好也是最受欢迎的婚礼会场。新加坡的年轻人喜欢在古雅环境中让这一人生的特别时刻永久定格。）

大多数游客：许多人都说新加坡对于乱扔垃圾、随地吐痰和吸烟的罚款额高得吓人。绝大多数人都夸赞新加坡小巧而紧凑，生活十分方便。几乎所有人都喜爱这里的食物。所有人都爱上了我们绿色、整洁、安全的城市环境，绿色建筑、墙上垂悬的绿植和屋顶绿地，将机械和电气设备、必要的屋后设施都掩藏了起来，人工造就了一片片宜人绿荫。从城市规划的角度讲，所有游客都为新加坡的大胆举措而折服，它力图成为井然有序的现代城市，并获得了成功。

首次出行的游客团体：这些团体人数很多，可能是第一次出国旅行，慕名而来，想看一看新加坡是否真的是亚洲奇迹。对于其中很多人来说，他们此生也就只来这一次。在 20 世纪 70 年代，无数日本人跟新加坡的英国殖民地建筑拍合影。那时候，新加坡旅游局所用的宣传照是新加坡政府大厦大草场的景象，几位年轻的日本白领女性提着装满名牌产品的购物袋。去莱弗士酒店喝茶是必不可少的。为了表示我们对日本游客的欢迎，新加坡的标识语也用了日语。

紧接着，新加坡游在韩国短暂风靡，现在又变成了中国。

中国游客数量庞大，并且自成一体。简单来说，当地导游接待中国旅行团几乎毫无收益，他只能通过收取游客购物回扣来平衡支出。因此，中国游客都会被带往"免费"的旅游景点，例如花柏山和新加坡植物园。游览圣淘沙和滨海湾也包含在行程中。据了解这一市场的人说，"尽管购物是重点，中国游客在离开新加坡时都十分满意这趟旅程"。这样一来新加坡旅游业的要求就很好理解了，即在所有免费旅游景点和一切能购物的地方，修建更多合适的停车区域。

追赶新潮的游客：有的游客属于世界公民，他们不来自某个特定的国家或地区，轻装出行，在短时间内体验一切想体验的东西，然后立刻离开。他们希望这里有快速的无线网络连接，快餐，价格实惠的酒店房间，能靠近购物或商业区就更好了。"保卫绿色世界"是他们所期待的政策。用城市规划的语言来说，这一团体能够忍受面积小的酒店房间，而且有趣的是，即使酒店大堂不设在一楼也无所谓。

其他游客：无数游客造访新加坡是因为我们是航空枢纽。也有人只是为了来看看新加坡到底是不是人们口口相传的现代奇迹。

游客们大体而言：他们喜欢新加坡的小巧紧凑。遗憾的是，多数人都感觉在新加坡热得不舒服，气候过于潮湿了，某个地方会突然价位变高，买酒的时候尤其如此。

既然不同的游客为不同的原因而来，人们会好奇，城市规划人员在起草区域划分，人口密度，地积率和土地用途时，是怎样对游客旅行质量产生正面或负面影响的。

新加坡的城市规划历史和变革之风

新加坡继承了丰厚遗产

直至今日，新加坡的居民和来访游客仍受益于英国留下的遗产——精妙的城镇规划、美丽的殖民建筑、运转良好的系统以及英语这门语言。在马来西亚的槟城或远至西印度群岛的其他英国殖民城市，你都会发现相同的印记。新加坡政府大厦大草场有一片开阔绿地，或者说"公共区域"，它被老男孩俱乐部、市政厅、其他政府建筑和教堂包围在中间。附近有海港，也有滨海广场或滨海公园供人们休闲散步。到今日，新加坡政府大厦大草场仍是一片繁荣景象。尽管日本在1942年到1945年占领了新加坡，殖民建筑得以保持了原样。新加坡取得独立，也没有对这些明显的英国殖民痕迹做出任何改动。最大的威胁还是来自"万能的"汽车，但是其数量的增长得到了有效控制，车流也被引向大桥，从而保护了新加坡政府大厦大草场的景观。[2]

50年开拓岁月——这就是我们的成果

樟宜机场是游客来到新加坡的第一站，也是最后一站。樟宜机场的高效、舒适、流动性和速度都会给游客们留下深刻印象。他们喜欢这里优秀的购物体验，免费的行李手推车，干净的洗手间，以及其他各种各样的设施，甚至还有

2　*缩进排版文字摘自李张秀红的《Singapore，Tourism & Me》。*

免费的城市游览服务。

　　尽管樟宜机场的评价是高效便捷，旅游业人士还是担心，一旦机场扩建得过大，它就会失去魅力。他们担心老年人和带孩子的游客无法应对机场内部的长距离步行。因此，他们提出了在未来机场设置内部交通系统的创新想法。

　　游客一离开樟宜机场，就能体验到连接樟宜和新加坡其余地区的笔直、平坦的道路。东海岸公园路这条公路是合理规划的成果。更确切地说，是我们的规划人员特意设计了一条长而笔直，平坦而连续的道路。此外，他们还确保我们可以享受绿地与海景。我们应当心怀感激，这座建筑密集的小城，不像世界上其他拥挤的大城市那样，让如同意大利面般缠绕在一起的公路，或是层层并叠的公路，把天际线给毁掉了。

　　因此，为了给游客留下好印象，我们一直鼓励游客通过东海岸公园路，而非泛岛高速公路前往新加坡的各个地方。尽管这样行驶里程会变长，但这条路会带你即刻体验新加坡的盛景。当我们向游客解释这条路是修建于填海造陆土地上时，他们惊异的目光会变为对新加坡远见卓识的深深钦佩。

　　15 分钟后，有一个惊喜等待着来访游客。景观将发生巨变，不再只有绿色，目光可及之处，会出现新加坡河以及河边的一系列殖民政府建筑和小店屋。之后，现代新加坡的城市轮廓线，亚洲广场和海洋金融中心等高耸的建筑，将展现全貌。旁边有一大片填海造陆区域，留待岛城未来的发展建设。在远处是新加坡的旅游地标——鱼尾狮，著名的深水海港，也是 24 小时运行货柜的港口。

　　再靠近一些的话，就能体会到新加坡对文化遗产的妥善保护。换句话说，老克里夫码头、水船楼、浮尔顿酒店（过去的新加坡邮政总局所在地），莱佛士坊和直落亚逸集市都尽在眼前了。这些地标性建筑确确实实修建于新加坡的殖民时期，它们被悄无声息地保留了下来，系统而合理地进行了再改造，投入新用。之所以用"悄无声息"来形容，是因为那时的新加坡政府并不是所有人都热衷讨论。而且，一旦我们的城市规划人员没有足够的力量去据理力争，坚持自己的决定，那么类似邮政总局这种地方就会变成外交部或者经济发展局（EDB）的办公室，并因此限制对外开放。现在，这座宏伟的老建筑摇身一变成了雅致的酒店，为整个海滨区域带来了新生。不论游客还是当地人，都可以在其富丽堂皇的中庭里美餐一顿。

说起新加坡的过去与变化，殖民地与滨海湾形成了有趣的对比。新加坡老城与新区虽然各不相同，各有特色，但都只需一眼就可观其全景。平衡这片区域的发展需要高超技巧、深谋远虑以及想象出图纸设计到"真正修建时"会是什么样的能力。可能出错地方有很多，因为一边你要照顾到皇后坊和新加坡政府大厦大草场这种文雅的历史古迹，另一边还有滨海湾高耸的建筑以及附近的钢筋大桥。各方因素都需要细致考虑。举例来说，为了确保海景不受建筑阻挡，浮尔顿一号的开发商就接到过由市区重建局设立的设计审查小组的通知，要求他留出一道观景空隙，这样一来，从哥烈码头依然可以看到大海。

新加坡的政府部门一直致力于寻找提升城市形象，改善游客与居民体验的方法。几十年前，我们引入了节日灯火装饰，最初是临时性的，到后来历史建筑的灯火装饰成为永久的。皇后坊和市政厅都属于这些被灯火永久点亮的建筑。之后，赞美广场和浮尔顿酒店也由私营部门装点上了灯光。

为了让城市变得更绚丽多彩，每到重大节日来临的时刻，我们就用装饰性的灯光为历史街区增添节日气氛。新加坡人已经无法想象，没有这些一年一度的节日灯火，新加坡会是什么样子。它们已然成为正常城市生活的一部分。

图 2 乌节门购物中心横跨乌节路，道路两侧由一道玻璃桥相连。

在重大节日时装点历史街区是新加坡各方努力与合作的成果。在大多数国家，齐聚在一起进行街道装饰的都是商人们。在新加坡，这张网撒得要更宽些。虽然国家公园局表示全力支持，但该局也针对保护树干和树枝出台了严格的限制举措。新加坡陆路交通管理局则对装饰高度有一定要求，以确保双层巴士通行无阻。装设新的路灯柱时，他们也会充满善意地确保这些新灯柱不但足够稳固，能够承担装饰重量，而且可以作为电源使用。圣诞节、中国新年、屠妖节、哈芝节以及国庆日，现在这座城市几乎全年都活力无限。一座小城，也可以有那么多丰富多彩的活动，一切都成为可能。

逆转也是可行的

神奇的是，新加坡的城市规划人员也能将时钟拨回到近 40 年前，令乌节路再度提供令行人满意的步行体验。换句话说，人们可以在宽敞、绿树成荫的步行街上走完整条乌节路，在建筑和商场间进进出出也无需担心躲避车辆的问题，这种将行人而非汽车置于首位的事情又一次发生在了我们的眼前。世界各地的城市规划人员的确应当到新加坡学习怎样实现这一切。新加坡是怎样成功逆转道路格局，让行人重返帝位的？它是怎样说服道路部门和业主去打造这一巨变的？其中是否有所取舍？需要铁拳政策或严格执法才可以吗？这对地产价值产生了怎样的影响？在城市规划人员的眼中，不可能成了可能。同样地，地下通道和大型天桥令行人无需担忧车流就可穿越乌节路。五车道的乌节路可是游客最密集的购物区的中心道路。这是新加坡持续提升和改造自身的典例。

新加坡的历史街区

20 世纪 80 年代，新加坡的规划人员从城市中划分出了几个很宽敞的区域。因此牛车水、小印度和甘榜格南才得以成为今日的大型街区。在新加坡，供游客游玩的不会仅有一条街道，而是一片街区和成排的店屋。历史街区内部的街道是限制交通流量的，所以，游客行走于其间无需躲避车辆或巴士。此外，历史街区均有指定的外围街道，供出租车、私家车和旅游巴士通行，也方便游客选择各种交通方式。我们也要感谢建筑高度的层级制度，它保证了历史街区有充足的光线和新鲜空气，而非活在周边高层建筑的阴影中。我们也非常高兴地看到，熟悉的建筑还存在，并且没有面目全非！

划分牛车水的这第一条线落下时，城市规划人员说："在其他国家，牛车水只有一条或两条路，因此他们需要建一座大门作为界线。"旧金山的都板街就是一个明显的例子。但是在新加坡，我们划分的是一整片区域，并与周边其他区域，比如金融区，实现了完美融合。因此我们不需要一座大门来作为牛车水的标志！

新加坡在过去50年的快速发展中既有成就，也可能有损失，既然不同的游客有不同的偏好，它的成绩究竟是好是坏呢？在这个当口，我们需要想得更深远一些，不能局限在城市规划人员起草的区域划分、人口密度、地积率和用地这类基本事务上。在50年的发展后，新加坡也已做好了准备，来应对实际的物质享受和创新问题。实际的物质享受，简单来说，就是安全舒适的旅游巴士乘坐区，方便寻找的洗手间以及有天棚的步行道。创新则驱使着我们寻找并利用好一切有可能取悦游客的美好因素，不论是老店屋的轮廓线，一棵树的树皮，还是精确定位、能够引领视线的灯光，都算作在内。这样，由新加坡打造的艺术品就有可能无处不在。

新加坡的成绩单

哥烈码头与新加坡河

50年前，新加坡是著名港口小镇，哥烈码头之上，乘客和水手熙熙攘攘。每一张地图上都标有真者里，每一天新加坡都有丰富多彩的经济活动。然后我们迎来了大型喷气式客机和集装箱的时代，世界发生了翻天覆地的变化。今天，新加坡的旅游业要感谢市区重建局，后者不但保留了哥烈码头，而且引导了它的改造再利用工程，令游客可以在古朴环境中享受便餐或精致美食。所以，虽然我们会怀念当时水手和货币兑换商们来来往往的景象，但今日的哥烈码头，是享受美食的地方，新加坡时不时有年轻人会选择此处来举办婚礼，在古朴环境中创造人生新回忆。

至于新加坡河，曾经载满堆叠如小山的橡胶和饱经风霜的苦力工的船只，早已一去不复返了。同样远去的，还有富商的办公室，他们会在成堆的橡胶布被搬上船的时候，有条有理地数着自己的财富。今天，酒吧和餐馆取代了这些办公室，海内外游客取代了船上成包的橡胶。在新加坡仍是英国殖民地时修建的大桥，如今闪烁着美丽灯光。如果你看得足够仔细，还能发现一只典型的新加坡猫正在与可爱的孩童雕像嬉戏玩耍。

有历史的著名酒店

我们保留了良木园大酒店、莱佛士酒店和大华酒店。浮尔顿酒店（前身是新加坡邮政总局）和富丽敦海湾酒店（前身是一个海警码头）更是锦上添花！我们不仅仅保留下来这些宏伟建筑，也成功保护了它们的周边环境。因此，今天的莱佛士酒店有一部分是扩建的，但新增部分与老建筑的体量和形式都保持了一致。如果不看原本的规划，很少有游客能知道新老部分各在哪里。保留莱佛士酒店，却无需在同一街区增建 20 层高楼，是一项足以赢得保护专家热烈掌声的真正成就。

然而，令人悲伤的是，我们永远失去了美丽的阿德菲酒店和它的雅致庭院。

通过新加坡市区重建局、旅游局、国家文物局（NHB）、陆上交通管理局和土地局都有参与的全国保护规划，我们保留下来了牛车水、小印度、甘榜格南、殖民中心、武吉士街和中峇鲁。这一保护浪潮也影响到了翡翠山、尼路和如切的一些地区。尽管新加坡在屋顶轮廓线、建筑外观、后巷以及五脚基方面要求严格，却并不像其他国家一样保护贸易。新加坡政府的理念是，让私营部门自行调整，换句话说，不干涉其经营。最初，外国顾问对此很烦恼，因为这会令制鞋、书法和其他在快速发展的世界存活不了的行当永远消失。但是，我们的政府很明智，他们知道，要在日新月异的牛车水自然维续这些特定行业的小生意，本就不可能。

今天，我们的历史街区有不少新的工商企业。虽然我们心怀希望，但在最初也从未百分之百地确定这些新元家会将他们精心打造的生意发展到历史街区里来。牛车水有了来自中国各地的风味美食餐厅，西亚游客时常光顾的阿拉伯街，现在也有了来自摩洛哥和黎巴嫩的餐厅，这些都是喜事。武吉士街上的小贩继续卖着便宜的 T 恤衫、水果和有趣的小玩意。令人大感宽慰的是，绝大多数新生意幸运地融入了各自的街区，让各自街区的主题更加鲜明。

新加坡植物园

今天，新加坡植物园深受人们欢迎，这里清晨可以打太极，中午会有来自中国的游客造访，到了傍晚，居民们会来此慢跑或散步。在欣赏植物园美景的同时，我们一定不能忘记，原本英国人想修建的不是供休闲享受的花园，而是研究中心。而且，在新加坡，研究主要是针对提升橡胶产量，为英国赚得更多财富。

包括国外专业规划人员在内的到访者，都对我们保护历史遗迹的方式大加赞赏。我们不是将这些历史遗迹变成"鬼城"或博物馆，而是重现它们的活力。牛车水、小印度、甘榜格南、殖民地、武吉士街、福康宁公园、植物园、仄爪哇湾、拉柏多公园、麦里芝水库以及南部岛屿的珊瑚礁和青山，皆是如此。我们虽然不会大肆宣扬自身的成就，但新加坡已然悄无声息地向历史演变致敬了。我们保留了这些地方原来的名字，例如"新加坡政府大厦大草场"和"多美歌"，我们甚至保留了现代新加坡的缔造者——斯坦福·莱佛士爵士的雕像。

从回顾过去到展望未来：值得一提的 50 年经验（1965 ~ 2015）

究竟什么是科学？

城市规划和建筑都不完全算是科学。任何一个曾经规划过某个地区，或者建造过楼房的人都知道，有太多事情会出错了。外科医生会对此感到震惊，因为做手术的步骤都非常明确。对于城市规划和建筑来说，创造力和空间感需要的是另一种不同的胆魄和技术。因此纸上的规划在成为现实时，有时会不符合预期。

20 世纪 80 年代，通过亚太旅游协会的介绍，新加坡旅游局拥有了一支强大的顾问团队。第一位要提到的就是罗比·柯林斯（Robbi Collins），是他让我们意识到，新加坡植物园，正如前文提到的那样，应当成为可进行科学研究的地方。本着这个想法，一片原始林得以照原样保留了下来。新加坡植物园现在是一座活生生的"植物博物馆"。云雾森林的概念也是柯林斯带来的，它指在赤道附近的高山区域生长的植物。这个想法最终的实体化成果就是新加坡滨海湾花园的云雾馆与花房馆。团队中还有来自夏威夷的著名建筑师皮特·温布利

（Pete Wimberly），是他告诉我们，莱佛士酒店的扩建部分应与原设计保持一致。他坚持认为，建筑师应当手绘画图，而不是仅用电脑绘图。同样地，照片也无法带你参透细节。手绘草图的过程能滋养新想法，一年中不同时分的阳光照射，附近的植被和其他微小细节都能变的栩栩如生。建筑师和规划人员更能通过草图感受到最终成果会是什么样子。

访客、外行人以及建筑师和城市规划人员都会给新加坡的成就打一个高分。当他们想到这一切的完成速度时，赞赏就会变为惊异了。

如果你是一个有天赋的设计师，能够将图画和计算结果转变为准确的建筑形状，请一定珍视这一天赋。它无比宝贵。

地标性建筑也同样重要。如果当地人都不认识自己的城市了，那就太悲哀了。

回归基本——做好最基础的事

游客们同新加坡本地人一样，也喜欢广阔的空间、绿色的景观、明媚的阳光、新鲜的空气以及人性化的体验。游客可以选择去哪里，当地人却无从选择，只能在我们建造的城市中生活。他们能享受到我们天才规划的成果，也必须忍受我们犯错的后果。

在新加坡，发展的速度如此之快，迅速的变化所带来的影响也成倍地扩大加深。因此，我们更加需要谨慎和准确判断。

未来的城市规划人员和建筑师面临更大挑战

坏消息

留给新加坡未来的城市规划人员和建筑师施展才华的选项太少了。

汽车数量持续增长，对汽车的需求也持续增加，所以，比起前人，他们所面对的挑战更大。除非有人能发明不污染环境、不堵塞道路的完美汽车，不然挑战会永远存在。

未来城市规划人员和建筑师所做的事，访客们几乎都会喜欢，他们希望自己的国家也能采取相同的措施。但是，就算规划人员和建筑师能为他们起草类似的方案，建造美丽的建筑模型，也很少有人能真正过上规划中的生活。

新加坡的老年人口持续增长，因此必须通过设计创新来容纳这些人。这方面的创新在过去被严重忽视了。

尽管我们的生活将会被科技掌控，如何能在新加坡人民的生活中保留人性的温暖关怀，也将是一个重大挑战。

好消息

城市规划人员已经给未来的接班者留下了一座美丽的城市——城市中没什么需要改正或扫清的错误，却有许多值得学习的范例。

升级和翻新的整块式准则，确保了未来的规划人员和建筑师们有机会每隔几十年就为新加坡建筑密集的区域带来改变，令其重获新生。

保护准则已经在保卫新加坡的历史景观了。希望有一天，新加坡能够像法国和意大利一样，以谦逊的态度尽可能多地保留历史建筑和空间的原样，它们当初是考虑到"天气"才被设计成如此的。到那时，希望店家可以将店前的五脚基留给行人，这样他们就可以顺畅地从一个历史区域走到另一个，免受阳光直晒和雨水侵袭。

这就又回到了那个永恒的问题。"新加坡适应改变的速度足够使它永远走在世界前列吗？"为确保新加坡始终在旅游目的地中名列前茅，城市规划人员和旅游业人士必须在形势紧迫之前就预见并拥抱改变。旅游业能提出建议，但是它需要城市规划人员来将想法转变为现实。

我们这一代规划人员为后人留下了大面积的未开发土地，包括南部岛屿。这意味着，未来的规划人员将有机会以与新观念来建造新城区，这些新观念与公民多变的生活方式相关。航测图表明，新加坡的发展都集中在特定区域里，所以未来的规划人员可以在填海造陆工程带来的大面积空间和大块地带上修造建筑。想象一下，未来的规划人员可在靠近新加坡早年海港的南部诸岛上，发展另一种可行的生活方式。

在这里要对年轻的设计师说几句话："如果别人给你一整片画布，更确切地说，要你成为整座新区或一大片未开发地域的总蓝图设计师，希望你能先从新加坡过去几十年的变化中获取第一手经验，再带着这些经验来完成任务。在每一个宏大规划的背后，都是残酷（或者说悲哀）的现实，那就是虽然细致的规划、精美的模型可以用最新的电脑系统做出来，但是要想实现原本的设想，必须有整个社会从上而下的共同努力才行。要生活在这一精心设计的城市中的人们，必须做好接受规划所允诺的生活方式的准备。"

总而言之，好消息是，前任规划人员为后来人留下了杰出的城镇规划方案，并且已见成效，他们也留下了许多空白区域，留待地图上仅以小红点标记的新加坡，发展为创新与卓越之都。

第 12 章

通过城市设计塑造新加坡城市景观

吴学初　王才强

引　言

新加坡拥有美丽的城市景观，精巧绝伦地将现代摩天楼、历史特色建筑、绿地、滨海活力地区融合在一起，不仅有助于提升新加坡城市形象，也令其成为独具魅力的世界级都市。对于游客和许多新加坡的年轻人来说，很难相信这一标志性的城市天际线，大多是在近 50 年内才形成的。这 50 年期间，新加坡陆地面积平均每天增加 7,540 平方米，总共增长了 24%。[1] 为延伸城市中心区南部的滨水地区，自 20 世纪 70 年代起，新加坡就开始了大规模的填海造陆工程，因此造就了世界一流的高价值、高强度的房地产开发项目。正是一套以设计为主导的战略发展框架，支撑着这样大规模的城市建设和土地开发，影响着城市的空间形态与功能。

城市设计是塑造城市肌理的重要工具和过程。它造就了充满魅力又真实可见的城市空间，同时构成了独一无二的城市名片和城市生活的舞台。城市设计不仅关注城市的整体结构，也关注建筑类型、公共空间、街道质量、人行步道的连续性，以及城市景观中蕴含的自然与历史价值。全面综合的城市设计方法能够赋予一个城市清晰易懂的城市语言，不论当地人还是游客，都能在这里拥

1　1965 年新加坡的土地面积是 581.5 平方公里 [见 Chia et al.（1988）The Coastal Environmental Profile of Singapore，P.34]；2015 年土地面积是 719.1 平方公里 [见 Statistics Singapore (2016)‘Latest Data’；accessed from http://www.singstat.gov.sg/statistics/latest-data#16]。

有难忘而又美好的经历，以及愉悦的审美体验。在 20 世纪 70 年代，也就是新加坡独立之初，就意识到了采用综合全面的城市设计方法的必要性和益处。

以今天的标准来看，20 世纪 70 年代新加坡的市中心是破败、难以辨识的。棚屋区、贫民窟、糟糕的店屋、拥挤的街道、被污染的水道，都是摆在这个年轻的国家面前的困难。1966 年到 1974 年期间，市区重建司（URD）隶属于新加坡建屋发展局（HDB），该部门的工作是与建屋发展局，协力开展住房项目。通过协调各个阶段，包括土地征收、土地平整、安置受影响的居民与商户，新加坡市中心区域大片土地被整理出来，以预留用于大规模综合性城市更新开发。新加坡建设初期的首要任务是为新加坡迅速增长的城市人口提供住房，以最高的效率、最快的速度，建造大量房屋。那时的城市设计范围有限。尽管如此，早在新加坡中心区的重建过程中，就已有针对地区特色的城市设计介入，为总体城市设计框架奠定了基础，继而产生了后续的一切。

由于市区重建司（URD）在中心区重建工作中所承担的角色愈加重要，1974 年，它从建屋发展局里分离出来，成为独立法定机构，名字也改为市区重建局（URA），隶属于新加坡国家发展部（MND），从此获得了更多的自主权。新成立的市区重建局（URA）继续执行着 1967 年设立的政府售地规划（GLS）。在项目招标过程中，优秀的建筑设计开始得到重点关注，人们更加坚信，能够通过城市设计提升新加坡的城市形象，帮助其成为活力无限的全球金融中心。由此，中心区的总体城市设计策略便诞生了。

在本章中，我们将揭示城市设计的基本运作机制和设计控制原则。城市设计改变了新加坡中心区的城市空间形态，相应改变了城市景观。此外，我们会从场所营造的角度指出城市设计的重要性，强调城市设计在建设以人为本的亲民型城市中所扮演的关键角色。

新加坡中心区：城市设计理念和机制

新加坡中心区，占整个国土的 2%，以多样的建筑类型和丰富的城市景观为特色，因其特有的复杂环境，发展的机遇与挑战相互融合，而有别于新加坡其他地区。中心区的重要街区之一——市政区，是当今新加坡文化活动的集中场所。在这里，你可以追寻到新加城市规划和行政建制的起源——斯坦福·莱佛士爵士 1822 ~ 1823 年编制的《新加坡城镇规划》(Plan of the Town of Singapore)，历史街巷、公园和建筑均因此诞生。市政区堪称新加坡市中心区的灵魂，因为它从殖民和现代两个角度讲述了国家的过去和未来。位于市政区附近的中央商业区（CBD）是另一个重要街区。从一个中等的中转港口到世界级金融中心，发展近 200 年之久。今日的中央商业区是其殖民地原型的现代化演绎，新加坡能在全球经济占一席之位，它发挥了重要作用。但是，当 1985 年的全球经济危机波及新加坡时，首当其冲的就是中央商业区。新加坡政府也不得不重新审视本国的经济发展战略（见杨烈国撰写的第 3 章）。同时，经济危机也引发了对城市设计的重新思考，思考如何恢复市中心的活力，提升城市形象，增加对投资者和经商者的吸引力。

《城市结构规划》(The Structure Plan)

1982 年，新加坡市区重建局对中心区开展了一次全面检讨，目的是编制一个具有延续性的城市设计策略，能够对市政区和中央商业区未来的经济增长和发展框架加以影响。考虑到两个区域的历史、经济和文化价值，这项规划更加需要深思熟虑，因为经济增长和发展极容易被市中心的城市空间环境品质所影响（图 1）。这一城市设计战略成型于《城市结构规划》中，它负责引导并协调各项发展提案，明确未来综合性更新发展、旧城保护和步行汇流的模式和区域。《城市结构规划》不仅考虑总体城市规划中提出的土地利用和开发强度，还从定性角度，考虑城市中心整体的城市空间结构和天际轮廓线特征。基于此点，《城市结构规划》作为各个规划机构间的沟通平台，通过连续性的规划设计纲要整合重要的城市要素，为中心区未来的发展指明了方向。

《城市结构规划》包含四个战略目标。第一，《城市结构规划》确定了三条平行"城市廊道"——Ophir-Rochor Road 廊道、乌节路廊道和 Upper Pickering-Cross 廊道。它们均是西北 - 东南走向，并且有效联系通向滨海城（Marina City），当时那里仍是新填造地块的未来开发区（图 2）。这三条城市廊道使得重要历史意义地段得以作为城市特色景观而整体保留下来。例如，毕麒麟街上段 - 克罗士街廊道的西北端直到合乐路，其间穿过两个重要的自然景观特色：一侧是新加坡河，而另一侧是珍珠山。同样地，乌节路廊道的东西两侧分别是新加坡总统府和福康宁公园。Ophir-Rochor Road 廊道则是从新加坡总统府的另一侧穿过。

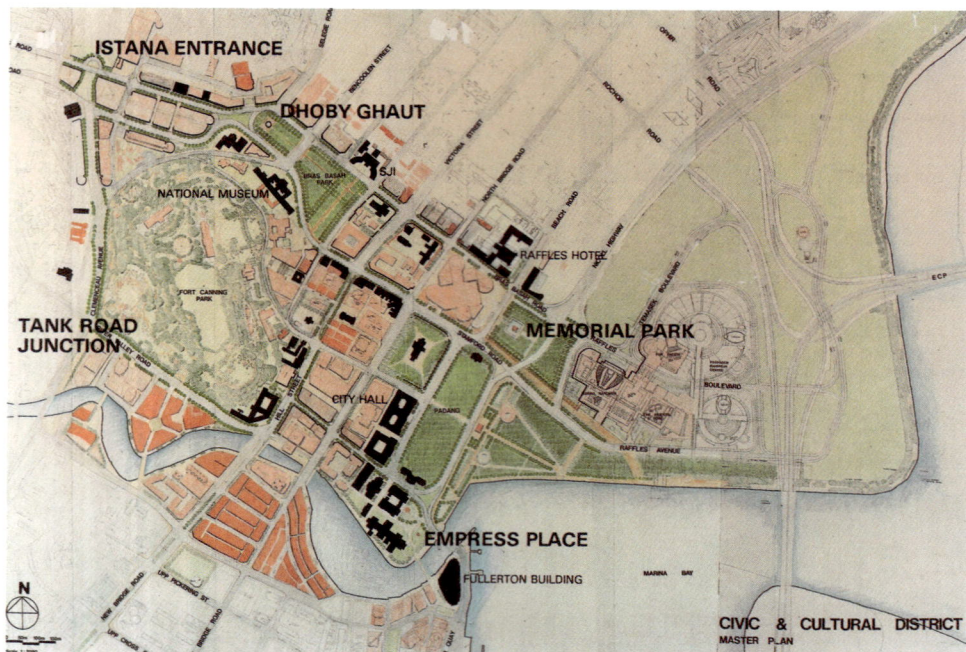

图1 1988年市政区现状图。
来源：新加坡市区重建局。

第四条廊道以东北 - 西南走向横穿了以上三条廊道，它就是新桥路 - 维多利亚街廊道。这条廊道的几个主要路口均设有捷运站，鼓励高强度开发，形成可达性和步行交通最好的城市节点。与此同时，四条廊道串联起小尺度且连续的街区，街区内独具一格的传统建筑风格的店屋随处可见。如此一来，开发强度高低分区明确，形成清晰的城市发展模式，也有助于形成整体的城市形态和多样化的城市景观和视觉感受。通过这种方法，《城市结构规划》也同样精心保护了优秀历史文化特色的街区与建筑。

《城市结构规划》的第二个战略目标，是将保护工作看作现代城市发展的重要组成部分。新加坡可以借助历史遗产和特色空间的打造，成为有别于其他城市的独具魅力的城市，《城市结构规划》也因此将牛车水、甘榜格南、小印度、新加坡河与翡翠山确立为历史文化保护街区。它们是新加坡城市特色的体现，讲述着时间和空间的故事，是新加坡社会记忆的重要部分。此外，《城市结构规划》也指出，这些历史地段在经过与现代元素的综合规划融合之后，可发展为休闲娱乐中心，不但有助于发展旅游业，还能为当地人周末度假提供好去处。

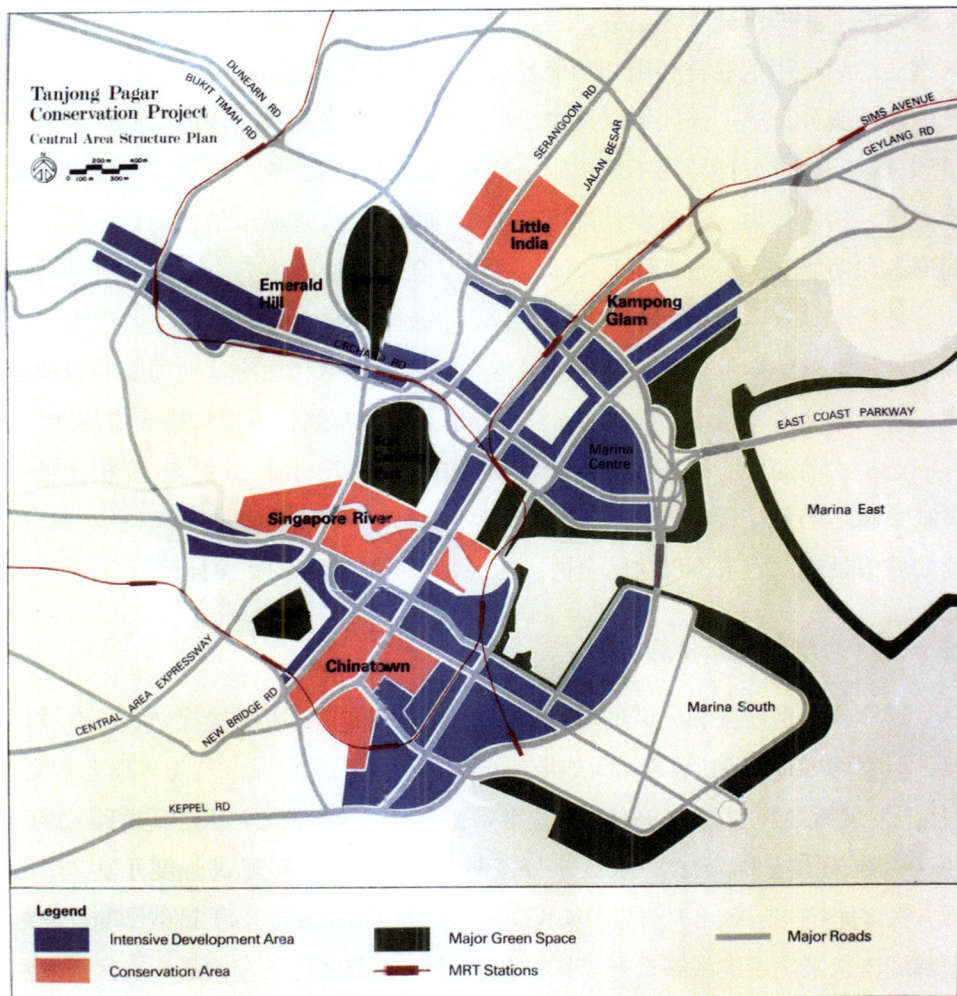

图 2　1986 年的中心区结构规划。
来源：新加坡市区重建局。

　　第三，除了确定保护区域，《城市结构规划》也明确了三个高强度集中发展的区域，来帮助刺激新加坡经济增长。根据《城市结构规划》的要求，金鞋区（the Golden Shoe District）将进一步新建建筑，增加商务办公规模，以吸引银行和金融企业入驻，促使新加坡这一年轻的城市国家向成熟的全球商务中心迈进。在《城市结构规划》中，乌节路作为城市动脉，其建设规模已经扩展了一倍，将被打造成酒店及商业大街，服务于发展迅速的旅游商贸业。最后是黄金区（the Golden Mile District），其中的黄金大厦综合体、黄金大厦、美仑酒店（现文雅大厦）和邵氏豪华大厦等，是新加坡政府土地出售规划的早期成果。黄金区将会继续走用地混合利用和功能复合的发展道路，容纳公寓、办公、酒店和其他商业服务设施。该区域以及中心区其他为城市发展和经济增长而规划的街道和分区，城市设计导则不仅控制土地利用，也控制建筑的外形、尺度以及建筑高度，这被称为"建筑设计许可范围"。如此一来，《城市结构规划》就从空间形态和功能上，对城市外观和体验提供了全面的规划。

最后，《城市结构规划》划分了主要的绿地区域，保留珍珠山、福康宁公园和新加坡总统府等现存公园，并且继续扩展滨海湾和加冷盆地周围的绿地面积。将绿地纳入《城市结构规划》中，并增加绿地与其他重要城市元素的联系，这一点是之前的中心区概念规划中所缺少的。城市设计在 20 世纪 80 年代吸引了越来越多的关注，接下来的几十年里，也继续为中心区营造了风格统一且连续的城市景观，力求不仅功能全面，也能带来独特难忘的审美体验。

城市分区和详细设计导则

具体到特别地区和分区的城市详细规划设计在《城市结构规划》虽有被提及，但直到后来 1991 年的《新加坡概念规划》才正式形成。这份《概念规划》使得《发展指导规划》（DGPs）的系统准备工作从 1993 年到 1998 年进行了 5 年。《发展指导规划》为新加坡的 55 个分区明确了当地的发展规划，借助 SWOT 分析方法 [优势（Strength）、弱势（Weakness）、机遇（Opportunities）、挑战（Threats）]，预判城市未来发展的战略目标。其中有 11 个规划分区位于今天的中心区：纽顿、乌节路、里巴巴利路、欧南、新加坡河、博物馆、梧槽、市中心、滨海东、滨海南和海峡景。为了让每个规划分区都实现规划目标，《发展指导规划》也提出了一系列明确的设计原则。从街道的层面，城市设计可以整体把控用地构成，影响土地利用的开发强度，决定规划建筑的体量和高度，凸显地区特色、场所价值、改善规划愿景。正是在分区层面，城市设计在对场所环境设计、体验和场所特征等方面，发挥了更为直接的作用。

对中心区乌节路和新加坡河这两个分区的城市设计评估从未间断过。乌节路曾是一条乡村道路，两侧丘陵起伏，布满果园、肉豆蔻种植地和辣椒种植农场，现在，它是五车道的林荫大道，是城市发展大动脉，连同两侧的商业区一起构成了连续的娱乐购物地带。乌节路长度超过 2 公里，街道景观经过精细化设计，有连续的行道树和植被与宽敞的人行道。这些特色是该地区整体城市设计理念的重要部分。其他还包括建筑退界、公共空间要求、标识和照明要求。以建筑退界要求为例，乌节路两侧的建筑红线必须后退道路红线 7.6 ～ 11.6 米，以确保这条林荫大道足够宽阔。但是，为了营造两侧建筑立面的多样性和趣味性，避免千篇一律，城市设计导则允许建筑红线退后至多 40%，也允许建筑突破到建筑退界，但不能超过 50%。此外，为了提升乌节路两侧街墙连续性，所有建筑都要建于公共界线之内，形成隔墙，保证建筑室内外步行空间的连续性。

乌节路的城市设计标准不仅管控建筑外形和建筑立面，也管控步行道与街头公共空间（即口袋公园）的空间体验质量。人们可达的公共空间是城市生活的舞台，来往行人、小型零售店以及市民活动都为街道增添了活力。乌节路两旁选取了一些区域，这些区域要求在私人权属范围的建筑内部设置公共空间，目的是为城市街道生活增添活力场所。与此同时，标识和照明设计也为乌节路打造了白天、夜晚和不同季节的多样氛围。例如，一年一度的圣诞灯会就是公私部门合力打造的公共活动，用节日灯光、装饰以及街道公共艺术装置将乌节路的日常街景彻底改造。通过城市设计和场所营造，乌节路成功地打造了属于自己的形象和名片，成为世界上最出色的购物街之一。

新加坡河是新加坡初期作为中转贸易港口时代留下的遗产。然而，随着货运物流集装箱化，新加坡的经济日渐成熟并走向现代化，新加坡河早期的贸易功能已成为过去时，再加上几十年来的航运和上游家庭作坊的污水排放，使得新加坡河环境质量与日剧下。1977 年，时任总理李光耀下令开展大规模的城市河道清理工程。该工程持续了 10 年，之后市区重建局为复兴新加坡河编制了概念规划设计。概念规划将新加坡河划分为三个区段——驳船码头、克拉码头和罗拔申码头，并通过设计赋予了三个区段不同的特色（图 3）。

概念规划指出，新加坡河两岸的店屋和仓库需留作改造再利用（适应性改造），意指改变建筑或用地的原有规划设计意图，重新注入新的适宜的功能。以驳船码头为例，此处的店屋大都被改造成为餐馆，因为靠近中央商业区，深受在这里工作的办公人员的欢迎。与此同时，克拉码头的设计目标是恢复现有低矮仓库建筑群。这些仓库占地面积大，因此被视为理想的多功能区域，可改造为餐厅、设计工作室、演出中心及商业展销厅。概念规划还提出，内部街道

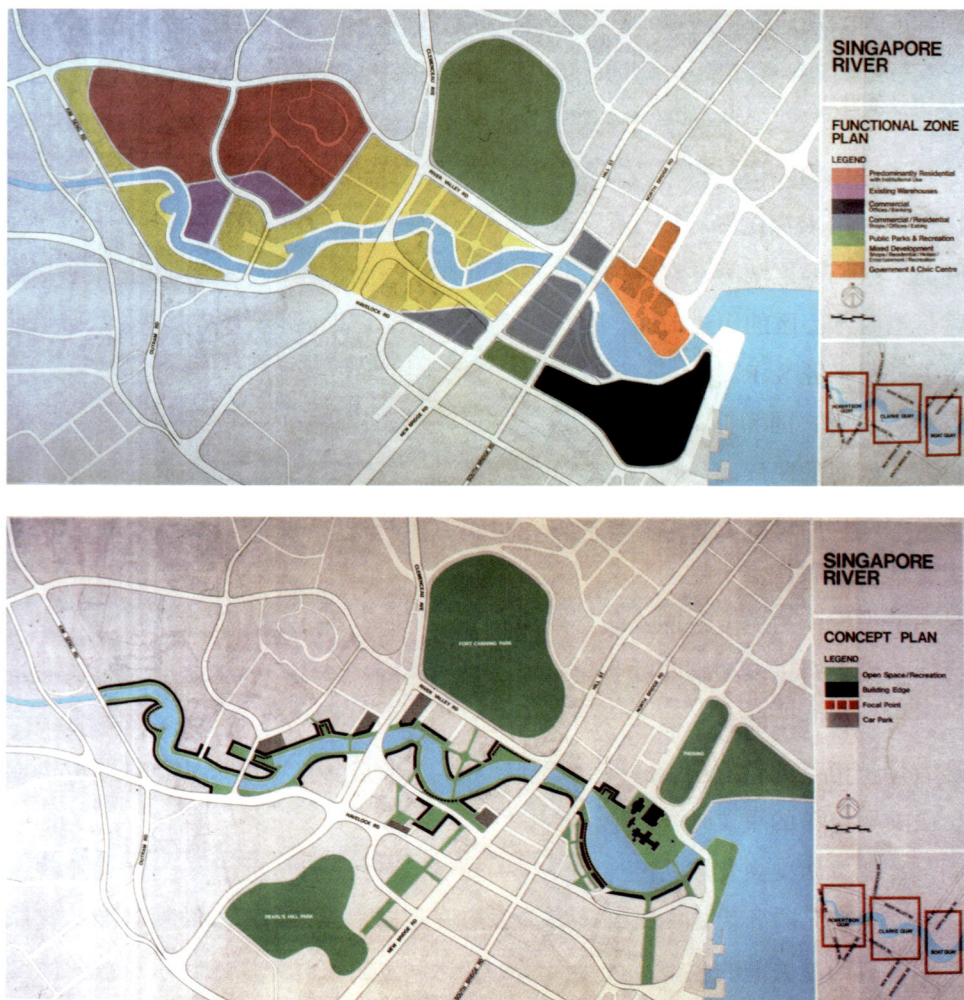

图 3　1985 年新加坡河道概念规划图。
来源：新加坡市区重建局。

可用作步行空间，打造室外露天绿色廊道，形成热闹的公共空间。最后要讲的是罗宾逊码头，因为仓库建筑内部空间跨度较大，可利用现有的仓库外立面，有机会开发为创意空间。这些发展兼具住宅、酒店、娱乐和文化功能，因此更加需要综合规划。为打造新加坡河整体城市景观，需要将三个区域紧密联系在一起，由此提出了城市设计的三点首要原则：（1）建筑物尽可能远离河道，留出宽阔的滨河步道，保证行人可以完整连续地绕河一周。（2）滨水一线建筑高度不得超过四层，保存现有建筑和人性化尺度空间。（3）打造户外用餐环境，提升滨河景观质量，营造滨水垴所氛围与体验。

历史街区与设计主导的保护

通过建筑风格、建筑形式以及历史遗址特色，新加坡的殖民历史遗产和文化多样性可以在这些城市空间刉城市肌理中寻得痕迹。然而，20 世纪 80 年代以前，人们普遍认为，选择保护历史文化街区是有悖于新加坡经济进步的，尤其是当时中心区的历史街区正在推行市区复兴规划。1984 年，时任第二副总理，主管外交事务 S. Rajaratnam 博士，特别强调要通过历史认同感来塑造社会凝聚力和归属感，因为保护历史文乜遗产有助于加强这些联系，"历史认同感将来自五湖四海的民族团结在一起。由于新加坡的历史短暂，值得保护的历史并不多，因此我们更应该将有价值的遗迹拯救下来，从投机者和开发者的蓄意破坏中，从政府和官僚机构的手中，保留下来。因为那些人认为不能赚钱的东西都是不值得投资的。"（Rajaratnam 1984）

今天，对于保护事业的关注度有所提升，但是，在推动城市经济发展，适应人口增长的大社会环境中，历史文化保护事业所面临的挑战丝毫未减。因此，拥有保护价值的重建项目，例如中国广场中心和武吉士村规划，都有助于提升历史文化保护的重要地位。它不但能改善老旧建筑和街区的空间环境，更是巩固该地区的历史文化场所性，强化了新加坡社会归属感和文化多元性性。如此一来，战略保护行动既重现了老街区的风采，又宣扬了本国社会文化特色街区。其中，有两项关键的政策，在促进中心区历史文化保护行动中功不可没。

第一项政策是 1947 年提出、1953 年通过的《租金控制法令》（The Control of Rent Act）。第二次世界大战后，房屋短缺，加上业主恣意抬高租金，促使该法令出台，以保护租户免受过高租金的压力。然而，控制租金却在无意之中推迟了业主对于老旧房产的升级改造。这些房产大部分都是第二次世界大战前修建，随着时间推移，建筑质量每况愈下。1988 年，租金控制放开后，紧接着到 1989 年，10 个区域被划定公布为历史文化保护区域，越来越多的私人业主受到激励，对房产进行了升级维护（Dale，2008：45）。今天，在新加坡全岛，已有超过 7，000 栋建筑被列为保护对象。

第二项是《土地征用法》（LAA）。由于单个权属地块造成的土地碎片化，对综合发展规划所需的混合利玊的地块来说是一个挑战。因此，1967 年《土地征用法》的制定，确保了政府可以从私人所有者手中征收土地，用于为公共服务的重建。政府售地规划（GLS）确立了将国有土地以特定使用期限，卖给私人部门使用的机制。1967 年，政府售地规划（GLS）首次出台，目的是促进中心区的城市复兴，在带动房地产发展和经济增长的同时，也有助于重大发展规划的实施（URA，2002）。《土地征用法》和政府售地规划一同为历史保护和更新发展的并行创造了独特机遇，使得当地的历史文化遗产得以保留，同时作为设计导则的重要部分，被写进招标文件。

在新加坡，城市保护不仅具有公共价值，为子孙后代保留重要的历史文化传统建筑，也对市中心的形象和特色的塑造具有战略意义。《新加坡结构规划》开启了五个区域的保护工作，鞭策着市区重建局开展关于协同保护的研究。1986 年，市区重建局又指定了六个需通过综合规划进行保护的区域：牛车水、甘榜格南、小印度、"文化遗产径"（从福康宁公园到皇后坊）、新加坡河以及翡翠山路。1988 年，这些历史街区的详细概念规划也编制完成。这些规划不仅划定建筑和遗址的保护范围，也规划了开发项目、管控范围和公共空间系统，该系统包括开放空间、广场、步行街道以及灰色步行空间（图 4）。1989 年，新加坡的保护历史迈出了重要一步。即将原有的 6 个历史

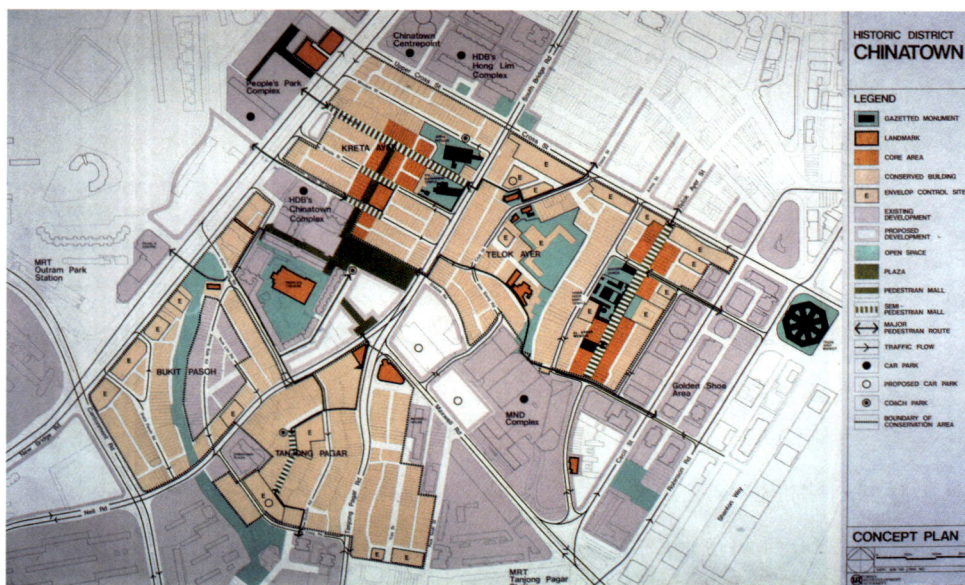

图 4 1988 年牛车水历史街区的概念规划。
来源：新加坡市区重建局。

区域扩展为 10 个区域——牛车水（直落亚逸、牛车水、丹戎巴葛和武吉巴梳）、小印度、甘榜格南、新加波河（驳船码头和克拉码头）、经禧和翡翠山。它们全在同年被列为保护对象。过去 25 年里一直持续的历史文化保护和城市设计工作取得了显著成效。今天，中心区有接近 5,000 座建筑受到了保护（Boey，1998：138）。当城市设计与城市保护有矛盾的时候，我们常常采用两个关键方法来应对：对于填充式发展划定保护范围，对文化遗产建筑进行改造再利用（适应性改造）。下面将以勿拉士峇沙 - 武吉士街区和卡佩芝路为例，简单探讨一下这两个方法。

勿拉士峇沙 - 武吉士街区是市政区和博物馆规划区的延伸区域，从店屋到学校旧址再到礼拜场所，其建筑功能、建筑类型和风格可谓丰富多样。武吉士街曾因夜晚亚文化而声名狼藉，在 20 世纪 80 年代的政府整顿之后，街道面貌虽未有翻天覆地的变化，但与原来相比，可谓焕然一新（Kuah，1994：178-179）。但武吉士街的复兴行动遭到了公众反对，他们要求规划设计方案，对这个独一无二的街区采取更加灵活的处理方式，允许艺术和文化活动继续在这里繁荣兴旺。考虑到在城市特色和原则方面，勿拉士峇沙 - 武吉士街区需要采用折中主义，兼收并蓄，主要设计策略就是，选择能与周围环境兼容的填充式发展模式，严格遵守城市设计管控（URA，2013b）。例如，位于雅柏中心、滑铁卢街、皇后街和布连拾街两侧的，小型独栋建筑一般会被规划控制在较窄的街道上，高度不得超过四层。相反，大规模建筑项目的选址大多在城市主干道两侧，裙房建筑高度至多为二到四层。这些设计策略有助于打造精致的街道景观，与现有建筑尺度相互和谐。与此同时，这种多样化且功能互补的用地规划，带来了丰富多彩的公共活动和舒适环境，同勿拉士峇沙 - 武吉士街区日益繁荣的艺术与文化景观，有直接关联且息息相关。

正如上文中新加坡河的例子，改造再利用（适应性改造）作为一种保护策略，令衰退地区重现活力。直到 20 世纪 70 年代，卡佩芝路还只有状况日益恶化的建筑和互不相容的土地利用。除去已有的店屋外，道路两旁还有家具制作厂、汽车修理厂和小巷子里的大排档。卡佩芝路是乌节路沿线的一个区位极佳地段，有极大的潜力与商业购物街协同发展，因此，在 20 世纪 70 年代，被政府土地出售加护指定为全面重建区域（Huo and Heng，2007：139）（图 5）。重建规划要求用地功能混合，包括酒店、办公区域、商店和娱乐等功能。此外，该规划

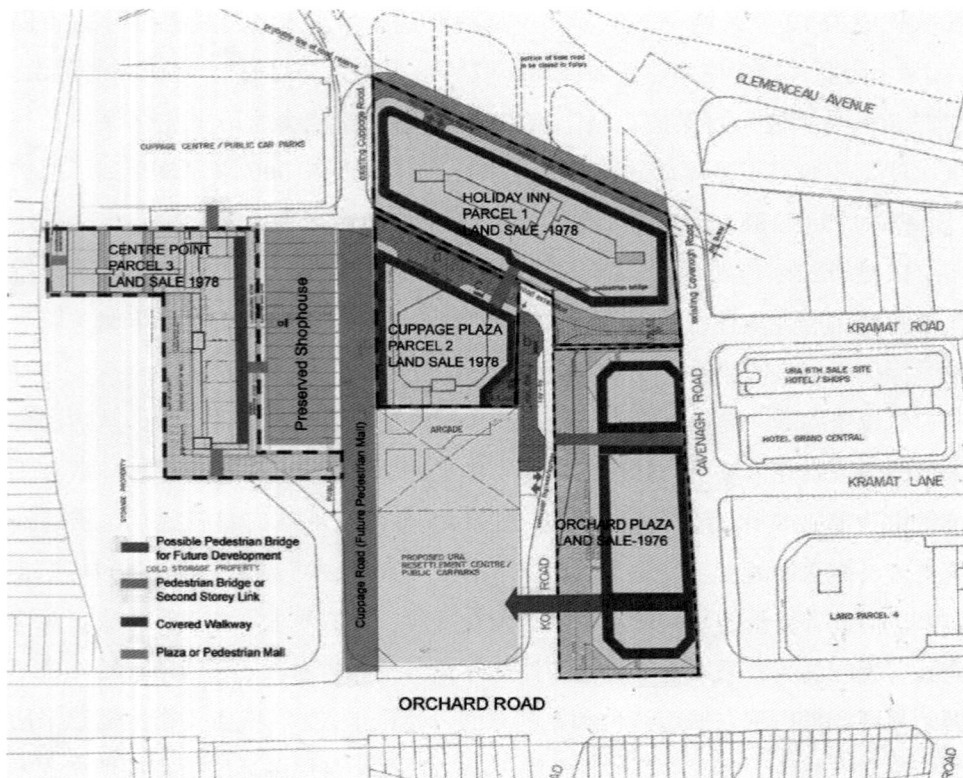

图5　卡佩芝路的重建区域和政府土地出售区域。

要求两排马六甲风格排屋，也进行修复和适应性改造，这些建筑保存完好，颇具历史文化价值。街道旁的小巷被改造为步行街道，与整个区域的步行系统相连。乌节路的其他区域也进行了更新改造。翡翠山路上靠近乌节路的具有本土化人格的店屋，被改造为商业区，还有东陵路上的一排都铎风格的房屋，经翻新后改为了办公场所。

　　正如上文两种设计手法所展示的，城市设计就是想方设法地平衡发展需求和环境质量之间的矛盾。正因为有了精细化的设计策略与设计导则，那些对于我们建筑和文化史有重要意义的本土特色建筑和地区，才得以完好保存，与现代化发展和谐共生。与此同时，设计控制也为灵活度留有发挥空间，只要不超出管控要求，私人物业的开发者和建筑师们，可以充分探索和表现他们的创意。通常来说，城市设计只在招标文件和建筑图纸出现。因此，在项目完工和用户亲自体验之前，城市设计都不会显露出来。因此，城市设计最终是要打造统一和谐但又多样丰富的城市景观，令公众喜爱，也令人难忘。

城市设计与牛车水的早期公屋发展

指引中心区建设的城市设计，主要由三个层面组成。宏观层面上讲，《城市结构规划》在建立市中心和周边地区的总体城市设计策略中发挥了重要作用。从街区层面上讲，有更加具体的城市设计导则来塑造城市肌理与空间景观。对于受保护的街区与建筑来说，还有特定的城市设计导则来保障新旧建筑的和谐共存。就这一点，我们将在街区层面，探讨建造公共空间与步行系统背后的设计思路与逻辑。毕竟，城市设计既要划分城市空间以供公众活动使用，也要追求城市景观的审美目标。由于新加坡属于热带气候，有着紧凑的城市结构以及高密度、高强度的发展倾向，将新加坡设计得适宜步行、连续可达，并赋予社会经济活力，正是恰当的做法。我们能观察到的最好的例子之一，便是牛车水的人行道和公共空间系统，通过早期公屋发展而建立起的。我们将剖析两项早期的公屋项目：丹戎巴葛坊和芳林大厦。

丹戎巴葛坊大楼和芳林大厦均完工于 20 世纪 70 年代后期。在清理了贫民窟和棚户区之后，丹戎巴葛坊大楼和芳林大厦为牛车水地区提供了合适的住宅，吸引居民到此安家落户，以促进该区域经济活动的发展，特别是在夜晚和周末，工作人群都下班走空的时候。两个项目都体现了城市设计方案的深思熟虑，他们在公屋重建区域，加入了步行连通和街道生活的高品质空间，提升了牛车水历史街区的地区形象。丹戎巴葛坊和芳林大厦体现了人们早年对牛车水的历史和街道传统活动的感情。1986 年市区重建局公布了六个受保护的历史区域，其中就有牛车水，但实际上，步行连通和公共空间系统作为设计重点，是早于这份文件的。之后，《牛车水历史街区概念规划》于 1988 年公布，该规划是一份清晰明确的城市设计方案，力图紧密结合牛车水步行系统和街道景观的（图 4）。一年后，也就是 1989 年，牛车水正式成为保护对象，那时候，丹戎巴葛坊和芳林大厦当然早已有人居住，二者也成功融入了这座城市。

丹戎巴葛坊：内部庭院和集散空间

丹戎巴葛坊位于丹戎巴葛路，位于克力路和启成路之间，是建屋发展局于

1977 年完工的项目。这个功能复合的项目，是建屋发展局在 1974 到 1977 年建造的，是第二代高密度公屋的典范。丹戎巴葛坊包括五座板式住宅，最低的 18 层，最高的 22 层；两座尖顶塔式大楼，其低层为商业裙房，可提供商业零售，或作为幼儿园、邮局、银行等公共服务设施使用；还有一座两层建筑，其内部是市场和大排档中心，虽然它与其他建筑不在一起，但均以人行天桥相连。

历史街区基本以低矮建筑和店屋为主，公屋的建筑群也不能设计过高，以呼应当地文脉。商业裙房又被划分为多种功能区域，从建筑首层设计就特别注意人性尺度（图 6）。主要特色之一就是贯通整个商业裙房的室内景观庭院。此前，景观庭院中有观赏性水池和假山花园，现在则是一片开放广场，中央庭院修有小亭，庭院两端的花园，均配有座椅。在建筑设计中加入这样的公共空间，不但有助于采光和通风，为当地居民和使用者提供了可以齐聚一堂的非正式休闲空间。两层高的商业裙房，绿草相伴的人行步道，颇具园林美感的内部庭院，与主路垂直、坐北朝南的板式楼房，降低了高层建筑对该区域的视觉压迫感，在街道行人眼中，丹戎巴葛坊以及其内部的公共空间都变得热情亲切起来。

芳林大厦：与街道的重新结合

芳林大厦的三部分分别是福建街上段、克罗士街上段和桥南路。建造芳林大厦的想法诞生于中心区城市复兴规划的早期阶段。该街区荒废的店屋，早已被指定进行重建，芳林大厦就是重建规划中的一项多功能公屋规划（图 6）。超过 200 家世代经营于此的店主受到了该规划的影响。尽管政府会给予赔偿，并为店主们提供去其他商业区继续经营的选择，但他们中的大部分都选择留在此地，建立了福海发展有限公司。1970 年，市区重建局划拨给其一块 2,600 平方米的土地，在此之上，兴建了一栋总面积 22,300 平方米的商业建筑，直至今日仍被称为福海大厦。福海大厦于 1976 年完工，上面 12 层是办公区和公寓，下面 7 层用于零售和办公。

在福海大厦完工三年后，芳林大厦于 1979 年完全竣工。从城市重建方法和城市环境的设计回应角度讲，芳林大厦的建设是一个转折点。它追求现代环境与传统街道生活元素的有机结合。首先，这一大片区域被划分为三个功能区，而非用于单一建筑。地块划分不但体现了对周边紧凑城市环境的细致考虑，也令桥南路与新桥路之间的步行化变得更加便捷。南京街上段改为步行街，成为

图 6　上图为丹戎巴葛坊首层平面设计图（鸟瞰图）；左下图为芳林大厦规划范围图；右下图为芳林大厦首层（黄色）和二层（红色）的步行系统规划。
来源：摘自 Heng Chye Kiang and Chong Keng Hua。

当地商场。尽管周边环境发生了巨大变化，这条步行通道的用地方式以及活动性质与先前并无不同。地面上的商店和石柱廊也会令人想起过去五脚基式的店屋。今天，芳林大厦内部的步行街依然热闹非凡，在中心区公共空间大网络中扮演着重要作用。

芳林大厦包括五座板式住宅楼，高度从 18 到 20 层不等，一到四层是互相连接的商业平台，内有市场、食品中心、餐厅、银行和其他公共服务设施。建筑组群之间的关系经过精心设计，宽敞舒适的道路从中间穿过，街区经过美化进一步服务大众。与此同时，车辆只能从福建街上段和克罗士街上段的特定入口进入芳林大厦，该入口直接通往一座八层停车场，使车辆对行人通行的影响降到最低。

丹戎巴葛坊和芳林大厦这两项公共住宅工程，都兴建于中心区城市重建力度加大的时候。尽管那时的首要任务是以最快的速度将城市徙置到适当的住房中，但同时也为用地和建筑层面的设计实验留有了些许空间。正如两项工程向我们展示的那样，建筑间隙和路旁空间的外观得到了一定关注。政府愈加注重借助设计和空间策略来打造优质的公屋区域内部环境。公屋项目催生出早年的设计干预以及最初的公共空间系统，它们促进着多层次的城市公共空间系统继续发展。现在的城市公共空间也包括了公园、交通以及保护区等其他系统。

城市南部海岸的规划设计

众所周知，新加坡作为小的岛国，自然资源十分有限。土地和水是保持城市发展和经济增长的两大基本资源，不论作为商品还是资产，其价值都得到了认可。经过数十年的大范围填海造陆和蓄水，新土地和集水区不仅改变了新加坡岛的物理环境，更是为经济、娱乐和休闲活动带来了更多机会。

历史上，早在 19 世纪 50 年代新加坡就于中心区开展了填海造陆工程，在英国殖民政府的指引下，浮尔顿路和直落亚逸集市（现为老巴刹）之间建起了一道海堤。到 19 世纪 80 年代，更大规模的填海造陆工程开始了，其成果便是直落亚逸街与现珊顿大道之间的土地。继而产生的还有美芝路和丹戎巴葛地区。之后几十年是工程停歇期。20 世纪 70 年代，为促进城市南部海岸的经济增长和发展，两项重大工程同时动工——河道清理工程和滨海湾填海造陆工程。其成果就是我们今天看到的两片城市区域：加冷盆地和海滨湾。在本节，我们将探索城市设计在指引滨海湾城市发展和经济增长时所扮演的角色。更确切地说，我们会讨论设计理念和用地策略是怎样令滨海湾这一中央商业区南部最佳地段得到最优化利用的。

滨海湾：滨海地区的成长与发展

在 20 世纪 60 年代和 70 年代，鲜有访客会涉足新加坡河与加冷河。两条河受着未处理污水的污染，垃圾遍地，不仅影响健康和安全，更丑得刺眼。若一直无人管理，河道的状况会越来越差，影响城市投资，阻碍经济发展。1977 年，时任新加坡总理李光耀宣布，要大力开展新加坡河与加令河的清理和重建工程。这项充满雄心的工程持续了十多年，合适的污水处理设施安装到位，提升水质的管理系统得以建立，政府对擅自占住者进行了重新安置，养鸭场和养猪场等家庭手工业也搬离了上游地区。与此同时，自 1971 年就动工的滨海湾填海造陆工程，其造陆面积超过 650 公顷。被分为三个地块的滨海湾令新加坡的海岸线又向南延伸了一些（图 7）。两项工程几乎同时完工，1985 年，造陆工程结束，紧接着在 1987 年，河道清理工程也大功告成。工程完工后，针对滨海湾周围的新地与海岸线的大型规划也可以展开了。

根据《城市结构规划》，滨海湾具有两重战略意义：其一，承担中心区未来的功能拓展；其二，为大规模城市设计带来新机遇，为新加坡树立积极的国际形象。1977 年，滨海湾三区域之一的滨海中心第一个开始填造。它将成为乌节路廊道的延伸，是这条酒店和购物带的终结点。几十年来，滨海中心已经发展为酒店、购物、娱乐和文化设施齐备的商业中心，与邻近的中央商业区互为补充。滨海东是第二个开始填造的地块，1985 年完工。尽管它距离中央商业区最远，却最有可能发展热闹的海滨休闲活动。东海岸公园就建立在其绵延的海岸

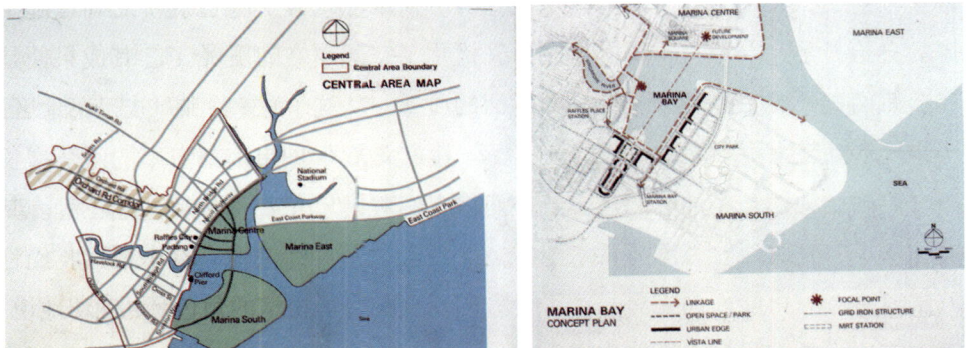

图 7　1987 年滨海湾中心区的地图（左图）；1989 年滨海湾概念规划图（右图）。
来源：新加坡市区重建局。

线之上。此外,滨海东也存在解决新加坡长期住房供给的问题。因此,在过渡期,该区域也修建了滨海湾高尔夫场和海滨东花园等休闲设施。

最后,我们要更具体地探讨滨海南这一地块的情况。它毗邻城市中心,于1985年填造完成。因为距离金融、商业和旅游业活跃的中央商业区很近,滨海南被视为国家的重要资产,该地区的规划设计也做了特别多的准备工作。滨海南的城市设计有三个关键策略。第一,对中央商业区现有的道路模式加以延伸,面向大海建立环状管网道路系统,在形状规则的地块上建成高效率的交通系统。这些首要地段或多或少决定了未来的建筑体量以及最终的城市景观。第二,有效利用滨海南周边的滨海区,规划观海廊道,电力等输送网络也尽可能向海边延伸,营造一切围绕大海发展的感觉。第三,空出几个宽阔区域留待大规模开发,现今均已建成:重要的城市公园(滨海湾花园),多功能酒店和娱乐区(滨海湾金沙娱乐城)和码头(滨海湾游轮中心)。

适合庆典、观景、约会等氛围的滨海湾

滨海湾不仅提升了新加坡的城市面貌,也创造了活力无穷、令人难忘的城市景观。它被誉为"为国家庆典与活动打造的海湾",通过有意的规划设计,该区域可为活动和营造节日欢欣气氛使用(URA,1987c:6-7)。有城市天际线做背景,滨海湾会是大型庆典活动的永恒舞台。近些年来,滨海湾也不负"庆典海湾"的盛名,作为主会场和目光的焦点,举办了包括新加坡国庆庆典、跨年夜倒计时活动以及F1夜场竞赛在内的诸多标志性活动。

滨海湾与加冷盆地都是新加坡集水系统的重要组成部分,二者外在与内在都互相连通,共同组成了滨海蓄水池。滨海蓄水池既对于未来新加坡国内水资源的自给自足起着至关重要的作用,又优化了空间网络的发展,它结合了绿地和蓝海两种景观,提升了城市公共生活的质量。从这个意义上讲,城市设计能为户外活动带来更多激动人心的新选择,其意义尤为重要。

更确切地说,新加坡的热带气候使得人们对于户外空间的绿荫营造和景观美化给予特别关注。就滨海蓄水池的情况而言,无法打造横跨两片盆地水区的开阔景观,只可能面向大海。为了行人的安全和舒适度,气候和环境问题必须考虑在内。要在经过深思熟虑之后,将照明、座位摆放、景观美化等元素与整体设计策略融合统一,来改善公共空间的人文体验。例如,滨海湾中央岬就是

一片绿草覆盖的开放区域，其身从海岸探入大海，边沿轮廓鲜明，配备了宽敞的人行道和数量充足的座椅。平时，中央岬只是滨海湾周边滨海步道的一个延伸。在活动现场，它也可以转变为户外舞台和活动区域。

同样，滨海步道是滨海湾的内环，也是海域与私人建筑之间无缝衔接的交界面，大众可自由出入。此外，这条步道也与几处公共设施和绵延联系的景点相连（例如，滨海艺术中心、鱼尾狮公园、位于浮尔顿海湾和红灯码头的历史建筑、滨海湾金沙综合休闲度假胜地、滨海湾金沙艺术科学博物馆等），构成"一串珍珠"的景象。而且，有规划正要逐渐淘汰丹戎巴葛港以加强新加坡西部港口活动。该港口区域可能会重建，改为高增值产业使用，并且并入滨海南，形成未来的"南部濒水区"（URA，2016）。

城市设计和规划将滨海湾的填海地块和人工水体打造为协调一致的景观。从地球物理的角度讲，它们都具有集水功能；从空间角度讲，它们由观景廊道、环形小径相连，还具有互为补充的用地方式。海滨湾是一片地理新区，其现有的海岸线近 30 年前才确定，它的存在提醒着我们，要完成如此大规模的复杂城市工程，需要强大的研究力量和完善的规划，同时制订政策时的胆魄和规划动员时的意愿也不可或缺。

为人民设计城市：公共空间网络全面覆盖

通过城市设计，可以创造和塑造城市空间，令其面貌更加独一无二、令人难忘。考虑周到的城市设计可以带来更多丰富多彩、激动人心的街道生活和地方化体验，公共领域也因此充满活力。本章提及了不同的城市设计介入类型，从宏观的《城市结构规划》到微观的设限地段指引和招标文件都有囊括，随着时间的推移，它们创造出了全面覆盖的公共空间网络。图 8 即是这一网络的示意图及最新进展。该图能够更形象地展示城市设计介入的层次累积，也能帮助我们更好地理解，是哪些重要元素铸就了中心区公共空间网络视觉与体验的协同统一。

第一，人行道连通性是公共空间网络全覆盖的重要元素，它提升了可抵达性，公共空间得以被充分利用。此外，设计不同的连通模式也为用户提供了不同的移动方式，保障各个层面的连通，也提升了公共空间网络一体性发展。在《城

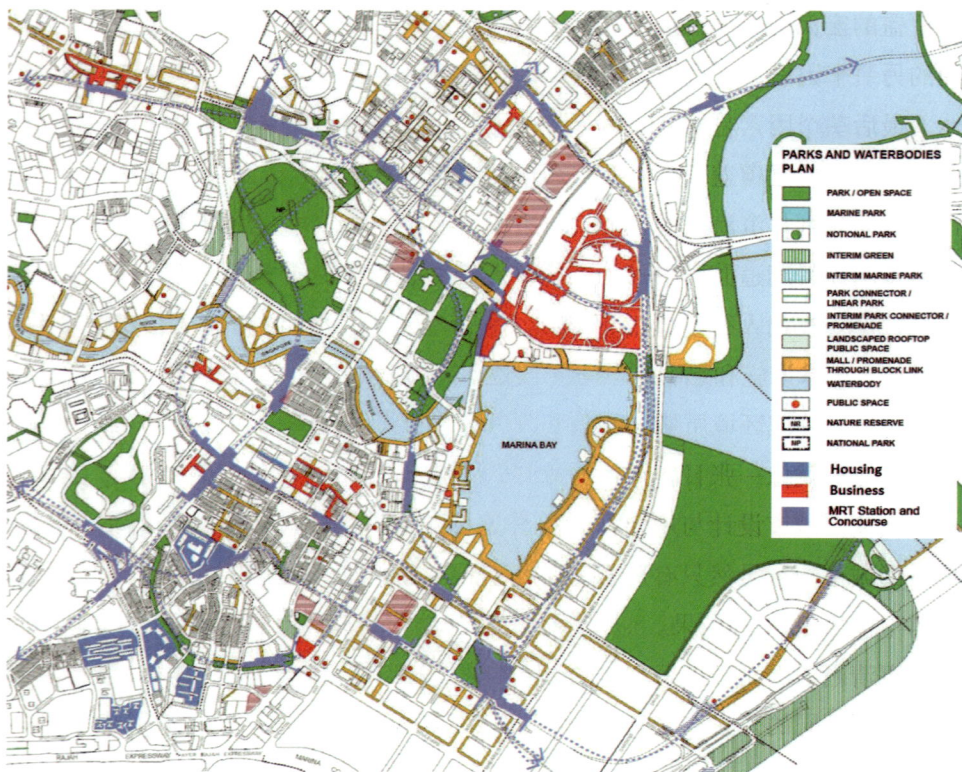

图 8　中心区公共空间网络全覆盖的示意图。
来源：摘自 Heng Chye Kiang。

市结构规划》中最早提出要将人行道、道路和轨道线路相结合，实行明确的流通策略。几十年来，该策略的范围也有所拓展，加入了新的交通廊道，对滨海湾和新加坡河，人行天桥（金禧桥、双螺旋桥）以及地下通道（滨海湾地铁站购物区、滨海湾通廊商场）进行了充分利用。今天，人们来到中心区，可以选择步行、开车或搭乘公交方式，也可任意选择在地面、地上或地下通行。

第二，清晰明确的地方化节点为主要的人行道带来了兴趣点和社会经济活动。这些节点的表现方式多种多样，有的是已经过城市设计的街区，有些是受保护的街道，也有公屋工程，后者自身又包括小型的人行道网络和公共空间设施。丹戎巴葛坊和芳林大厦（外加百胜楼书城、即将被拆毁的梧槽中心以及其他模式类似的建筑）。例如，其内部错综复杂的人行通道和配有街道设施的集聚空间，都属于周边地区更大范围的人行道网络的一部分。此处的周边地区就包括牛车水。牛车水具有自己的城市设计与保护原则，因此它在公共空间网络全覆盖的宏大规划中占据更高的地位。城市规模是影响人们对于某地感受和认知的另一个因素，它也因此影响着我们的城市体验。

最后一个因素是中心区的环境资源，例如城市公园与广场、地标性建筑以及水体。它们是覆盖全岛的绿色廊道和连接点的重要组成部分。举例来说，城市设计与规划将滨海湾周边地块打造为协调统一的景观，该景观依靠公园、绿色通道和观景廊道共同组成的网络，实现了空间连接。新加坡河的三个历史码头由两岸连续的人行步道相连，也彰显了城市设计的全面影响。步道上的树木和长椅、艺术设施和雕塑、户外用餐以及指路牌，都是公共空间网络的一部分，在提升公共领域环境质量方面上发挥了相应作用。

新加坡就像一张日新月异的绘图纸，以时间顺序记录着城市设计与规划的层次演变。城市设计与规划在过去改变了城市景观，并且将会继续改变它。新加坡的城市图纸虽然只有短暂的历史，却历经了多次且密集的涂改，这是过去50 年快速城市化的结果。通过对中心区公共空间网络全覆盖情况的细致探讨，我们更清晰地看到了掩藏在城市外表下互有重叠的设计层次，也对不同的规划思路造就不同的公共空间有了一定认识。

结　语

作为一个面积很小的国家，新加坡需要提前规划，细致规划和创意规划。确保新建筑和未来的重建项目与整体的城市景观相一致，使新加坡长期受益。换句话说，美轮美奂的建筑、独具特色的街区唯有对这座城市有意义，才会人见人爱。新加坡的城市景观要代表我们的多种族文化和审美价值，同时也要反映出这里的气候和当地条件。城市设计有助于集合各种城市元素，打造协调统一的视觉景象，该景象要符合历史，也符合人们的理想期望。如此一来，便能让整个城市散发出人性光辉。

今天，城市天际线已经成为许多当地人和游客心中公认的新加坡标志。它的出现不是机缘巧合，而是数十年保持一致的城市设计方向引导下，深思熟虑和缜密规划的成果。1986 年的《中心区城市结构规划》（Central Area Structure Plan）对该城市设计作了安排。《城市结构规划》不仅为保护环境特色和经济潜在增长点确定了保护区域和发展廊道，也规定了这些资产应怎样保持协同一致。

数十年来，新加坡的城市景观变得愈加多样，这得益于以下几点：在发展完备的地区附近建设现代新街区；复兴传统街区，进行形象重塑；构造南部新海岸；融入全面覆盖的人行道和公共空间网络。我们今天所熟悉的新加坡城市景观，在未来有可能继续变化，以承载人口增长，促进经济发展。

尽管（或者正是因为）面对着重重挑战，有些景观仍将是新加坡独一无二的特色，它们代表了我们的历史传统、多种族文化以及热带环境。因此，未来城市用地的设计策略肩负着至关重要的任务，那就是创造更多样的城市形态、公共空间和街道活动。如此，我们才能拥有更包容、更有韧性的经济和社会，可以为小型项目进一步分割土地，为丰富城市生活打造物美价廉的区域，为增添多样性和韧性而灵活用地。接下来的数十年，新加坡人口将持续增长，科技会飞速发展，城市设计需要通过理性和灵活的方式，引导我们的城市自信地走向未来。

参考书目

Aleshire, I. (1986) '6 areas to be preserved', *The Straits Times*, 27 December 1986, p. 1.

Boey, Y. M. (1998) 'Urban Conservation in Singapore,' in: B. Yuen (Ed) *Planning Singapore: From Plan to Implementation*, p. 133–168. Singapore: Singapore Institute of Planners.

Chia, L. S., Khan, H. and Chou, L. M. (1988) *The Coastal Environmental Profile of Singapore*. Manila: Association of Southeast Asian Nations/United States Coastal Resources Management Project.

Dale, O. J. (2008) 'Sustainable City Centre Development' in: T. C. Wong, B. Yuen, and C. Goldblum (Eds) *Spatial Planning for a Sustainable Singapore*, p. 31–57. New York: Springer.

Heng, C. K. (2009) 'Continuity and departure: A case study of Singapore's Nankin Street', in: D. Radovic (Ed) *Eco-Urbanity: Towards Well-Mannered Built Environments*, p. 103–111. London; New York: Routledge.

Huo, N. and Heng, C. K. (2007) 'The Making of State-Business Driven Public Spaces in Singapore', *Journal of Asian Architecture and Building Engineering*,

6(1), p. 135–142.

Joshi, Y. K., Tortajada, C. and Biswas, A. K. (2012) 'Cleaning of the Singapore River and Kallang Basin in Singapore: Economic, Social, and Environmental Dimensions', *International Journal of Water Resources Development*, 28(4), p. 647–658.

Kuah, K. E. (1994) 'Bugis Street in Singapore: Development, Conservation and the Reinvention of Cultural Landscape', in: M. Askew and W. S. Logan (Eds) *Cultural Identity and Urban Change in Southeast Asia: Interpretative Essays*, p. 167–185. Geelong, Victoria Deakin University Press.

Rajaratnam, S. (1984) 'The uses and abuses of the past', Seminar on *Adaptive Reuse: Integrating Traditional Areas into the Modern Urban Fabric*, (Singapore, April 1984).

Statistics Singapore (2016) 'Latest Data'; accessed from http://www.singstat.gov. sg/statistics/ latest-data#16

URA (Urban Redevelopment Authority) (2016) 'Greater Southern Waterfront'; accessed from https://www.ura.gov.sg/uol/master-plan/View-Master-Plan/ master-plan-2014/masterplan/ Regional-highlights/central-area/central-area/ Greater-southern-waterfront.aspx

URA (Urban Redevelopment Authority) (2013a) 'Annex A: Urban Design Guidelines for Developments within Orchard Planning Area'; accessed from http://www. ura.gov.sg/uol/ circulars/2013/nov/~/media/User%20Defined/URA%20Online/ circulars/2013/nov/ dc13-15/dc13–15_Annex%20Av2.ashx.

URA (Urban Redevelopment Authority) (2013b) 'Urban Design Guidelines for Developments within Bras Basah Bugis Planning Area'; accessed from https:// www.ura.gov.sg/uol/ circulars/2013/nov/~/media/User%20Defined/URA%20 Online/circulars/2013/nov/ dc13–16/dc13–16_Annex%20A.ashx.

URA (Urban Redevelopment Authority) (2011a) 'Conserving The Past', *Skyline Special*; accessed from http://www.ura.gov.sg/skyline/skyline11/skyline11-02/ special/skyline%20 marapr%20conservation% 20supplement%20FA.pdf.

URA (Urban Redevelopment Authority) (2011b) *Conservation Guidelines*; accessed from http://www.ura.gov.sg/uol/~/media/User%20Defined/URA%20Online/ Guidelines/ Conservation/Cons-Guidelines.ashx.

URA (Urban Redevelopment Authority) (2008) 'Celebrate Life by the Waterfront at Kallang Riverside', *Skyline*; accessed from https://www.ura.gov.sg/skyline/ skyline08/skyline08-03/ text/07.htm.

URA (Urban Redevelopment Authority) (2002) 'Government Land Sales Through the Years: Remaking Singapore's Landscape'; accessed from http://www.ura. gov.sg/skyline/ skyline02/skyline02-04/text/landsales2.html.

URA (Urban Redevelopment Authority) (1987a) 'Marina City: Reshaping the Coastline', *Skyline*, 30, p. 3–4.

URA (Urban Redevelopment Authority) (1987b) 'Marina City: A Peek at What Lies Ahead', *Skyline*, 30, p. 5–7.

URA (Urban Redevelopment Authority) (1987c) 'Panning for Urban Waterfronts at Marina Bay and Kallang Basin', *Skyline*, 38, p. 5–8.

URA (Urban Redevelopment Authority) (1986) 'The Year That Was: Developing the City', *Skyline*, 25, p. 4–7.

URA (Urban Redevelopment Authority) (1984) 'Planning for a Better City: A Challenge for URA', *Skyline,* 11, p. 6–7.

第三部分

城市的复杂性和
创新解决方案

第 13 章

保护城市遗产：铭记过去——发展的城市国家[1]

江莉莉

　　城市的历史不仅记录在书籍中，也被记录在建筑里。文字用来捕捉事件以及信仰的演变，而建筑则承载着生活方式、审美情趣、科技及工艺。因此，老建筑不仅仅是砖块和水泥，而旧城区的房屋和商店，寺庙和教堂、学校和机构的意义，都远远超过它们的实用意义，它们更多地记录着我们祖先的愿望和成就。在新加坡，许多老建筑的外观风貌融汇体现了新加坡多民族的根源。即使其中绝大多数需要立面整治，但是他们依然是我们眼中靓丽的风景，让我们的城市在时间与空间上都显得与众不同。……我们必须认识到，照片和文字替代不了时间和空间，因为我们并不能穿过照片走到这些建筑的面前。同时，随着时间的流逝，工匠和他们的手工艺也随之消失。建筑物拆除之后，历史痕迹也随之消亡。虽然一些历史建筑无可避免要为发展让步，我们仍然希望，可以和我们的过去紧密相连。

S.Rajaratnam，时任副总理

前言，《Pastel Portrait》，1984

新加坡城市规划与发展：城市保护的建筑

　　翻开新加坡的城市规划发展历史，首先注意到的是 1822 年种族地区隔离，

1　This chapter is an abridged version of Kong, L. (2011) *Conserving the Past, Creating the Future: Urban Heritage in Singapore*, Singapore: Straits Times Press.

以及过度拥挤的贫民窟殖民地景象。1920年建立的新加坡发展基金会（SIT），致力于消除贫民窟，并且对城市进行整修和建设新公寓。但是新加坡发展基金会没能成功解决拥挤和残破等城市问题，这也使得房屋建设发展局（HDB）得以在日后做出成绩。而现在最出名的成果之——清洁城市及现代化景观，在当时与市区重建局的任务息息相关。

在积极整修的过程中，公众于1960年开始呼吁政府保护城市遗产。1962年，联合国城市规划专家劳伦斯应邀审查新加坡第一版城市《总体规划》（1958年被批准），并且对市中心的更新重建提出建议。劳伦斯先生为新加坡推荐了三位联合国专家，分别是查尔斯·雅布拉姆斯（Messrs Charles Abrams）、科比·进工（Susumu Kobe）以及奥托·凯尼格斯伯格（Otto Koenigsberger）。三位专家建议，除常规事项外，"识别值得保存的地区，制定规划并实施改善"（Abrams et al., 1980）。联合国顾问随后出台了一份报告，同样建议"一些在历史上有重要意义的地区，或那些本质上代表了新加坡中心区丰富多彩和独特的地区，应该被小心保护下来"（Lrooks Michell Peacock Stewart，1971）。这些地区主要包括牛车水，阿拉伯镇，福康宁与政府大厦操场间的地区以及福康宁与珍珠山之间的地区。

保护新加坡地标建筑的具体措施是由国家古迹保存局（PMB）开始着手的。国家古迹保存局成立于1971年，旨在保护历史建筑。2013年，国家古迹保存局被交由国家文物保护局相关部门负责，并承担起全国重要古迹的调查和传播、文物保护工作的政策性指导、国家文物和地点的保护、国家文物的宣传、提高公众意识以及为政府提供关于文物保护工作的建议等一系列任务。在古迹与遗址保存司的努力下，我们所熟知的已经被保护的建筑包括：直落亚逸市场（或老巴刹，闽南语老市场之意）、老的最高法院、苏丹回教堂、圣安德烈教堂、马里安曼兴都庙、和天福宫。还有一些尽管我们不熟悉，但是同样重要的建筑包括老的南阳大学拱门、麦唐纳大厦以及旧海军大厦。

古迹与遗址保存司所做的工作之外，在1970到1980年间的'孵化期'内，也见证了30处位于慕里街和都德阁以及翡翠山路的国有店铺的恢复重建。这些是新加坡文物重建的第一步，在保护历史、文化建筑方面有着不可磨灭的意义。

然而文物保护的意识的形成需要时间，大多时候，人们仍是在破坏文物，因此在那段时间里，很多在历史上和建筑史上美丽的、有价值的建筑都被拆除了。例如，玫瑰山。玫瑰山是四代杰出中国家庭在武吉知马的家，也是英国作家诺埃尔巴博小说丹那美拉中的背景场所，而这个建筑却因为卡萨罗塞塔公寓的建造被拆除。在 1909 年建造的传统中式建筑，有着漂亮的摩尔式圆顶，像是展示商业活动的琉璃瓦，在为华侨银行大厦和老街区提供活动，却在 1970 年间，被建造新街区的阿尔卡夫家族夷为平地。

尽管建筑保护的支持者们严厉地谴责了这些行为，对损毁的古建筑表示了遗憾，也正是在这一时期，新加坡住房短缺的严重问题得到了解决。为大多数人提供低成本选择的新高层公寓；全新的现代化空间，如第一个综合购物广场，人民公园，兼顾零售产业与其他多功能的建筑也逐渐出现。那些为 20 世纪 70 年代的破坏行为进行辩护的人指出，这些改变改善了新加坡人的生活。讽刺的是，这些城市发展的成果在今天又重新成为拆迁的目标或者是城市保护争论的重点。随着时间的推移，保护和重建的平衡显然并不是一个可以一次解决之后一劳永逸的话题，而是对于历史某个时刻，一次偶然的反省。有些争论被记录如下。它们讲述了新加坡社会经历过的许多争论以及那些或好或坏的选择。这些选择反映了在一定时段内历史的特殊性、文化的敏感性、经济的偶然性和社会的敏感性。

保护我们的遗迹

初始阶段（1982 ~ 1988）

1982 年，作为发展新的轻轨公交系统的一项准备工作，一份主要城市规划开始实施。在这次规划检讨中城市特色和城市独特性被列为重要内容。与此同时，遗产保护，被认为是旅游业的重要辅助，对经济发展也有至关重要的作用。在这方面，政府做出决定，在金融街附近进行大规模的填海造陆，以保证新加坡在市中心有充足的土地进行商业活动。这样，城市中心的历史地区可以保持完整。因此，1986 年，新加坡市区重建局宣布对牛车水、甘棒格南、小印度、船码头、克拉码头，经禧和翡翠山七个地区进行保护。这些规划从当时由新加坡的旅游促进委员会发布的旅游产品开发规划中获得了很大的灵感。顾问认为遗产保护可以通过旅游业改善新加坡的经济活力，增强民族自豪感。

第一个旧店屋改造保护的项目是在 1987 年由市区重建局对丹戎巴葛坊实施的改造，该项目展现了遗产保护在专业技术、经济可行性、历史准确性等方面的进步。随着这个项目的逐步展示，在 1988 年被逐步废除的租金控制法对遗产保护提供了进一步的帮助：它使那些在 1947 年以极低利率租出去的房子提高了租金。这也给遗产保护工作带来了巨大变化，因为低廉的租金让业主不愿意对他们的房子进行任何改变。开发商欢迎这个法律因为这是一个激励他们投资于历史建筑的政策。另一方面，提升租金管制也有可能导致住在这些房子的老一辈人被强制搬迁的风险，从而扰乱了他们的生活和生计，并危及了邻里整体感。很明显，用这种方法进行遗产保护风险需要这些邻里的人们来承担。

巩固努力（1989 ～ 1992）

1989 年，市区重建局被正式指派为国家遗产保护机构，并且发布了总体保护规划。这个规划主要包括 1986 年宣布保护的七个地区，和其他五个地区包括：布莱尔坪，海滨路、里弗瓦利、惹兰勿刹和芽笼。古迹与遗址保存司也增加了 10 个国家古迹的保护建筑名单，而总体保护规划从地理覆盖、建筑类型、建筑评价方法和实施策略等方面进行了全面综合的研究。规划也在努力实现遗产保护和因担忧保护带来的高花费而不愿意保留他们的建筑的利益之间的平衡。

这种平衡在中心地区采取某种措施被部分实现，但是在其他地区需要采取其他策略。整个地区的保护受制于中心区严格的设计控制，而新的改变被允许在市中心以外与老城区混杂出现。

为了总体保护规划得以实施，在 1991 年，市区重建局开始了"私人业主遗产保护规划"，鼓励私人业主自愿将他们的建筑进行保护，以换取开发奖励，如总楼面面积奖励。而私人部门也被鼓励参与建筑物的恢复和重建。这是一个必要的步骤，因为约 75% 的保护区在总体规划中被确定为私人所有。而私人部门的参与也让保护工作有了新的想法，创业精神和财政资源。

改进和增强（1992 ～ 2000）

到 1992 年，大多数在保护规划确定的重点范围已公布。在 1993 年，市区重建局开始通过提供和升级基础设施来全面实施保护规划，包括下水道、电力变电站、汽车公园，以及走道、排水和绿化覆盖等。市区重建局也推出了目标、原则来促进遗产保护，帮助业主和那些参与保护工作的人，在保护项目中取得高质量成果，并"分享了关于如何在新加坡进行保护"的信息（URA，1993）。市区重建局还专门设立了遗产保护服务部门来解释真正的遗产保护，不只是建筑外观的重造，更为人们提供有关重建安全的信息以及对建筑整修的建议。

在 1995 年，市区重建局推出了建筑遗产奖，这是一个用来表彰修复良好的新加坡古迹的年度奖；还设立了信息牌来介绍和纪念历史区，并提供了关于其历史意义的信息。还有很多故事板被安装在甘榜格南、牛车水、小印度、船码头和翠山、经禧、布莱尔路。

在这个实施的阶段，需要创造性的想法来保持反对力量与遗产保护之间的平衡。在这一方面，中国广场的例子完美阐释了这一阶段富有大胆想象力的特性。市区重建局起草了一份在街道保留规划，并且选取了一些可与新型建筑融合在一起的保留商业街区。这使得区域的历史感被保留，又不阻碍新兴的发展。该地区建造了新的办公室，并且使新旧建筑交混一体，共同发展，也建造了许多商店，办公室和饮食娱乐场所。步行街周边和开放地区被指定为户外娱乐场所，为这个地区带来活力和夜生活。有大约 200 户的古建筑被保存下来，占所有数量的一半。个别地块城市设计导则被很多潜在投标人所熟知。在实施期间，市区重建局在协调其他政府部门和法定机构的投入、促进开发商、建筑师和各监管机构之间的对话等方面起到了关键作用。尽管被分割成新旧不同的部分，被不同甲方建造，市区重建局努力协调的目的是为了确保在商场设计方面的一致性。而一些街道和后巷被玻璃覆盖，避免受到恶劣天气影响，并且增加了电梯和扶梯，使游客体验行走在老厂房中的乐趣。

因此，中国广场展示了如何创造性地实现两个并行目标：在建立现代城市并最大化利用土地的同时，保持都市文化遗产的历史性和建筑特色。

更多的公众参与（2001 ～ 2010）

更多公众咨询的意识始于 20 世纪 90 年代，并将在 21 世纪得到完善，这是反映了更多公的参与，以及承认当局没有单聚智慧的巨大社会转变。这些变化反映了市民正在寻找一种集体的过去和一个共同的身份，寻求通过个人和集体的角色创造不同的未来。

1999 年，专家小组的参与暗示了遗产保护方针的联合审查是由市区重建局和新加坡建筑师协会承担。这项风险咨询工作于 2000 于已进行了一项概念规划检讨后，进一步展开。召集了来自各行各业（包括专业人士、利益集团、学术界和草根阶层）的市民组成的焦点小组来讨论城市规划问题，如"遗址确认和土地集约利用"。除一些其他建议外，这个小组建议通过建立独立遗产保护信托基金，来与公众更持久地保持接触。

对此，国家发展部长在 2002 年宣布成立遗产保护咨询委员会，来输入市区重建局在遗产保护方面的建议，并且对公众进行教育，增强他们对于已立法的建筑遗产保护的认识。而第一个遗产保护咨询委员会由来自不同背景，包括建筑业、媒体、医学、教育、艺术、遗产，以及现有古建筑所有者等 15 个成员构成。

另一个公众咨询的案例是 2002 年市建局颁布的城市特色规划（URA，2002b）。这些规划承认保留历史和身份感的重要性，并且确定了 15 个地区作为研究对象。它们被分为四组：旧世界的魅力（马里士他，丹戎加东，惹兰勿刹，如切／东海岸路）；城中村（安南武吉，惹兰礼邦，汤申村，春叶和加冕区）；南部山脊及山村（莫斯路与吉门村地区）；和质朴海岸（榜鹅坊／科尼岛公园、樟宜村、白沙和乌敏岛）。建立了一个由来自不同阶层的成员组成的主题小组，来对各个小组的建议进行深入研究、与利益相关者进行访谈并将公众意见列入其中。

现在，公众咨询在两个层面发挥着作用。在宏观层面上，有广泛的协商来参考哪些领域值得保留。在微观层面上，与个人业主讨论保护他们的财产，商议具体恢复工作的进行，以及解决他们可能有的任何问题。公众参与的直接影响，体现在被征集保护的建筑增加了四分之一的数量（约 1400 栋），同时，更多的建筑被重建（约 4200 ／ 7000 征集的建筑）。

保护项目

或许讨论保护程度进展的最好办法是研究具体项目。下面，我以历史街区，黑白单屋，和中等发展地区为例，讨论发展中遇到的不同问题和在保护过程中采取的一些措施。

历史街

历史街区，最开始在 1989 年 7 月 7 日被列入保护，由牛车水、小印度、甘榜格南、翠山，经禧，船码头和克拉码头组成。现在，后两个地区和罗拔申码头一起组成了名为"新加坡河"的新街区，而翡翠山和经禧成为居住性历史街区的一部分。市区重建局改造诸如此类历史区域的原则为：保持和加强现有的活动，而这本身就是历史文化遗产的一部分；重建有历史意义和建筑意义的建筑物来改善物理环境；保留传统贸易的同时引入新的、兼容的贸易形式；引入新的特征以加强地方认同感；以及公众和私人共同参与保护项目（URA，1995）。

新加坡河

这三个主要地区包括新加坡河船码头，克拉码头和罗拔申码头共计 85 公顷，并顺着超过 2.9 公里长的河流延伸。每个地区都有不同的建筑结构，不同的土地利用模式和不同的历史。河口附近有几个标志性建筑，如浮尔顿酒店（前邮政总局大楼）。河对岸是皇后区，周围是一些城市的最具历史意义的地标——莱佛士登陆遗址、维多利亚剧院和音乐厅、亚洲文明博物馆和艺术之家（旧国会大厦）。

最引人注目的是独特的仓库和店屋，以及和民居建筑融为一体的"马六甲，欧洲、中国和印度风格"。除了这些文物建筑外，九座独特的大桥横跨河——从在新加坡河河口的加文纳桥到距离将近上方三公里的金声桥。越过船码头，那里的河流缩小成一个"S"弯，也就是克拉码头，码头的两侧排列着店屋和一些仓库。这个区域现在被资本岛管理，形成了集餐厅、俱乐部和娱乐网点一体的区域特征。再往上游是罗伯森码头，这里通过酒吧、户外用餐、酒店和艺术机构提供了一个更宁静的氛围，并且有一部分是由原来的仓库改建的。例如新加坡泰勒版画研究院被改造成版画工作室，艺术画廊和造纸厂，和新加坡专业剧场。

这些现代的休闲和娱乐设施反映了早期原始的建筑和河流附近的主要与福建人和潮汕人的贸易活动。为了适应贸易和中国移民的快速增长，二层和三层骑楼于 1840 年开始修建，而大部分则建于 20 世纪二三十年代，这其中的许多在第二次世界大战后经历了翻新。

新加坡河流域附近的店屋很多具有莱佛士时期设计鲜明的建筑特色，具体的特征包括骑屋前方便交通、贸易，并提供避难所的五脚路。沿着河边的骑楼也由第三层外廊被人们所区别，它们常常让人想起可以观看画廊的欧洲滨江住宅。然而，许多在 20 世纪 40 年代到 20 世纪 70 年代建造的店屋更加简单。建筑通常是实用混凝土而不是原始木材，并且使用简单的矩形窗户而没有什么石膏装饰。

沿着河南岸的货仓于 19 世纪 30 年代最开始时，由没有合法土地权益的商人建成的。因此最开始的建筑并不是建筑史上的巨作，但确实体现了东西方的结合。许多建筑是由著名的中国商人所有，如陈送（1819 年从马六甲到新加坡最早的商人之一）和陈嘉庚。有些甚至是欧洲商人所有，如亚力山大·劳丽（Alexander Laurie，1820 年新加坡最早欧洲贸易屋创始人）和雷丽（Riley）、哈格里夫斯公司（Hargreave & Co.）。

由于多年被忽视，传统店屋和货仓变成贫民窟，并且水源也被污染。而贸易活动促进了其他相关行业如造船和修理的发展，这些活动位于同一河流，也因此增加了污染。到 20 世纪 80 年代，有许多空置建筑物需要重新修建，而吸引合适的租户成了一个挑战。

在 1986 年，有新加坡旅游促进委员会批准的报告指出，新加坡河是一个"优秀的国家资产"，因为它是一个"由本地使用的、活跃的，国内区域和繁华的交通枢纽"（Lipp et al.，1986）。新加坡旅游促进委员会和贸易工业部宣布，准备开发包括娱乐环境、购物、酒店和文化活动等在内的新设施来振兴该区域。由于在 1989 年，它被列入遗产保护区域，这些店屋和仓库已被精心修复。这些努力让整个新加坡在河流保护实验中引起了广泛的公众关注。

另一方面，基础设施的建设基本处于未被重视的阶段，比如加固河堤和整修桥梁。其他保护措施包括街道装饰的初始阶段（公共雕塑和雕像）及河流照明问题。

沿着新加坡河的几个被保留的建筑给河滨的发展带来持久性。这些包括已成为浮尔顿大厦的老邮局、水船楼、红灯码头、海关和真者里、空中购物长廊。这些建筑的保护并不是直接的。如许多开发商热衷于购买土地，但是很少有人想要原始的建筑因为它们空间有限并且没有停车空间。浮尔顿大厦的例子就说明了这点。

浮尔顿大厦由海峡殖民地第一个统治者命名，浮尔顿大厦是一个典型为纪念殖民政府的公民区的象征。由凯斯和道兹韦尔在 1928 年设计并建造，浮尔顿大厦被用于邮政总局、交易所、总商会和新加坡俱乐部的大楼。市区重建局将这个八层地标与回收的滨水场所隔街相建，来解决空间不足与无停车空间的问题。它引导开发商解决周围的一些限制，如隧道，邮件通过隧道由船带到邮局。而这最终将被整合为地下舞厅的门厅区。建筑的另一特色是在四层的房间里，被拱形的方格天花板覆盖，这使它变成了一个可以俯瞰中庭阳台的功能室。用来引导船只进入新加坡港的屋顶灯塔被扩大来容纳一家餐馆。

黑白屋

标志的黑白屋之所以被这样称呼，是由于它的木质结构、窗户和门都被漆成黑色，而填充的石膏板被漆成白色。他们被特意放置于房子的前面和两侧的走廊中，与三个海湾穿过的地方形成对称布局，在底楼有马车门廊，采用最少的装饰和宽广高悬的屋顶。小屋基本上是单层的，在地面上被约两英尺的小支柱或木柱支撑，以助提高通风。建造时间从 1900 年代到 20 世纪 20 年代，这个建筑在 1991 年末被列入保护项目。早期的小屋模仿的是都铎和马来甘榜的房子。有些则称是从无限蔓延的英国乡村获得灵感。

早期的小屋迎合了欧洲人的品位，尤其是英国的殖民者，并且在之后吸引了中国的富人。因此，黑白小屋成为展现社会地位的象征。独特的建筑风格与外部建设，尤其与花园相契合。今天，被列入保护项目的小屋可以在诸如达尔维地产、那森路、采士华路、德雷葛特、必比士路和花柏山路等地看到。

733 蒙巴登路

一个获得奖项的保护项目是 733 蒙巴登路（URA，2004）。这个早期风格的单层平房在 1927 年被建造，并于 1957 年增加了外屋。1999 年，被昂家买下做祖屋，由三个旁系和一个直系共同居住。重建和整合新的双层小楼花费了三年的时间，而重建后的小楼由于其创新性，被联合国教科文组织评选获得 2008 亚洲—太平洋地区文化遗产保护奖。评委由 12 位国际专家组成，他们发现整合重建后的小楼在保留原建筑特色的同时很好地扩大了空间，空间布局和体量关系使得新与老的平衡在这个有历史意义的小屋里得以实现。

次级发展地区

次级发展地区是在中心城区之外发展的地区，它们发展的部分原因是城市中心的拥挤，但已形成了自己独特的个性。它们展示了新加坡自 1900 年代至 20 世纪 40 年代城市发展的重要阶段，并且成为旧的历史居住地和现代城乡居住区之间的过渡区域。次级发展地区主要由店屋和排屋组成，例如如切、巴莱斯蒂尔、中峇鲁等地区。

如切（Joo Chiat）

被叫作如切的地区包括如切路、如切台、如切坊、长路、坤成路、登百灵路，以及东海岸路从马歇尔路到如切路的延伸段。1991 年，518 栋在如切路的建筑被列入保护项目，并且在 1993 年 7 月，如切被指定为保护地区。第一阶段的刊载使得属于过渡时期、晚期和艺术装饰风格的主要的两层店屋和排屋免遭拆除。

在 20 世纪早期，土生华人地主和商人朱佳买下了原本为椰子林的大片土地。在 20 世纪 20 年代到 30 年代，伴随着土生华人因拥堵而从城市中心搬离到岛屿的东部，住宅开始出现。由于该区域在第一次世界大战后作为中产阶级聚集地而继续发展，商店、小贩和其他服务提供商也蓬勃发展，这些成功的交易者们开始建立自己的店屋，在此时期越明显的装饰和装修就越体现旧时的建筑和风格（尤其在 1918 年到 1930 年之间）。另一个特点，尤其是后峇峇风格的店屋，用精心装修的装饰来掩饰房子的深度和狭窄。内部较为狭长，为了保证有足够的空气和光线，在房屋内部建造空气井。墙由 19 世纪英国的镶嵌工艺和瓦片覆盖，而栏杆和门上则装饰了精心雕刻的木雕，大量神话人物，以及花和鸟的图案。

现今的保护准则包含适度的灵活性，甚至允许店屋后方最大扩展至 5 层（Teo et al., 1985）。被保护的小屋所有者也被允许在他们拥有的联合建筑里进行扩展以便更好地控制该地区。只要外部建筑保持完好，他们可将小楼的内部进行划分，部分用以销售，部分用以租赁。

为了吸引业主参与保护，政府为位于如切路及蒙巴顿保护区的业主提供如下帮助：如果遵守保护方针并且按照已经同意的方案进行保护，政府出资开发停车场且支付不足的费用。业主可以向租户赔偿委员会申请支付他们被保护房屋的租金；并且业主在为他们的租户寻找其他地方住宿有困难时，也可以向政府寻求帮助（URA，1994）。

市区重建局的批准让如切的拓展迎来了新阶段。荷花就是如切路的一个例子。这里展现了面对如切地的 18 个双层店屋的发展。他们的所有者，卡瑟瑞纳房产公司选择保留整个排并且建造新的四层街区以及在后方的 32 个公寓和地下停车场。店屋的后部被改造成一个美丽的绿色琉璃瓦檐装饰门柱的正面。它们面向一个已规划的公园，公园里会有操场，游泳池和亭阁。新的公寓区装饰着与那些店屋相似的镶板和雕塑，创造了新旧之间的协调。

另一个新旧之间的成功平衡的案例是传统店屋适应现代生活的新应用。很多的在观僧道上的排屋也见证了这个趋势。根据市建局的指导，房子的前后部分保持不变，在内部，这些店屋发生巨大的改变。如观僧路 7 号的房子，传统与现代设计的融合的特征得以被展现，例如空气井内的小岩石块、被塞进顶层的小工作室和马六甲雕刻的大量使用（Seow，1973）。

2002 年，如切被市建局确认为将要进一步整修的地点。根据顾问的意见，一些新的店屋被推荐加入保护项目。2003 年 12 月 1 日，191 栋简单现代建筑被加入保护项目。

市区重建局也为位于学习区域 228 位建筑的业主提供了咨询，来尝试说服他们参与进保护行动。在咨询结束的时候，有 58 位建筑业主同意加入保护规划，而 71 位业主拒绝加入。而 99 位业主没有回复。咨询的结果以综合的标准，例如该建筑历史和建筑的重要意义、稀有性和对环境的意义进行分析。最后，市建局在 228 栋建筑中选择了 100 栋进行保护，这些被认为是该地区最重要的遗产特征。

争论与解决

在世界的很多角落，城市遗产保护都出现了矛盾，有时甚至引发强烈争论的问题，有些时候没有什么解决方案。新加坡也不例外。这些争论源于新加坡人关心他们的城市，有不同的意见，并且愿意表达这些意见，使他们的意见被听到。在这个部分，我将强调一个重点案例：国家图书馆极矛盾的重建。

国家图书馆

国家图书馆现在位于维多利亚街，因其复杂的科技，对绿色建筑的敏感，可读性材料的融合，公众参与，调研服务和其他方面，成为新新加坡的象征。拆除原有的低矮的、红砖未规划建筑的规划吸引了一批反对拆除行动的热情的市民和社会团体。公众多种多样的意见是对地区感情的展示也是新加坡最热情的象征。这些意见，当然也反对实用的规划需求。

老国家图书馆于1957年到1960年间建在史丹福路。有公共事业部门领导，被英国建筑师莱昂内尔·宾利（Lionel Bintley）设计，它的砖砌钢筋混凝土框架结构反映了英国建筑20世纪20年代的红砖时代。然而并不是每个人都喜欢这个结构，有些人认为它无法在"美观和威严并存的国家博物馆"旁边的协调。然而，从20世纪60年代到80年代，这里成为很受年轻人欢迎的场所，特别是附近学校集中的区域。

1987年，一个遗产保护相关环节研究委托新加坡旅游促进委员会进行，他们和一组外国顾问一起去考虑如何重振遗产链接区域，这些区域在1988年被市建局划定为公民文化区。而这个广为流传的规划重要组成部分就是国家图书馆的重新选址。在1988年5月28日，和国家发展主席的谈话邀请了例如规划师、建筑师、房地产开发商、资产顾问和工程师等专家，来讨论关于公民文化区的规划。在这个谈话期间，拆除国家图书馆并在福康宁山到拉士巴沙公园建立开阔视野的意见被讨论。

1992年，市区重建局发布了修改后的市政与文化区总规划，在这个规划里，单行的福康宁通道第一次被提出。隧道将从现有国家图书馆遗址入山，并出现在槟城路。它的目的是帮助解决从码头到果园区的交通繁忙问题。国家图书馆搬迁到前莱佛士女子小学附近后，隧道开始建设。

1998年底，新加坡管理大学（SMU）已经开始宣传其在拉士巴沙地区的新校园规划。它将占用六块土地，包括国家图书馆的斯坦福路站点和前拉夫尔女生小学的地点。新加坡管理大学组织了一次公众研讨会来收集关于校园总体规划的反馈意见。投票率是压倒性的。与会者在听到拆除红砖建筑的最终决定后情绪高涨。第二天，全国报纸在头版刊登了"国家图书馆要消失"的标题，还有一篇特别报道，讲述了几代图书馆用户的观点，以及这座建筑带给他们的深刻的含义和美好的回忆。

为了提供一个备选方案，建筑师郑庆顺在 2000 年 1 月提出了他为新加坡管理大学设计的方案。他提出沉下拉士巴沙路公园，保留斯坦福道路，并重新设计了隧道路线来拯救国家图书馆。各政府机构仔细研究了这个想法，以及扩大斯坦福德路的另一个选择。每一个都具有挑战，这使他们相信最初的解决方案仍然是最实用的。

第一，保留斯坦福道路，如果在不修建隧道的前提下拓宽它，并不能改善交通问题和让人行道更加方便。路是由国家博物馆为界，而扩张只能通过侵占拉士巴沙公园实现，这就需要斯坦福运河被重建，现有所有的树木砍伐。即使是技术上可以实现的，更广泛的道路并不会达到改善拉士巴沙地区交通的目的。另一方面，福康宁山会帮助疏导从乌节路到斯坦福道路的交通，从而减少在博物馆和学校前面的交通量。将隧道挖的尽可能深来避开国家图书馆地基在技术上被认为是不可能的，因为道路的延伸太短，图书馆结构为低于地面水平 10 米，这导致了一个非常陡峭的梯度，也将构成安全问题。

2000 年 2 月到 4 月，公众呼吁市区重建局重新考虑拆除建筑的建议。在 2000 年 3 月 7 日国家发展部长马宝山在议会宣布，国家图书馆的建筑将被拆除。在公众情绪高涨的期间，他确认市区重建局没有忽视公众意见，因为在这个问题上自 1988 年市建局关于公民区规划，有过广泛的公众和私人的讨论。他说，事实上大部分人支持移除图书馆。

今天，隧道在那里运作而红色的建筑只生活在回忆中。斯坦福路的国家图书馆在 2004 年 3 月 31 日关上了它的大门。在进行的保留国家图书馆回忆的努力中，很多深受喜爱的红砖被带到在维多利亚路的新图书馆。从国家图书馆通向福康宁山的旧路和古老的门柱也都被保留了下来。公众对于拆除国家图书馆的愤怒显示了新加坡民众并不是冷漠、漠不关心的人。无论是某个利益团体的个人，还是领域专家，新加坡人提出了意见，以便他们在称之为家的地方可以塑造成他们认为合适的样子。有时，这些反对的声音被听到，并采取了行动。在其他时候，相反的观点是太难被容纳。在其他时候，这些人妥协了。在微观上，谈判和世界城市遗产保护的决策反映了较大的社会契约演进、与多元的声音一起，有时测试极限，在边缘拉扯，但是总是着眼于什么对新加坡而言最好来考虑。

为过去而存在的未来？

随着遗产重要性的认知，决定什么是遗产的责任也随之出现，哪个建筑或地区值得被保护及提前防护，而什么可以被移除来为新的建筑让路。有没有什么旧建筑可以增添的新功能，要对谁的意见进行考虑，而谁又有维系建筑的责任——这些都是需要被解决的问题。另外，随着越来越多的人发声，越来越多的人参与，这些任务变得愈加艰难。

保护新加坡遗产的理想必须要转化为现实。市区重建局逐步的行动，经过多年的磨砺，被认为是一个可行的。从试点项目开始，他们的成功完成"为保护项目的开发商和专业人士注入更大的信心"。根据专家所说，这些试点项目也"展示恢复旧建筑的正确方法和技术，并成为私营机构遗产保护工程的标志"。

在试点项目之外，市区重建局推出了保护建筑地段销售规划使公共和私人机构加入。自20世纪80年代中开始，有超过900栋保护建筑被通过保护建筑地段销售规划释放重建。这承认了私有项目在寸土寸金的新加坡建立成功的遗产保护项目的重要作用。为了吸引私立机构的加入，政府为他们提供了一系列福利，取消租金管制，允许改变使用，并提供急需的基础设施。

最近几年，市区重建局也尝试建立更具有咨询性的建议，例如，通过调查小组的形式来收集公众反馈、保护建议组的设立以及业主的参与。除了遗产保护本身的工作，市区重建局也在积极宣传保护的成果，教育公众保护的意义并且奖励那些承担保护或重建工作的人。为了帮助公众认识到这些成果，举办展览、讲座及年度建筑遗产奖起到了很重要的作用。

公众情绪和专业评估

如果要走访新加坡人、建筑师和城市规划者、旅行者和居住在新加坡的专家的意见，即使被实用主义的想法所支撑，仍然为遗产保护提供了保护。人们对已经完成的这些充满敬意，但是毫不例外，他们也会感到不满意。

年轻人有时候被批判缺乏归属感，却常说赞成保护，并且全心全意地表示"了解我们将要做的事情，我们必须铭记我们从何处而来"。保护遗产的意义更强烈的证据在于有些年轻企业家选择在整修过的店屋里进行他们的商业活动。

在甘榜格南，除了有些自由的哈芝巷，沿着北桥路走，就是贾马尔卡组，一个由年轻一代继承家业的、一改传统的阿拉伯穆斯林香水。他们使用旧建筑将旧产业带入新时代的选择，是在环境合适度的前提下进行的。同样的，年轻的企业家肯尼·莱克（Kenny Leck）和他的同伴魏凯伦（Karen Wei）选择了一个 20 世纪 10 年代建造的店屋来发展他们的 BooksActually 书店。在客纳街百年建筑之间他们经营着这家书店，而这家书店也是新加坡著名的独立书店之一。然而，土地稀缺的现实和实用主义的需求也很明显，在有限的空间内尽可能发展我们的经济，成为理解重建需求最常见的理由。

关于应该保留还是应该为新发展让步的双边意见在公众评估遗产保护结果方面同样明显。毫无疑问，公众有人对保护的结果进行欢呼。有些人喜爱黑白小楼，赞美罗里斯德园，例如称这里是个"迷人的意见"。另一些人赞同去保护土地价值高的地区。然而其他人赞成年轻的新加坡人如中峇鲁在保护遗迹方面体现的价值观，他们很多人投入了时间、资源、活力来支持遗产保护和对内部设计保持忠诚。这些是那些享受建筑结构和好好对待那些被保护的楼房的人。

但是，同样的，有很多人持批判意见。例如那些不同意保留中国城和克拉克海湾的人，对这些妥协非常不满。例如：

对中国城："有些特征由于给予太多自由被破坏。直接的结果是颜色像彩虹一样飞舞其上。这并不是真正的保护。保护需要有个柔和的外观，像铜器生锈那样，它经历了岁月的洗礼。现在那些特征已经没有了。"

对克拉克海湾："……'环保雨伞'……带走了克拉克海湾旧建筑的特征。"

还有一些人嫌弃商业化的程度，以赞美坊为例："它真的太过商业化了。这里的特征被改变了。以前它就像个大公爵夫人，但是现在由于商业活动，这些特征并没有真正被保留。新加坡人需要真正的文化根基。"毫无疑问，有人哀叹失去标志性建筑："他们应该保留国家图书馆、国家大剧院和范克里夫水族馆这些新加坡独立前的标志。"

无论是从个人，利益集团，或专业人士，热情，务实，支持，赞赏，批判的声音是无数的。也许这将永远以不同形式存在，因为人们拥有多种多样的价值观。

庆祝胜利

无论当地是否有争论，市区重建局的努力得到了国际的认可。 在 2006 年 7 月，市区重建局的遗产保护项目赢得了亚太地区城市土地协会卓越奖。新加坡是亚洲－太平洋地区唯一一个国际型奖项的获得者。

使新加坡获奖的事件是以如下顺序提交的：第一，在一个相对较短的、20 年的时间构架里，新加坡成功保护了位于 86 个保护区的，6563 栋建筑，这些建筑占地约 204 公顷。大部分较为破败的建筑已经被完全重建，而另外一些被以良好的状态保存下来。第二，一个"双赢"在所有利益相关者中实现。它们独特的特性与美丽的建筑风格被保存，而创新性的解决办法使得这些建筑拥有了新的用途，从居住到商业、文化以及娱乐。第三，成功的公众和个人合作模式已经形成，而且一个立足于市场的保护方法被实现。并且专家的咨询、邻里的合作及高度的公众支持在这个过程中非常明显。最后，这个保护项目获得了国际的认可：文莱，中国大陆，中国香港，印度尼西亚，日本，马来西亚都到新加坡来进行遗产保护学习。另外，印度尼西亚特别要求市区重建局开展针对它的遗产保护的课程而泰国和柬埔寨（通过联合国教科文组织）在他们各自的会议上邀请市区重建局分享新加坡城市遗产保护的效果。

考虑到其他国家在新加坡的保护努力的兴趣，也许新加坡有潜力提成为在该地区的遗产保护的模板。

前　瞻

为扩大保护范围而正在进行的努力，包括熟悉的地标，获得美学，工程，设计和历史的优点。这些可能包括了公园和花园的结构，比如眺望台，凉亭、桥梁、军事结构如要塞和炮台，以及基础设施和公用设施如桥梁、城门和水塔。最被广泛认可的结构之一是最近被命名为联合国教科文组织遗产保护点的结构，也就是植物园的铁支架。

此举带来一种还剩很少的建筑作为长远保护的目标的感觉，造成转向考虑离散元素的建筑。然而独立结构太过丰富，而区分标准必须被确定以防止所有的建筑仅仅因为时间就被保护下来。另外，如果保护需要考虑与周围环境的一致性，让小而独立的房屋融入新建楼房之间将会成为一个不小的挑战。同样的，可能有大多数标志性的建筑已经被列入保护的范围，在 2000 年中，公众的关注转向了更现代结构的建筑和独立后大的多层建筑。有些人尽管认为很多现代和后现代建筑没有意义，不值得被保护，有些人认为它们是承载了共同记忆的载体和这个时代的标志。通常，呼吁遗产保护的人并不是那些想要使他们所有物价值更高的那些人。同样，那些拥有了他们的设施的人，对同一栋建筑有着不同的想法。

关于这些难题的一个例子是公众对于一些 20 世纪 70 年代建造，在 2006 年和 2007 年卷入公寓集体出售热潮的公寓。有些人认为如果现代的建筑都被拆除，新加坡将丢失它的熟悉感及个性。然而，对于其他一部分人而言，保留个人房屋并不重要，尤其是它们在建筑层面并不突出，并且只对个人感情有意义。假如不同的意见在对一个地方的保护或一种保护方法中不可避免，毫无疑问，决定无法在统一意见中被做出。

因此，市区重建局的任务就是平衡承认保护价值的一部分与对他们的房子有一定权力和期待的业主之间的利益，例如，退休基金和公寓一起销售。为了解决这些问题市区重建局希望鼓励公共和私人建立更多合作。同样，如何处理大的现代建筑保护问题仍然是个巨大的挑战。其他国家的例子可能对此有所帮助。例如在纽约，土地的价值比新加坡要高得多，但是通过有前瞻性的业主的规划，例如西格拉姆大厦（被一个名为 RFR 的德美公司所拥有），这个国际化的 38 层纪念碑被给予了新生。它的所有者在 1989 年自愿参与密斯·凡·德·罗大楼的保护，将它变成了一个有着惊人租户名单的成功的办公大楼。另一个例子是由斯基德莫尔、奥因斯和美林所有的利弗大楼，它在 1982 年成为了一个地标建筑，后来也被 RFR 有限公司买下。RFR 公司在 1998 年宣布了一个 2500 万美元的重建项目，相信这个建筑将成为不可思议的地标，值得重建。最后，从以前的消费品巨头总部变成了一个成功的多租户大楼，它和西格拉姆大厦一起，成为一个不仅是在纽约还是在全世界闻名的现代主义的标志。

另外，信托基金在很多国家设立，它们经常作为共同努力的结果来支持遗产保护。对此有不同的模式。例如，保护文化和自然遗产的日本国家信托基金是无利润的、不含税的。公共利益合作和产业支持，政府和私人机构共同运营，由交通部管理。在英国，国家基金是独立于政府的独立慈善产业，依靠 350 万成员和其他支持者的共同捐赠。在美国，历史保护基金是私人运作的、不以盈利为目的的组织运营，其中包括了宣传与教育的作用，在新加坡存在一个同等发展的可能性。

即使大的现代建筑的保护仍然是个巨大的挑战，很多小的独特的已经被保护的建筑不能被忽视。这些建筑需要被保护为很好的条件，在经济上可行，从而保持它们社会和经济的活性。当我们"建造一个地方"，我们也需要"管理"它们。建造建筑包括建筑重建，提供支持性的基础设施。而管理它们意味着保证在公共消费中，这栋建筑有历史因素的独特性，平衡贸易形式来保证历史的合理性而不是简单经济可行性的混合，将社会属性注入其中，并且鼓励居民和业主发展他们的身份认同感和自豪感，并且促进贸易继续发展。而纯粹的恢复物理基础设施已经成功在很多建筑物中实施，区域管理方面，培养地区社会、文化和经济生活在现在获得了更多关注。确实，有些人认为如果只有物理功能被建设，建筑并不是真正被建造。只有建筑活了才算真正地被建造。这种形式的地区建造并不能被立法或妥善管理。提供区域的历史信息只是其中之一，而让人们对这些历史信息感兴趣是另一件任务。

参考书目

Abrams, C., Kobe, S., Koenigsberger, O. (1980) Growth and urban renewal in Singapore. *Habitat International*, 5(1/2): 85–127.

Balamurugan, A. (2004) *Singapore Infopedia — National Library Building, Stamford Road*, http://infopedia.nlb.gov.sg/articles/SIP_661_2004–12–27.html, accessed 27 August 2008.

Beamish, J., Ferguson, J. (1985) *A History of Singapore Architecture — The Making of a City*. Graham Brash (Pte) Ltd, Singapore.

Crooks Michell Peacock Stewart. (1971) *The United Nations Urban Renewal and Development Project, Singapore. Part Four: The Central Area*. Crooks Michell Peacock Stewart, Sydney.

Hamilton, S. (1995). Spotlight on Singapore: Houses as History. *Silver Kris*, April, 58–62.

Kwok, K.W., Ho, W.H., Tan, K.L. (eds). (2000) *Memories and the National Library: Between Forgetting and Remembering*. Singapore, Singapore Heritage Society.

Lipp, G.E., Wimberly, G.J., Jenkins, C.H., Collins, R., Sugaya, H.B. (1986) *Tourism Development in Singapore*. Singapore Tourist Promotion Board, Singapore.

Seow, E.J. (1973) *Architectural Development in Singapore*, Unpublished PhD Thesis, University of Melbourne, Melbourne, Australia.

Teh, L.Y., Goh, M., Quah, S.H., Tan, H.J., Bay, P. (eds). (2004) *Architectural Heritage, Singapore: Architectural Heritage Awards 1994 to 2004: Award-Winning Projects by Singapore-Registered Architects*. Urban Redevelopment Authority, Singapore.

Teo, S.E., Savage, V. (1985) Singapore Landscape: A Historical Overview of Housing Change, *Singapore Journal of Tropical Geography*, 6(1), 48–63.

The Straits Times, Decision made 'after all options were considered', 8 May 1991.

The Straits Times, Fullerton Building to be redeveloped as top-notch hotel, 27 July 1996.

The Straits Times, National Library building to go, 14 March 1999.

UNESCO Bangkok. (2008) 2008 Jury Commendation for Innovation: 733 Mountbatten Road, http://www.unescobkk.org/culture/wh/asia-pacific-heritage-awards/previousheritageawards-2000–2013/2008/award-winners/2008jc/, accessed 27 August 2008.

URA (Urban Redevelopment Authority). (1991) *A Future with A Past — Saving Our Heritage*. Urban Redevelopment Authority, Singapore.

URA (Urban Redevelopment Authority). (1992) *Singapore River, Development Guide Plan, Draft*. Urban Redevelopment Authority, Singapore.

URA (Urban Redevelopment Authority). (1993) *Objectives, Principles and Standards for Preservation and Conservation*. Urban Redevelopment Authority, Singapore.

URA (Urban Redevelopment Authority). (1994) *Secondary Settlements— Conservation Guidelines for Joo Chiat Conservation Area*. Urban

Redevelopment Authority, Singapore.

URA (Urban Redevelopment Authority). (1995) *Conservation guidelines for historic districts: Boat Quay, Chinatown, Kg Glam, Little India.* Urban Redevelopment Authority, Singapore.

URA (Urban Redevelopment Authority). (2000) *Concept Plan Review, Focus Group Consultation, Final Report on Identity versus Intensive Use of Land.* Urban Redevelopment Authority, Singapore.

URA (Urban Redevelopment Authority). (2002a) *ORA Corporate Plan Seminar*, 8 April, URA, Singapore.

URA (Urban Redevelopment Authority). (2002b) *URA launches Identity Plan for 15 areas in Singapore*, http://www.ura.gov.sg/pr/text/pr02–42.html, accessed 15 August 2008.

URA (Urban Redevelopment Authority). (2002c) *Parks and Waterbodies Plan and Identity Plan. Subject Group Report on Old World Charm.* Urban Redevelopment Authority, Singapore.

URA (Urban Redevelopment Authority). (2004) Architectural Heritage Awards—No.733 Mountbatten Road, http://www.ura.gov.sg/uol/publications/corporate/aha/2004/733-Mountbatten-Road.aspx, accessed 27 August 2008.

URA (Urban Redevelopment Authority). (2008) *Areas and Maps: Joo Chiat Conservation Area*, http://www.ura.gov.sg/conservation/jooc.htm, accessed 3 July 2008.

第 14 章

公共住宅和邻里发展：规划城邦的城市多样性[1]

陈恩赐

简 介

在过去 50 年左右的时间里，新加坡的人口从 1970 年的 207 万增长到 2014 年 547 万人。尤其在 1990 年至 2010 年，新加坡人口每十年增长百万人以上，人口密度也相应从 1970 年每平方千米 3538 人增长到 2014 年的 7615 人，总数翻了一倍以上（DOS，2014：v）。这种快速增长需要在仅 700 多平方公里的岛国面积上实现，使得高层住房的普及成为必然趋势。大部分住房由负责规划新加坡公共住宅的建屋发展局（HDB）建造的。实际上，官方统计显示接近 82% 的新加坡居民，包括公民和被授予永久居住权的居民，住在 HDB 建造的公共住宅里，其余的大部分人住在独立产权的公寓或私人地产及物业中（DOS，2014：v）。

此外，尽管"公共住宅"这个标签可能在一些社会背景下给人一种负面影响，但还是有超过 97% 的居民买下了公共住宅。约 77% 的业主住在四居室到行政套房的大户型中（HDB，2014：15）。这些数据既是政府的自有房政策的结果，也显示了住宅和社会的流动性，有助于推动中产阶层住房条件的视觉同质（Chua and Tan，1995：4）。

---

1 此处是依据陈恩赐所著《建设中的组屋社区》（The HDB Community: A Work in Progress）一文的重新编排和扩充版本，此文第一次出现在 Yap Kioe Sheng 和 Moe Thuzar 编写的《东南亚城市化问题和影响》（Urbanization in Southeast Asia: Issues and Impacts, 2012）一书中的 190~204 页内容，此次重新编辑得到了出版者新加坡东南亚研究所的许可。

然而，当我们深入研究这些居民资料数据时，我们会发现建屋发展局建造的城镇、住宅区，及专用区房屋的居民都体现出了种族、宗教、甚至阶层维度的异质性。那么，新加坡邻里建设的异质性给我们哪些启示呢？尤其是当我们面临这样一个城市背景的时候，我们随意的观察往往会发现这样的一种现象，那就是邻里间紧闭着各自的大门，缺乏社交活动。因此尽管人们住得很近，但却不能构成一个邻里群体。

组屋（HDB）是否能开发互动性邻里？

20 世纪 60 年代时期，当时为了安顿来自部落和村庄的大规模搬迁人口，以及解决市内居民区过度拥挤，基础设施、公用设施和卫生设施薄弱的问题，住房和城市景观便开始转型。虽然这一方案大大提高了居民的生活舒适度，但它却阻断了过去睦邻友好的邻里关系——不论是实际情况或是想象中的。

的确，"社会丢失"（loss of community）的概念已经是过去当地和国际社会学文献的共同主题（Hassan，1976；Delanty，2003）。关于"邻里生活"期间邻里团结、社会融合、归属感和参与等邻里感情的怀旧之情经常体现在（Hassan，1976：260），或者更确切地说，被创作在当地流行剧集和文学作品中。它们传递了一个隐晦信息，那就在部落村庄生活发展到高楼城市生活中所丢失的邻里情感是值得被寻回的。也许这也表达了建屋发展局的任务不仅是为居民提供容身之地，更要顺应并巩固独立后新加坡国民团结的趋势，并建立邻里。

黄和她的同事（Wong et al.，1997：443）指出，"建屋局的房屋建设理念已从 20 世纪 60 年代初期注重提供基本的住房条件，发展到现在强调提供一个整体的生活环境和支持邻里发展的水平"。他们还注意到在"邻里和区域规划观念，公共空间和设施如组屋的架空底层、游乐场、区块走廊等已经被引进，以鼓励共享公共设施的居民能够参与社交活动"，并且"建屋发展局的内部人员正接受针对邻里关系培训，并且与民间组织和志愿机构开展了培养居民邻里意识的合作"（Wong et al.，1997：444）。

尽管让不同地区的人们融入城市氛围中的邻里建设工作可以实现，但是极具挑战性。黄和她的同事（Wong et al.，1997：444）指出，大家普遍认为邻里仅仅存在于"田园般的"村庄或小城镇，"在因大小、密度和异质性而产生的一个冷漠的竞争环境"的城市范围内，邻里正在消亡。尽管他们提供了部分证据，但这种观点明显站不住脚，他们反驳道，"社会学家和城市人类学家早就发现有持续存在的主要关系、非正式群体和组织良好的邻里"存在于城市环境中（Wong et al.，1997：444）。

无独有偶，蔡（Chua，1997：439）认为虽然"在村落里已经找不到广义的邻里意识了"，但在当今的邻里里，它"被一种在特定空间或个人生活路线中的私人化情感所取代"。换句话说，邻里概念不是完全消失了，而是在现代主义的城市环境中缩小了活动范围和领域。

无论组屋（HDB）邻里将来演变成何种形式，在考虑到对国家建设和社会稳定性、流动性的重要作用之后，政府将会通过组屋来确保城市布局，推动促进社会互动、增强居民归属感的设施建设，这些是我们可以预见到的。同时，负责邻里发展的政府组织人民协会（PA）将继续开发参与平台并鼓励地面行动倡议，通过创造居民共事的机会——无论是参加娱乐活动或是参与市政问题，来促进社会的凝聚力和居民的主人翁意识（PA，2014:26）。然而，无论是通过邻里建设维持社会高度凝聚力的目标已经实现，或是有待进一步加强动态社会景观中的社会结构，这很大程度上取决于组屋居民情况和邻里定位，而非其他因素。

组屋的多维度社会景观

组屋（HDB）的一个重要使命是为整个国家提供家庭的住所，而非仅仅解决现有人口的住房。它应该为任何种族和阶层的公民提供经济适用房，促进房屋自有率。这使新加坡看起来更加"趋同"，也能把新加坡转化成中等阶层的舞台，尽管大家都说异质性实际上是新加坡公共住宅和社会环境的特征。

然而，异质性可以由人民在一个自我选择过程中重新塑造，在不同的地理区域内产生隔离的同质分组。这个我们不希望看到的景象促使组屋有意识地防止相同住宅区、管辖区、甚至公寓街区内分布不同的户型，导致"种族配额"政策引起的种族自治区，以及户型差异引起的阶层团体。因此，组房（HDB）

邻里在新加坡人口构成的限定内，比如大型华人群体，有明显的多维的社会景观。除了有多个种族和多种阶级以外，它还是多宗教的和多代同堂的。随着近年来移民速度的加快，它也成为一个多民族国家。[2]

组房（HDB）城镇、地产和管辖区[3]显然并不是所有维度都到相同的程度。例如，对比 2008 年一个相对成熟的组房城镇时[4]，发现中心区家庭收入的中值最低，为 2979 新币，虽然它被定义为一个成熟的城镇[5]，而像榜鹅这个年轻的邻里，平均中值最高，达到 6569 新币（HDB，2010a：52）。这个收入差异可以解释为在成熟的城市中有更高比例的老龄居民，他们可能接受的教育不够正式，经济上相对被动，因此假如他们被雇佣，那么他们极可能从事像"清洁工或劳工"那类低技能的工作（HDB，2014：49）。

总的来说，我们可以观察到大多数组房居民生活在被定义为"四居室及以上户型"的中等收入住房内。如果把户型当做阶层分类的原指标，我们就可以推断中产阶层在过去二十年里大规模扩大，从 1987 年的 41.3% 上升到 2008 年的 77.0%，略微回落或者稳定在 2013 年的 76.3%（表 14.1）。

表 14.2 关注教育水平的差异，也显示了显著增加的中产阶层规模。大于或等于 15 岁的居民拥有职专或同等学历文凭，拥有大学文凭的组房居民从 1998 年的 19.9% 上升到 2008 年的 31.4%，2013 年达到 42.8%。仅有小学文凭或没有学历的比例在 2008 年为 30.5%，但在 2013 年急剧下降到 15.3%。

表 14.3 反映了职业水平的差异很大程度上与居民的受教育程度相关。我们可以看出担任专业人员、经理、高管和技术人员（PMETs）的组屋居民被理解为是属于从事中产阶级职业的，其比例从 1998 年的 40.4% 稳步上升到 2008 年的 45.2%，到了 2013 年为 50.6%，后者表明每两个组屋居民中就有一个是中产阶级。

在收入方面，2008 年数据表明 20% 的组房居住家庭收入达到 8000 新币及以上，而 25% 的家庭收入则低于 2000 新元（表 14.4）。整体上表格清楚地表

2　永久居住比政策（permanent resident quota）于 2010 年采用以确保没有特别的移民飞地出现在租屋景观中。

3　本文中，组屋小镇、地产和辖区涉及三个层级的邻里尺度和组织结构，组屋邻里适用于各层级的统称。

4　本文中的数据主要是从 2008 年和 2013 年的组屋样本调查专著中所得，有些之前的数据在后来的专著中就缺失了。

5　成熟小镇主要是指 20 世纪 80 年代建成的一批，新一代的小镇则是指于 90 年代建设的，有些新的住宅和设施仍在建设中。

明收入有显著的流动性，它还指出四分之一的组房家庭收入低于家庭收入中值，而 8.5% 的家庭没有任何收入，其中大部分是老龄家庭。

表14.1　按户型分类的组房居民（%）　　　资料来源：HDB，2010a：14 和 2014：23。

	组屋居民					
	1987		2008		2013	
	%	Cum.%	%	Cum.%	%	Cum.%
1 居室	6.3		1.2		1.6	
2 居室	7.0		2.2		2.8	
3 居室	45.4		19.6		19.3	
4 居室	29.0		41.0		41.1	
5 居室	9.9	41.3	26.7	77.0	26.6	76.3
行政套房	1.6		9.3		8.6	
HUDC	0.8		—		—	
总计	100.0		100.0		100.0	

表14.2　按教育程度分类的15岁及以上的就业组房居民（%）
来源：HDB，2010a：25和2014:30。

	组屋居民					
	1998		2008		2013	
教育水平	%	Cum.%	%	Cum.%	%	Cum.%
无学历	11.8	37.7	8.2	30.5	1.5	15.3
小学	25.9		22.3		13.8	
初中	35.4		32.9		33.2	
高中	6.9		4.5		8.7	
职专	10.7		15.3		19.0	
大学	9.2	19.9	16.1	31.4	23.7	42.7
其他	0.1		0.7		0.1	
总计	100.0		100.0		100.0	

表 14.3　15岁及以上的组房居民职业情况（%）

来源：HDB，2014：30。

职业	组屋居民					
	1998		2008		2013	
	%	Cum.%	%	Cum.%	%	Cum.%
立法者、高级官员	10.9		10.7		13.3	
专业人员	8.5	40.4	11.9	45.2	14.5	50.6
专业技术助理和技工	21.0		22.6		22.8	
办事员	13.6		12.8		12.9	
服务员和销售	12.7		12.6		11.8	
生产业工人	21.2		15.0		11.9	
清洁工和劳工	8.1		10.7		9.2	
其他	4.0		3.7		3.6	
总计	100.0		100.0		100.0	

表14.4　组房居民每月家庭收入（%）

来源：HDB，2010a：55。

月家庭收入（新币）	组屋居民			
	2003		2008	
	%	Cum.%	%	Cum.%
无收入	10.2		8.5	
低于 1,000	7.5	30.1	4.4	24.8
1,000—1,999	12.4		11.9	
2,000—2,999	17.8		12.3	
3,000—3,999	15.8		12.9	
4,000—4,999	9.3		10.1	
5,000—5,999	7.1		8.6	
6,000—6,999	6.3		6.2	
7,000—7,999	4.1		5.3	
8,000—8,999	2.0		4.4	
9,000—9,999	2.6	9.7	3.1	19.9
10,000 及以上	5.1		12.4	
总计	100.0		100.0	

14.5　老年人和非老年人住房户型 2008（%）　　　　来源：HDB，2010a：62。

户型	老年人		非老年人	
	%	Cum.%	%	Cum.%
1 居室	7.0	14.6	0.8	2.9
2 居室	7.6		2.1	
3 居室	40.3		21.3	
4 居室	30.2		39.3	
5 居室	12.3	14.9	27.5	36.6
套房	2.6		9.1	
总计	100.0		100.0	

14.6　老年人和非老年人家庭月收入（S$），2008（%）　　　　来源：HDB，2010a：64。

家庭月收入（S$）	老年人		非老年人	
	%	Cum.%	%	Cum.%
无收入	36.3	57.9	2.4	16.6
低于 1,000	7.4		3.0	
1,000—1,999	14.2		11.2	
2,000—2,999	9.5		13.2	
3,000—3,999	9.5		13.9	
4,000—4,999	5.3		11.2	
5,000—5,999	4.4		9.2	
6,000—6,999	3.7		6.7	
7,000—7,999	2.7		5.8	
8,000—8,999	2.1		4.7	
9,000—9,999	1.5		3.5	
10,000 及以上	3.4		15.2	
总计	100.0		100.0	

　　表 14.5 和表 14.6 显示，以收入和户型作为原指标时，年龄和阶层之间有所关联。2008 年，14.6% 的老年居民更可能住在一居室或两居室的出租屋中，而非老年人仅占 2.9%。57.9% 的老年居民家庭收入低于 2000 新币，而非老年人仅占 16.6%。值得注意的是，超过三分之一的老年人家庭没有收入。

　　另一组关联变量是种族和阶层，同样的，我们以收入作为因变量。表 14.7

14.7　不同种族居民家庭月收入（S$），2008（%）　　来源：HDB，2010a：55。

家庭月收入 (S$)	中国人		马来西亚人		印度人	
	%	Cum.%	%	Cum.%	%	Cum.%
无收入	8.8		6.6		8.1	
低于 1,000	4.2		5.3		4.9	
1,000—1,999	11.3	48.7	15.8	57.8	12.3	51.3
2,000—2,999	11.8		15.2		12.5	
3,000—3,999	12.6		14.9		13.5	
4,000—4,999	9.7		12.4		10.6	
5,000—5,999	8.5		8.8		8.8	
6,000—6,999	6.1		7.4		5.6	
7,000—7,999	5.4		4.1		5.4	
8,000—8,999	4.6		3.2		4.1	
9,000—9,999	3.4	21.7	1.7	9.5	2.2	18.5
10,000 及以上	13.7		4.6		12.2	
总计	100.0		100.0		100.0	

表14.8　不同出生地的居民占比，2010　　来源: DOS, 2010。

出生地	%
新加坡	77.2
马来西亚	10.2
中国内地，中国香港，中国澳门	4.6
南亚	3.3
印度尼西亚	1.4
其他亚洲国家	2.4
欧洲	0.4
北美洲	0.2
澳大利亚和新西兰	0.1
其他	0.1
总计	100.0

显示了 2008 年 57.8% 的马来人家庭，48.7% 的中国人家庭和 51.3% 的印度人家庭收入低于中等水平。在高收入人群中，21.7% 的中国人家庭月收入超过 8000 新币，而该组的马来人家庭和印度人家庭只分别达到 9.5% 和 18.5%。

国籍差异因素也十分显著，目前，居住在新加坡的每五个人中就有两个是外国人，其中包括 50 万非自然公民的常住居民。因为没有组屋居民国籍的数据，所以只能参考 2010 年新加坡人口普查的数据。在表 14.8 显示来自东亚（中国大陆、中国香港、中国澳门），南亚（印度、巴基斯坦、孟加拉国、斯里兰卡）和东南亚（特别是印尼）的人占绝大多数，0.7% 的居民来自欧洲、北美洲、澳大利亚和新西兰，而大多数非新加坡出生的居民来自马来西亚。

这些数据也体现出了与高密度人口流动的空间分布的关联。组屋居民邻里中有来自不同"群体"的人，如商贩中心、购物商城、汽车到达站等。

通过以上分析，我们了解了 HDB 邻里的特点——具有高等学历资质、主要从事技术行业或中上水平收入的中产阶层占大多数，此外也有一小部分低收入或无收入的老龄人群和少数民族人群住在一居室或两居室中。无论如何，中产阶层作为一个庞大的群体，本身就存在异质性。

多样性是否意味着社会冲突？

介绍了组屋居民在多维度都有多样性的特征后，我们要提出一个很重要的问题：以下情景中，哪一个最能体现 HDB 邻里特征？一、人们的价值观和利益追求截然不同，社会冲突是普遍现象。二、因为政府的干预而产生的社会和谐表象。三、跨区域社会关系的建立和社会资本的积累导致了邻里的产生。

我在 2001 年调研的数据显示（Tan，2004：36-37），在新加坡中有 85% 的人有低收入的朋友，11% 的人则没有，而那些"是否有高收入群体的朋友"的数字就稍显逊色了。另一个有趣的数据显示 77% 的人有社会等级高于自己的朋友，18% 的人则没有。47% 的人群和 60% 的自认为属于低层社会等级的人群表示，新加坡的成功人士看不起普通人。

当我们看待种族内关系时，我们发现 21% 的新加坡人表示他们没有不同种族的好友。和年轻人相比，老年人更少结交不同种族的好友。此外，比起教育程度高的人，教育水平低的新加坡人更少结交不同种族的好友。这一发现在新加坡华人中也较为普遍，其他少数族群的人更喜欢跨种族交友（Tan，2004：38-39）。近期的调查进一步证实了这项发现，23% 的新加坡本地人表示他们和外来人缺少共同语言。

同样，近期的一项调查也揭示了移民融合所面临的挑战。调查发现三分之二的新加坡人认为，新加坡吸收海外人才的政策会削弱"一个国家，一个民族"的认同感。住小户型、收入低的人对新加坡移民吸收人才政策的反对意见最强烈，四居室以下的居民中有 72% 的人反对，而私有住宅的人中有 49% 反对。

当考虑到外来人口对新加坡经济的贡献时，新加坡人对他们宽容度较高。值得一提的是，调查显示三分之二的新加坡人同意新加坡政府可以为了经济发展的需要适当引进移民。然而，反对该政策的人仍旧是住在小户型或低收入的人群，四居室以下的居民中有 45% 的人反对，而私有住宅的人中有 24% 反对。

在组屋城镇和住宅区中，还有另一组相似的数据。44.3% 的居民认为外国人在他们中相处融洽，而 25.9% 的人则观点相反。正如之前国家调查报告中显示的那样，受教育程度高、住大户型公寓、年纪较小的居民更愿意接受外国人。

尽管我们罗列了一些消极的数据，我认为鉴于我们对新加坡过去 50 年发展的了解，仅仅通过阶级、种族、宗教或移民冲突来了解新加坡是远远不够的。综合考虑的话，新加坡的正面形象远胜于其负面影响，这并不是否认人们也许会在不同程度上带着偏见看问题，或者歧视其他阶层、种族、年龄或国籍的人，有时甚至会受到媒体上一些病毒般蔓延的事件的影响和邻里间的摩擦而感到不快。

然而，尽管组屋的社会景观有诸多优点，但我们应意识到多样性仍然是引发社会冲突的潜在因素，因此，我们需要对此保持警觉并建设好邻里的氛围。拿 25% 的居民不喜欢外来移民，而 75% 的人接受外来居民这个数据来举例子，尽管在数字上看，25% 不算多，但它的影响却是巨大的，因为这反映了 80 万人的意见，相当于三个大型组屋邻里的人口之和，这就是表面上基本和谐稳定的新加坡为什么还要强调社会融合的原因。在这里我要重申的是融合并不只意味着没有冲突或表象和谐，因为这些都是可以通过强制力量来实现的，而是更进一步，是为了促进理解、接纳、联系，以及不同社会群体间的合作。

组屋居民邻里定位

除了要了解组屋居民的社会特征之外，另一个维度对于组屋城镇、住房和功能区的发展有重要意义，它就是邻里定位。这个概念描绘了居民们的邻里关系，包括他们每天的日常生活和活动范围。尤其是它能影响居民的归属感、主人翁意识、踏实感和责任意识的培养，因此对邻里的建设有重要意义。

邻里集体感

邻里定位可以从两个方面来衡量：一方面是对邻里的责任感，这样，人们会直接或间接地为邻里发展做贡献；另一方面是在日常邻里活动中的参与以及邻里间的互动。组屋的 2013 年抽样家庭调查（SHS）显示，绝大多数居民较少与邻居打招呼、日常对话等邻里互动，而一半以上的家庭会在重要场合互换食物或者礼物，三分之一的家庭会串门，或者帮邻居照顾公寓。该调查也发现少数种族的人更喜欢深入的邻里互动，而且他们的居住时长和邻里互助的程度呈正相关。另一个重要的发现是 85.7% 的组屋居民会与不同种族、国籍，或两者都不同的家庭互动。

尽管邻里归属感在近年内涨幅较小，仅从 2003 年 70% 涨到 2013 年的 73.2%，但这个数字一直保持在较高的水平。整体上来说，数据显示了组屋邻里居民有较强的归属感，无论是在管辖区、地产还是城镇层面，居民年龄和居住时长这两个变量的作用都尤为重要。

邻里定位的分类

除了上文描绘的构架以外，我们还应总结出社会特征和邻里定位的分类。我将在基于非系统观察的基础上提出假设，并总结出以下四种邻里定位的可能性。

在组屋居民中，也许对邻里责任感最弱的是房东和房客，因为他们的生活状态不稳定，长期或短期内会经常搬家。然而，该定位并不能理解为这些居民就是隐形人了，尤其是那些喜欢和自己同国家的人社交的外国人，他们经常在足球场、咖啡厅和购物商城活动，看起来很像小圈子，而这种小圈子会不经意间给新加坡人留下负面印象。但从积极的角度来思考，组屋邻里内的新加坡人和外国人的互动也很多，从而对社会团结和邻里发展做出一定程度上的贡献。

第二类居民群体非新加坡籍，同时又不是租户，外来工人属于这个群体内。由于工作性质的关系，他们大多数时间都待在家中，很可能和相同身份的居民组成社交圈。他们的日常活动包括照看老人、送小孩去幼儿园、去市场买杂货，以及带宠物散步等，这些活动让他们经常与外界交流，从而有利于邻里构建。

第三类是老年人、家庭主妇和儿童。他们可能是公寓的所有者，也可能是住户甚至租客，他们大多数时间都在家里，并在日常活动中建立了自己的社交圈，其模式与外来工人相似，比如母亲们把孩子送去幼儿园，家庭主妇在附近的市场里购物，老人们有的在一层空地上聊天，有的相约去咖啡厅边喝边聊政治，小孩子们在母亲或者外国佣人的照看下在操场上玩。

第四类是年长一点的青年和刚工作不久的年轻人。由于学业和工作原因，他们在家里待的时间最短。然而这并不意味着他们对邻里的责任感最弱，考虑到他们的教育和职业经历，他们的能力最强，并且很可能在邻里建设活动中担任组织者。关于组屋邻里社会资本的一些调查数据证实了年轻居民、高收入居民、住在大户型公寓的居民或者教育程度较高的居民在互惠和信任方面评价较高，这两个方面正是社会资本重要的衡量标准。

组屋邻里的社会资本

正如上文所说的，社会资本是了解邻里融合度的另一种视角，这一概念不仅用来理解社会距离，更重要的是用来理解关系亲密度以及组屋居民的合作程度。概括地说，根据社会关系纽带中的社会资本，我们可以看出居民的身份认同和归属感，以及他们共建安全、稳定、友好邻里的决心。

由此看来，社会资本是研究住房政策和治理的一个重要因素。该因素在组屋邻里研究中也被给予高度重视，2008年的样品住房调查对这一概念做出详细的解释：

"社会资本指的是人与人之间在正式或非正式环境中，信任、信心和友好关系的积累。它分为个人层面和集体层面两个维度……在个人层面中，它指个人通过家人、亲戚、邻居、同事等非正式社会关系网络，和邻里、政府机构等正式社会关系网络所获得的资源，这些资源推动个人目标的实现。在集体层面，社会资本指个人社交网络所产生的集体力量，通过相关贡献推动集体目标或共同目标的实现。"

该调查发现，从0（完全不重要）到10（十分重要）分的范围内，组屋居民平均给社会资本的重要程度打 6 分以上（表 14.9）。如果我们结合理论依据和实验发现，把社会资本分数当作判断社会健康和邻里形态的指标，那么我们能看出在过去几年中，组屋邻里正向着积极的方向发展。然而我们也要注意到亲属和友情的关系比邻里关系产生的信任和互惠程度更深（表 14.10，表 14.11）。在社会融合方面，值得欣慰的是 77% 的组屋居民会与不同种族和国籍的人交流互动，这有利于社会融合的进行（表 14.12）。

表14.9　HDB居民社会资本分数（平均值）　　　来源：HDB.2010b：20。

社会资本构成	平均值
非正式和广义社交网络中的信任	6.4
非正式和广义社交网络中的互惠	6.5
对组织的信心	6.8
非正式社交网络规模	61 人

表14.10　非正式和广义社交网络中的信任（平均值）　　　来源：HDB.2010b：20。

社会网络	平均值
家庭成员	9.0
亲戚	7.2
非邻居的朋友	6.3
作为邻居的朋友	6.1
邻居	4.9
总体分数	6.4

表14.11　非正式社交网络规模（平均值）　　　来源：HDB.2010b：22。

社会网络	人数平均值
家庭成员	7
亲戚	17
非邻居的朋友	24
作为邻居的朋友	6
邻居	10
总数	61

表4.12　跨种族和国籍的邻里互动（％）　　　　　　　　来源：HDB.2010b：43。

互动类型	%
跨种族互动	60.3
跨国籍互动	2.0
跨种族和国籍的互动	14.7
无跨种族和／或跨国籍互动	23.0

结　语

以上的讨论和发现表明尽管组屋社会景观具有异质性，但其社会维度并非充斥着紧张与冲突。在推动社会参与、联系与合作的政策下，其和谐的社会融合过程进展顺利，公平和多种族的社会核心价值观奠定了和谐的社会基础，国力的强盛进一步稳定了社会环境和防止了社会冲突。因此 HDB 邻里在精心治理下，远远不止是提供居住环境的功能区，更是一个和谐的邻里，是推动新加坡国家建设的动力。

尽管我们的调查结果比较乐观，但我们仍不能认为邻里可以自己形成和发展。在全球化的时代里，人口结构频繁变化，也不断挑战了我们的核心价值。我们需要的是积极应对，增强社会资本来适应目前的变化，同时也要坚决抵制一些威胁社会团结和社会福利的思想。

同时，如果我们要从根本上建设邻里，那我们应该鼓励有能力的人做领导者和组织者。在我看来，高学历水平和高收入人群中已经显示出了这些能力，但由于学业繁忙、工作紧张或是家庭责任的关系，他们未必有充分的时间从事邻里建设。也许更实际的方法是调整时间安排，来迎合个人的日程规划，这样我们才可以鼓励更多的人参与进来，并对未来的社会融合提供前进的动力。

其次，认同大家的意见并鼓励民众参与有利于增强居民的归属感和推动邻里的融合。随着居民受教育水平的提高，我们预计居民参与的能力和倾向也会同时扩大，从而演变成居民觉得自己并不是单纯接受服务的客户，更像是负有服务邻里责任的利益攸关方。

第三，增强市民的安全感有利于提升他们对外来移民和外国人的包容度，从而增强社会团结。

最后，考虑到新加坡人奉行自力更生的准则，我们也应注重鼓励邻里居民间的相互支持，因为邻里是建立在互相依赖的社会网上，而不是一个由自给自足的个人构成的集合。

参考书目

Chua, B. H. (1997) Modernism and the Vernacular: Transformation of Public Spaces and Social Life in Singapore. Reprinted from Journal of Architectural and Planning Research 51, no. 1 (1991):36–45. In: Ong JH, Tong CK, and Tan ES (eds.), *Understanding Singapore Society*. Singapore: Times Academic Press.

Chua, B. H. and Tan, J. E. (1995) Singapore: New Configuration of a Socially Stratified Culture. *Sociology Working Paper No. 127*. Singapore: Department of Sociology, NUS.

Delanty, G. (2003) *Community*. New York: Routledge.

Department of Statistics (DOS). (2014) *Population Trends 2014*. Singapore: Department of Statistics.

Fernandez, W. (2011) *Our Homes: 50 Years of Housing a Nation*. Singapore: Straits Times Press.

Hassan, R., ed. (1976) *Singapore: Society in Transition*. Oxford: Oxford University Press.

Housing and Development Board (HDB). (2010a) *Public Housing in Singapore: Residents' Profile, Housing Satisfaction and Preferences (HDB Sample Household Survey 2008)*. Singapore: Housing and Development Board.

Housing and Development Board (HDB). (2010b) *Public Housing in Singapore: Well-Being of Communities, Families and the Elderly (HDB Sample Household Survey 2008)*. Singapore: Housing and Development Board.

Housing and Development Board (HDB). (2014) *Public Housing in Singapore: Residents' Profile, Housing Satisfaction and Preferences (HDB Sample Household Survey 2013)*. Singapore: Housing and Development Board.

People's Association (PA). (2014) *Community 2015: Master Plan*. Singapore: People's association.

Tan, E. S. (2004) *Does Class Matter? Social Stratification and Orientations in Singapore*. Singapore: World Scientific.

Tan, E. S. and Koh, G. (2010) *Citizens and the Nation: Findings from NOS4 Survey*. Singapore: Institute of Policy Studies.

Wong, A., Ooi, GL, and Ponniah, R. Dimensions of HDB Community. Reprinted from Aline Wong and Stephen Yeh, eds. (1985) *Housing a Nation: 25 Years of Public Housing in Singapore*. Singapore: Maruzen Asia. In: Ong JH, Tong CK, and Tan ES (eds.) *Understanding Singapore Society*. Singapore: Times Academic Press.

第 15 章

全球化时代：新加坡的新都市经济及一个世界亚洲城市的崛起

何光中

简介：一个世界亚洲城市的崛起

50 年的时间足以见证我们从规划到建立一个有竞争力的城市所产生的经济变化，其中既有翻天覆地的改变，也有一步一个脚印的成长。本章节将向读者叙述新加坡的经济发展的整体概况，但不做深入的文献综述。

此外，作为研究城市规划的社会学家，我的观点与其他合著作者的有以下几点不同。首先，城市规划与城市的经济规划密不可分，经济规划是塑造新加坡经济和城市规划的基石。其次，我认为城市规划是一个平衡的过程，需要充分发展自身的优势并并尽量减少成本。了解这个平衡过程十分重要，因此在本章节，我将通过介绍背景来帮助读者理解城市规划的平衡。第三点是，我们所说的发展自身的优势是由政治政策所决定的，但同时也受经济因素的制约，在一系列经济决策和城市建设的背后受特定的历史背景影响，因此挖掘当时的社会背景对我们的研究有重要意义。尽管新加坡 50 年来的城市规划硕果累累，但我们仍需要了解其背后的利弊并对症下药。最后，人们常说社会学家是一群即使去看球赛时都仍在关注人群的学者，这样的描述是源于社会学家对社会的关切。因此，为了理解新加坡 50 年来的城市规划，我特别关注城市规划如何影响社会和城市的形成过程的。

我想先来讲讲这个话题背后的概念。全球化在新加坡已经不是一个新的理念了，其历史要追溯到 200 年前的港口城市时期。在殖民地时期，途经新加坡的国际海上运输是全球化发展的重要部分，当时的新加坡和其他港口城市共同推动了全球经济发展，也因此成为西方商品输出的纽带，堪称是"世界城市"。只有弄清楚了我们的由来，才能明白我们所经历的转变，因此了解新加坡经济的发展史是必要的。

新加坡的"新都市经济"概念也十分有趣。我们一般认为新都市经济就是优先发展金融、商业服务等服务业如法律服务、会计、房地产等行业，本章将其与新加坡经济早期发展的阶段作对比。最后的问题是，新加坡真的是一个世界亚洲城市吗？尽管它位于亚洲，但新加坡的确是一个世界城市，因为它受到了全球化的巨大影响，同时也缺乏充足的文化历史积淀，所以从这个角度上思考的话，新加坡严格来说不算是亚洲城市。

综上所述，我们应当先划分新加坡经济发展史的早期阶段，即港口城市发展阶段和制造业中心阶段。另外，敦促我们研究其历史的原因还有两个：一方面，经济发展的早期历史一直影响着现在的经济发展；另一方面，读者们要先理解新加坡经济的早期发展史，才能理解与此截然不同的"新都市经济"概念。

港口城市新加坡

许多经典的历史文献都阐述过新加坡作为港口城市的发展历程。早在 19 世纪初期，荷兰就已经对开发印尼的资源产生浓厚的兴趣，而英国当时希望把新加坡发展成一个自由港，从此以后，印尼群岛的贸易就以新加坡为中心。19 世纪 60 年代见证了新加坡城市发展的重要的十年，其原因有两个：首先，1867 年时政府从东印度公司向新加坡转移并使其成为一个殖民地，同时增加了新的立法和专门的机构来管理殖民地的事务，从而扩大了政府的职能，但还是这没能稳定殖民地混乱的局面。其次是丹戎巴葛码头公司已经在丹戎巴葛开发出新的港口，但正如博格斯（Bogaars，1955：136）所说："1869 年苏伊士运河的开放重燃了萎靡不振的贸易港口，开创了繁荣的新时代。它重振了丹戎巴葛码头公司，并在十年内从新加坡河扩展到新港口，开创了持续 50 年之久的发展模式。"

从以下两段引文中，读者们就能感受到殖民政府当时的繁荣：

"当时在新加坡的英国人以贸易额和铺路的公里数作为衡量成功的标

准，但是他们有没有关注学校、医院和廉价住房的建设呢？在这些方面，政府采取自由放任原则，希望通过在自由贸易体系中获益的商人能够资助这些基础设施的建设援助。"（Lee，1989：40）

"地方制造业的利益一直在保护主义的臂弯下，但随着它对自由港口的介入将会对转口贸易产生灾难性的影响……而新加坡的繁荣就是建立在转口贸易上。其工业发展起步较晚，在重要程度上也远不及转口贸易，因此仅仅是为了保护落后的工业而扰乱转口贸易的发展，就跟捡了芝麻丢了西瓜一样。"（引自 Pang and Tan，1981：41）

爱德文·李（Edwin Lee）的观点让我们了解了经济基础设施的力量。英国在新加坡城市规划的方式明显是以保证其主要收入来源不受损害为前提的，因此交通运输和通信设施的建设十分先进，甚至在整个区域内遥遥领先。港口经济的成功发展推动了新加坡一系列的贸易往来，如银行和金融活动、进出口贸易、船只建造和船具商品等相关运输服务。

他也指出了另一个重要的社会现状，即因为政府对于社会政策的漠视，导致邻里只能自己提供教育和医疗服务，这些资源主要由种族和宗教组织提供，于邻里内部共享。这创造了既多元化又相对封闭的邻里文化，因此殖民地时期新加坡的社会群体关系很密切，邻里管理有序，居民对邻里忠诚。相比而言，国家的态度较为冷漠，只顾着发展经济基础，而让邻里解决其他公共资源。

然而就算邻里倾尽全部，也很难满足居民的需要。社会福利部于 1947 年和 1954 年在新加坡中央居民区做了相关的调研，这些调研报告作为城市拥挤状况指标来说十分有参考价值。两次调查都提到了紧张的睡眠"空间"："走廊、破旧的阁楼和楼梯间隙都是人们睡觉的地方，有的床位之间只隔五英尺，甚至还有人在厨房和院子等简陋又有安全隐患的地方睡觉"。1947 年，港口地区到牛车水西部的居民中有 21% 的人住在这些空间，牛车水其他地区有 16% 的人，而中央大街以东的地区中则达到 26% 的数字。截止到 1954 年第二个调研完成时，前两类地区的数据增长到了 38%，第三类地区的数据则变动不大，为 25%（Goh，1956：68-69）。

引自庞和谭（Pang and Tan）的第二段话体现出了当时经济发展核心的范围很小。尽管港口聚集了新加坡大部分的经济活动，但很多制造产业也应运而生，像生产木材、橡胶、锡冶炼，以及服装和家具生产等加工行业有极强的地域性，鞋和轮胎等橡胶制品是新加坡战争期间对外出口的唯一出口产品（Haff，1994：217-218）。殖民政府当时考虑通过关税保护政策支持当地制造业的发展，在了解这一政策时，我们应当牢记其时代背景。在20世纪30年代，殖民政府认为制造业和工业是"后期的发展"，他们认为发达国家和发展中国家的经济发展有着天然的等级差别，前者应该注重工业发展，而殖民地则应负责提供原材料和农产品。

殖民政府和新加坡政府的发展战略都偏向经济发展。英国殖民政府除了经济发展以外，在新加坡别无他求。新加坡独立后，其政府仍注重经济发展，因为尽管新加坡是个小国，它仍立志要跻身世界前列。

作为制造业平台的新加坡

20世纪60年代末，新加坡政治稳定，已经具备组织、调节法律和规划的能力。新加坡制造业的发展历程就像港口发展历程一样，是人们耳熟能详的故事，若是提到其不同之处，那就在于其发展综合了各个机构的力量，其中包括促进投资的经济发展局、负责工业规划和地产的裕廊集团（前身裕廊镇管理局）、见证了中心区交易活动的市区重建局和负责新镇住房的建屋发展局。

20世纪60～80年代见证了经济的飞速增长。前面的章节已经描述了当时新加坡的港口经济大幅增长，城市中心功能疏散，连接郊区边缘的交通网络全面覆盖，这一切都离不开协调规划和实施。

制造业发展阶段在新加坡发展历程中意义重大。首先，其经济管理体系特殊，这导致了其全球化过程十分独特。尽管殖民时期，新加坡与欧洲和远东开展贸易往来，一部分20世纪60年代起步的制造业发展受欧洲、美国和后来的日本推动，他们的制造业为了寻求成本廉价的地方，向新加坡投去了目光。当时的制造业可以在不同的国家生产、装配，这增大了物流和运输需求。这种工业生产的新模式被称为"劳动力的重新分配"（Froebel et al.，1981），即通过提供低成本的生产空间、高效的劳动力和运输设施，新加坡在殖民地时期作为一个港口城市，成功地融入经济新体系。这种新的生产模式意味着跨国公司新的管理体系。全球生产的产品多样化、结构多层次（Hymer，1972），这促使很多跨国经理和专业人员赴新加坡观察监督，世界范围内工厂间的流动加快。虽然和殖民地时期所有的商品都通过船只运输，但当时也生产了空中运输的商品，比如一些可以空运的贵重商品如电子元件等，因此，机场承运能力大大提升，与港口运输互为补充。

其次，新加坡工业生产的新体系也促进了空间经济管理。转口贸易中心集中在丹戎巴葛和新加坡河流域，那里商人众多，轮船公司、银行、码头、仓库等资源丰富。截止到二十世纪七十年代，随着规划和实施能力的提升和在政府机构的协调下，产生了三种工业用地。重工业用地集中在裕廊工业地产，其规划者是吴庆瑞博士（时任财政部长），如果我们把 20 世纪 60 年代当作港口贸易向制造业转型的开端，那吴庆瑞博士相当有远见卓识。当时发展地产相当于假定了只要我们建了酒店，就一定会有游客。反对者把这个规划当成吴博士的错误，然而截止到 1976 年，已经有 650 家工厂入驻。[1] 除了裕廊之外，新加坡各地的小型地产公司也响应当地的经济活动比如，集中在丹戎禺和加冷盆地的造船业转移到了 70 年代新建的加冷工业地产，汽修工业也被迁移至同时期成立的新民工业区。第三种工业用地提供给电子行业等无污染的轻制造业，这些企业位于新镇的边缘，这有利于他们接触城镇的劳动力。截止到 1972 年，22% 的制造业劳动力分布在公共住宅地产内的九个工业区里（Pang & Khoo，1975：242，246）。

第三个重要的影响是劳动力的改变。新加坡的本地劳动力已经满足不了快速发展的制造业了，然而发展并没有受到劳动力的限制，相反，新加坡采取了引进国外短期劳动力的政策。该政策通过吸引周边国家的廉价劳动力来解决 20 世纪 70 年代以来劳动力长期短缺的问题。随着发展的深入，新加坡越来越依赖海外劳动力，因此海外劳动力渗透到其他劳动力短缺的行业领域，海外工人已成新加坡的一个特色。

新加坡的新都市经济和全球化城市的发展

不同于制造业的勇敢转型，又没有温斯敏博士和吴庆瑞博士的大胆实验，新加坡向服务业转变的决策过程十分自然。制造业仍然占据重要地位，并通过技术创新和生产高附加值、技术密集型产品奠定工业基础。制造业也包含支持

1　http://www.nas.gov.sg/archivesonline/article/in-memory-of-dr-goh-keng-swee.

工业生产的管理、财政、商贸功能，因此，当持续增长的生产成本将制造业不断移除新加坡时，新加坡当局意识到战略管理、创新和核心技术的重要性（MTI，1986，1991）。

到 20 世纪 90 年代，新加坡已经建立了一套完备的商业服务体系。合理规划的土地使用和交通网络确保了一系列办公设施的建立，推动落成了机场枢纽，促进了服务经济的发展。2001 年关于成立地区性总部的公司的一项调查显示，优质的商业服务是这些公司选择在新加坡成立总部的重要原因。除了以生产为核心的行政中心，新加坡也成立了销售和配置中心。随着东南亚中产阶层的扩大，越来越多的公司希望在新加坡设立公司总部。

通过对比从事服务业和制造业的员工数量，我们就可以看出新加坡服务经济的迅速发展。在就业方面，20 世纪 70 年代和 80 年代占主导地位的制造业在 90 年代已经开始减弱。2001 年，仅有 19.5% 的居民劳动力从事制造业，而该数字在接下来的十年下滑幅度更大，到了 2013 年，仅有 13.6% 的居民劳动力从事制造业。（图 1）相反，服务业的三个行业种类稳步上升。负责私人和邻里服务的社会服务业 2001 年吸纳 20.4% 的居民劳动力，2013 年上升到 23.6%；商业服务从 2001 年的 12.6% 涨到 2013 年的 14.2%；金融服务（包括 2009 年和 2013 年的保险服务）从 2001 年的 5.6% 涨到 2013 年的 7.2%。

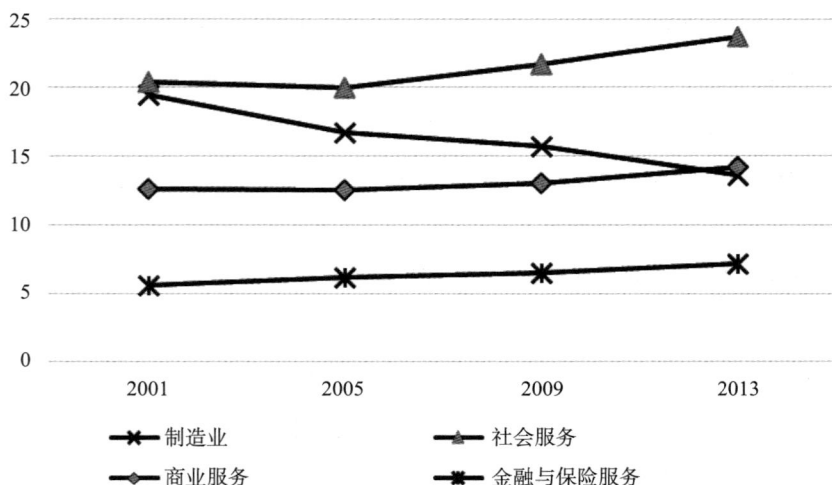

图 1　各行业市场就业份额（%）2001-2013。
注释：新加坡居民劳动力。
来源：新加坡统计局，新加坡统计年鉴，多年。

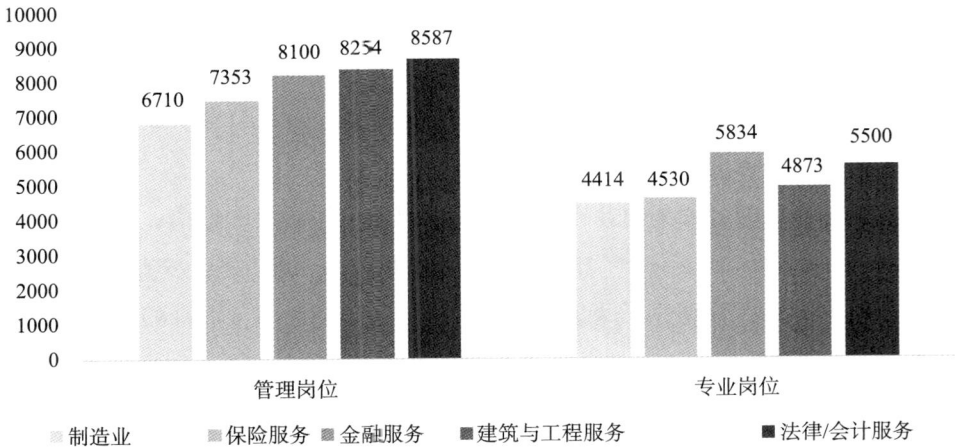

图 2　制造业和核心服务业最优工作月薪中位数（2011）。
来源：新加坡人力资本部，2011 年新加坡薪资报告。

我们也要理解新加坡向服务经济的转型是如何影响其发展局面的。由于制造业份额下降，服务业稳步崛起，因此一个重要的变化就在于管理层和专业技术人员收入的提升。图 2 展示了管理和专业岗位分别在制造业和其他四个服务行业的薪资水平，这四个行业包括保险服务、金融服务、建筑和工程服务、法律和会计服务，该表也体现出这些岗位在以上四个行业的月薪明显高于在制造业岗位的月薪。

购买力随着薪资水平的上涨体现出了消费和服务业的关联。以客户为基础的服务业要求把从业人员的衣着品位和行为举止都当作工作的评判标准，其中广告服务业是最为明显的，下文中为一家香港广告公司的创意总监所表述的话：

"当然，我的工作要求我衣着得体，因为我销售的是想法和头脑⋯⋯这不同于卖一台传真机或者一个微波炉，因为这些交易中，客户可以检查产品，再决定买之前会拿起来仔细检查。从事广告业，如果你不能向客户展现你的高品位，他们怎么能信任你，并把自己的产品托付给你呢？"（摘自 Chan，2000：121-122 现场资料。）

然而，不同性质的服务业，其对于品位的重视程度也有所不同。依赖客户的行业把自我展示看作很重要的部分，随着需要招待客户已经成为工作的一部分之后，针对富裕的客户，品位也会要求更高。

新加坡消费形式的变化，是服务行业的本质特点和高端服务业收入提高共同作用下的结果。服务不仅需要展示自我，也需要一定的消费能力，这推动了从珊顿大道到新滨海湾金融中心一带的金融服务业的发展。以设计为基础的服务业对审美要求极高，这导致了更精致的多样展示，这类行业以小团组的形式在中央核心区的店铺发展（Ho and Hutton，2012）。

占主导地位的金融和商业服务推动了新加坡消费格局的形成。旅游业成为新加坡消费的第二大支柱。[2] 2008 年 F1 夜行赛被引入新加坡，2010 年，新滨海湾沙滩和圣淘沙分别建了两个赌场度假村。三位贸易与工业部的经济学家在一篇新加坡 2010 年经济调查专题文章[3]中描述道，旅游消费在 2010 年提供了 11.15 万个工作岗位，比起 2007 年和 2008 年的 9.98 万，上涨幅度巨大，他们认为新成立的旅游景点在推动旅游业中起到核心作用（Tan，Kuan and Yong，2011：75-76）。新加坡旅游局年度旅游调查显示，综合度假村的重要性可以在 2011 年针对消费的游客调查中看出来，其中 10% 的游客提到了综合度假村，而 29% 的人提到了圣淘沙（STB，2012：51）。到了 2012 年，综合度假村成为消费性旅游的首选，受到 31% 的游客的支持，而圣淘沙则下滑到 20%（STB，2013：36）。

这三个景点代表了旅游景点最新的变化，他们不仅因巨大的投资规模而闻名，更受益于这些景点和城市以及与旅游业的联系。新加坡的 F1 夜间赛事在城市内而不是在专门修建的赛道上举行。这使得新加坡夜晚的天际线在全世界范围内被转播，增强了其推广效果。夜晚举行也产生了意想不到的效果，赛事也允许举办一些夜间派对活动，有吃有喝，有音乐有舞蹈，因此为赛事增添亮点。由于 F1 是一个以赛事为依托的旅游项目,整个城市都被渲染了节日氛围(尽管也有人抱怨)，公路被封，回路建立，那一整周的活动都以赛事为核心。

综合度假村不仅拥有便利的设施，还靠近旅游景点。在新滨海湾沙滩度假村中，赌场仅占地面面积的 3%，它在圣淘沙度假村中也仅占 5%（Henderson，2012：141）[4]。两个度假村增加了 4100 间客房，并增加会议、展览等活动用地超过 18 万平方米。每个度假村酒店都请了五位明星厨师（*Insider Asia Gaming*，

2　具体旅游产业政策见第 11 章。

3　*Source*: http://www.mti.gov.sg/MTIInsights/Documents/app.mti.gov.sg/data/article/24184/doc/Feature%20Article%202_AES_2010.pdf.

4　尽管赌场用地占比很少，但马里亚纳海湾度假村收入的 75% 来自于赌博，Resorts World 度假村 76.8% 的收入来自赌博。

2014），圣淘沙度假村更是吸引了环球影城的入驻。根据汉德森（Henderson，2010：254）的描述，环球影城新加坡分店既有原汁原味的特色，又融入了新加坡风情，其吸引力堪比美国奥兰多分店。环球影城的开张，使本身就吸引游客无数的圣淘沙度假村拥有了更多吸引力，也给圣淘沙的旅客更多选择。

新滨海湾沙滩拥有地标建筑的独特风格。其建筑由著名设计师构图，是当时建造成本最贵的建筑，并且是世界上最大的拥有房顶露天公园的悬臂式建筑。在公园里，城市的天际线一览无余，更重要的是，这栋建筑就是为了给新滨海度假村增添地标建筑。它坐落于海湾一端，在新加坡河对面，夹在新达城购物中心和新金融中心的中间。海湾后方是一片低矮的花园，海湾的水环绕这部分建筑，这里的上班族、游客和购物者都可以望到整个海湾，视线不受任何阻挡。尽管新滨海湾沙滩赌博业发达，但它在城市中心的地位正好反映出新服务经济在城市的中心地位。旅游业和商业服务集中在新达城，而金融服务分布在新滨海湾的正中心。

20世纪七八十年代，新加坡作为制造业的出口平台，建立了以工业地产为代表的城市发展氛围。尽管这种体系效率极高，但它却使新加坡看起来略显乏味。而发展新城市服务经济后，新加坡聚焦金融贸易和旅游业，城市活力增强，这当然是必然结果。制造业的核心是产品，而服务业的特征则大有不同。银行和金融服务更看重钱财，设计行业偏重于品位，而旅游业则需要娱乐性。以服务业为支柱的城市不仅需要白天的效益，夜生活更为重要，因为在这里娱乐和消费的意义十分重大。在一个土地资源稀缺的城邦城市，旅游业逐渐通过举办活动发展了起来。9月份举办的F1赛车带动了旅游旺季，当地居民和游客借机享受体育运动、音乐派对和艺术活动带来的欢愉。

同时，新加坡作为一个世界城市是虚幻的，由于管理者对打造世界城市的渴望，因此新加坡更像是在秀台上一样。新加坡是一个拥有跨国工作人员的国际大都会，联系着新加坡与世界其他地区，城市中心的人流比其他地方高很多，因此，文化遗产具有了更大的使用价值。甘榜格南、牛车水和小印度这样的项目被开发为休闲娱乐的旅游景点，并在这些地方发展设计和创意服务行业。

虽然制造业导致了工业产业的分散发展，但新加坡的新兴城市服务经济重新集中了新加坡的经济结构，正如新加坡现代历史的头150年一样。但是，虽然这次集中在重要性方面与之相似，但在实质方面却是截然不同的。虽然转口经济活动集中了城市核心密集的经济活动，但其城市规划在市中心创造了一个谨慎的秩序。

　　然而随着新兴服务业的经济增长，外国人和国际化房地产市场的流动增加，新加坡中心区物价会越来越高，并逐渐被外国人占有。地处中心地位，生活便利、设施富裕，中心区的房价最昂贵，该地段对外国买家也越来越有吸引力。仲量联行发布在《商业时报》的研究报告比较了 2000 年至 2007 年期间未入住的房屋买家的情况。据报道，[5] 在中央核心区，新加坡人提出的申请从 2000 年的 54% 下降到 2007 年的 47%，常住居民的申请人数从 2000 年的 10% 增加到 2007 年的 15%。外国人（非居民）的变化最大，从 2000 年的 11% 上升到 2007 年的 26%。如果仍以这种趋势发展，城市中心将分为富人区和外国人聚集区。这是成功发展全球城市的必然结果吗？记者梅丽莎·谭提出了另一种观点[6]，谭女士期待 2013 年总规划草案在滨海南部和甘榜武吉士两个中心区建的新房能成为公共住宅。她引用了市建局总经理亚兰·乔[7] 的评论："中心区的住宅用房必须迎合所有社会团体。"如果这个循序渐进的包容性原则得以普及，规划就必须在市场上进行干预，把社会价值放在经济价值之上。

规划在新加坡建筑环境转型中的作用

　　本章将试图阐述新加坡的经济重心是如何从港口转移到工厂，最后再转移到中央商业区的。对于规划与经济活动之间的关系，我可以提出三点意见。首先，过去 50 年的转变标志着有效的经济规划与城市规划相结合。新的经济活动取代了过去死气沉沉的经济活动，带动了建筑环境的重塑，因此，在此期间我们看到经济活动从中心城市分散到工业区，又重新集中在中央城市，作为金融，商业服务和旅游中心。其次，新加坡的规划由负责经济（包括旅游）推广活动的海外新加坡办事处指挥。经济发展局在重点城市建立了能够识别新趋势并与海外客户合作的经济情报网络，以吸引新加坡的投资（Ho，2009：129）。20 世纪 90 年代中期，教育局海外投资促进人员的比例是澳大利亚的两倍以上，几

5　*Business Times*, 2008, "Rising tide of foreigners snapping up S'pore property", 27 March.

6　*Straits Times*, 2013 "Eye on Singapore: HDB flats in Marina South?", 12 December.

7　See Mr Choe's contribution in Chapter 1 of this volume.

乎是中国香港海外人员的三倍（Ho，2000：2344）。这样的经济情报网络为规划提供了关键的导向，对新加坡作为一个世界城市的能力建设也起到了一样重要的作用。第三，世界城市新加坡作为一个没有巨大国内市场的城邦国家，容易出现区域和国际经济环境的波动。重要的是要明白，管理衰退机构与推进经济路线新机制同样重要，这些机构包括在大学就业辅导中起着重要作用的全国职工总会。最后，我在本章开篇中提出，规划是在有希望的道路上进行的，在按照规划发展的过程中，宣传必不可少。人们很少会讨论规划和管理规划行动的成本，但这两方面是同样重要的。在这些成本中，有的被当作是权衡，例如人口争论，而其他成本则是意料之外的，例如外国工人成本或 2013 年 12 月的小印度暴动事件。规划和城市建设需要管理的成本不仅用来世界城市建设，也要用来维持城邦建设。

在 2013 年 7 月 30 日的政策研究所会议上，我记下了加纳达斯·蒂凡的一个评论。他说："我们作为一个城市存在，也作为一个国家生存"。新加坡的新都市经济建立在我们作为港口城市的基础上。展望未来十年，作为一个没有腹地的国家，强化服务业的关键策略要坚持不变。我们开发了规划工具和机构，同时要提升其弹性，以便针对社会风向及时改变，迎风而上。作为一个国家，我们需通过外交手段在区域和国际领域内进行干预。卡岑施坦因在《世界市场中的小国》（Small States in the World Market）一书中提出，参与区域集团使欧洲小国集中利益，以便在集体利益上能发出更大的声音，并与大国取得更强的议价能力。同样，纽曼和格索尔（Nuemann and Gstöhl，2004：17）指出，由于物质资源较为有限，小国倾向于选择将"规则和规范制度化的外交策略如国际法、国际制度和国际机构"。

城市建筑也要求我们修补出现的裂缝和缺陷。随着 2015 年我们迎来新加坡自成为独立城市国家以来的第 50 年，我们必须作为一个国家生存和发展。我们将超越提供高质量生活的必要但不充分条件，强调我们作为新加坡人的身份认同感。

参考目录

Bogaars, G. (1955) The effect of the opening of the Suez Canal on the trade and development of Singapore. *Journal of the Malayan Branch of the Royal Asiatic Society* 28 (169 pt. 1) 99–143.

Chan, AHN. (2000) "Middle-Class Formation and Consumption in Hong Kong" in BH Chua (ed). *Consumption in Asia: Lifestyles and Identities*. pp. 98–134. New York: Routledge.

Department of Social Welfare, Singapore. (1947) *A Social Survey of Singapore: A Preliminary Study of Some Aspects of Social Conditions in the Municipal Area of Singapore*. Singapore.

Gamer, R. (1976) *The Politics of Urban Development in Singapore*. Cornell University Press, Ithaca.

Goh, KS. (1956) *Urban Incomes and Housing: A Report on the Social Survey of Singapore, 1953–54*. Singapore: Government Printing Office.

Henderson, JC. (2010) New Visitor Attractions in Singapore and sustainable destination development *Worldwide Hospitality and Tourism Themes* 2(3), 251–261.

Henderson, JC. (2012) Developing and Regulating Casinos: The Case of Singapore *Tourism and Hospitality Research* 12(3), 139–146.

Huff, WG. (1994) *The Economic Growth of Singapore*. Cambridge: Cambridge University Press.

Hymer, S. (1972) The Multinational Corporation and the Law of Uneven Development. In: J.N. Bhagwati (ed), *Economics and World Order from the 1970s* to the 1990s, pp. 113–40. Macmillan, London.

Frobel, F., Heinrichs, J., Kreye, O. (1980) *The New International Division of Labour*, Cambridge University Press, Cambridge.

Lee, E. (1989) The Colonial Legacy. In: KS Sandhu & P. Wheatley (eds). *Management of Success*, pp. 3–50. Institute of Southeast Asian Studies, Singapore.

Ho, KC. (2000) Competing to be Regional Centres: A Multi-agency, Multi-locational Perspective *Urban Studies* 37(12): 2337–2356.

Ho, KC. (2009) Competitive Urban Economic Policies in Global Cities: Shanghai

Through the Lens of Singapore. In XM Chen (ed). *Shanghai Rising: State Power and Local Transformations in a Global Megacity*, University of Minnesota Press, Minneapolis.

Ho, KC, Hutton, T. (2012) The cultural economy in the development state: a comparison of Chinatown and Little India districts in Singapore. In: P Daniels KC Ho & T Hutton (eds). *New Economic Spaces in Asian Cities. pp.* 220–237. Routledge, London.

Hymer, S. (1972) The Multinational Corporation and the Law of Uneven Development. In: J.N. Bhagwati (ed). *Economics and the World Order*. pp. 113–140. Macmillan, London.

Katzenstein, PJ. (1985) *Small States in World Markets*. Cornell University Press, Ithaca.

Ministry of Trade and Industry. (1986) *The Singapore Economy: new Directions*. Singapore National Printers, Singapore.

Ministry of Trade and Industry. (1991) *The Strategic Economic Plan: Towards a Developed Nation*. Singapore National Printers, Singapore.

Nuemann, IB., Gstöhl, S. (2004) Lilliputians in Gulliver's World? Small States in International Relations, Centre for Small States Studies, Institute of International Affairs, Iceland, Working Paper 1-2004. *Source*: http://rafhladan.is/bitstream/ handle/10802/5122/Lilliputians%20 Endanlegt%202004.pdf?sequence=1.

Pang, EF., Khoo, HP. (1975) Patterns of industrial employment within public housing estates. In: SHK Yeh (ed). *Public Housing in Singapore*. pp. 240–261. Housing and Development Board, Singapore.

Pang, EF., Tan, A. (1981) Employment and Export-led Industrialisation: the experience of Singapore In: R. Amjad (ed). *The Development of Labour Intensive Industry in ASEAN Countries*, pp. 141–174. Geneva: International Labour Office.

Tan, HL., Kuan, ML., Yong, YW. (2011) Contribution of Tourism to the Singapore Economy, feature article in *Economic Survey of Singapore 2010*, Ministry of Trade and Industry. *Source*: http://www.mti.gov.sg/MTIInsights/Documents/

app.mti.gov.sg/data/article/24184/doc/ Feature%20Article%202_AES_2010. pdf.

Singapore Tourism Board, *Annual Report on Tourism Statistics* 2011 and 2012.

Yeung, HWC., Poon, J., Perry, M. (2001) "Towards a Regional Strategy: The Role of Regional Headquarters of Foreign Firms in Singapore", *Urban Studies* 38(1): 157–183.

报纸杂志文章

Business Times, 2008, "Rising tide of foreigners snapping up S'pore property", 27 March. Inside Asia Gaming, 2014, "Winning Big Beyond the Casinos… In Singapore You Bet", 14 October. Straits Times, 2013, "Eye on Singapore: HDB flats in Marina South?", 12 December.

第 16 章

城市时代——向更好的可持续性和宜居性迈进

王才强　杨淑娟

简　介

从繁荣时期的喧闹市场到把握现代脉搏的商业区，城市长期被公认为是各国的经济引擎。这种经济增长的大部分是，并将继续受到城市间贸易、商业和投资活动的限制。在过去 50 年中，数字革命创造了一个无边界平台，使距离长途的城市能够实时网络化并开展业务，同时也能在全球受众群体的前景下展现其经济实力。此外，当今数字化世界的规模和广泛的覆盖面，使得信息和思想能够跨越社会和文化。因此，最具活力的城市不仅是经济中心，也是知识和企业的创新中心。简而言之，全球化和城市化是 21 世纪世界发展前沿的两大趋势。这两种现象对地球的可持续性和宜居性也具有同等重要的影响。到 2050年，全球人口迅速扩大，可能达到将近 100 亿人口，这些影响也将进一步扩大（UN，2015a）。

今天，城市人口占世界人口的一半以上，八分之一的城市居民生活在人口超过千万的大都市里。1950 年，地球上只有两个特大城市，而 2000 年和 2014年已分别增至 20 和 28 个。预计到 2030 年，世界将有 41 个特大城市（UN，2014a）。对于亚洲来说，这一增长意味着每年有 4400 万人迁入城市，或者可以理解成城市每天增加 12 万人（Roberts and Kanaley，2006）。与人口和城市化的同步扩张相关联的是紧迫的环境挑战。这不仅关乎亚洲城市的发展，而且也牵涉到其宜居性。本文重点介绍亚洲地区，特别是新加坡，受全球化和城市化的影响，分析新加坡早期的可持续发展举措，讨论 21 世纪十分重要的可持续性问题，并探讨本土创新的长期都市适应力和宜居性。

全球城市时代的亚洲城市和可持续发展规划的紧迫性

作为目前人口达 43 亿，总数位居第一的大陆，亚洲人口占世界 73 亿居民的 60%（UN，2015b）。2010 年，全球城市化速率首次在人类历史上突破规模，从而标志着城市的普遍性和推动力。今天，亚洲占世界城市人口的 53%，到 2050 年，预计亚非将占世界城市人口的近 90%（UN，2014a）。在 2000 年至 2010 年间，"东亚地区"[1] 的 2.9 万平方公里土地被转用于城市用地（WBG，2015），开发道路、住房、工业和配套基础设施，以适应新兴城市人口。十年内，城市土地扩张的平均年增长率为 2.4%，预示着亚洲的城市化进程可能仍会进一步扩大。在大多数情况下，由于希望在就业，医疗保健，教育和生活条件方面获得更好的机会，移民迁移到城市中心，推动了亚洲城市的人口增长。例如，由政府主导的投资推动，中国正在积极推进城镇化，预期到 2025 年达到全国 70% 以上城市人口的目标（Johnson，2013）。

在亚洲的发达和新兴城市，通过出售和开发土地创造财富，有助于推动建设和房地产业务，从而促进公共投资资本和经济进步（Lin，2010）。同时，城市中产阶级不断增长的愿望和消费行为给城市带来了更大的压力和需求。从购房购车到对名牌和进口商品的追求，亚洲工人阶级的复杂和挑剔的口味对城市发展和环境产生影响深远。面向有车一族的郊区增长、豪华单间、封闭邻里、国际化零售和娱乐区，以及"标志性"大型项目是塑造亚洲城市市容市貌的普遍趋势。这些趋势也引发了社会不平等。在一些城市中，通过空间隔离显现出巨大的收入差距。城市贫困人口往往被排除在普通和经济适用房之外，他们集中在城市周边地区或非正规贫民窟。

这种城市经济差距加上缺乏适当的规划，可能对环境造成长期的不利影响。在亚洲，城市消耗 80% 的能源，并产生 75% 的二氧化碳排放。事实上，管理不善的快速城市化是加剧气候变化风险的因素，并将城市人口置于潜在的危险

1　根据世界银行定义，东亚包括文莱、柬埔寨、中国、印尼、日本、朝鲜、韩国、老挝、马来西亚、蒙古、缅甸、菲律宾、新加坡、泰国、东帝汶和越南（见世界银行集团 2015，p7）

中。根据由凯迪思开发的 2015 年可持续城市指数（Arcadis，2015），在 50 个世界城市名单中，亚洲地区增长最快的城市雅加达、马尼拉、孟买、武汉和新德里的可持续发展排名最低（仅超过内罗毕）。此外，不断扩大的城市经济鸿沟导致了获取信息和资源的不平等，从而影响人们对可持续性问题的认识。因此，亚洲无限制的城市扩张，迫切需要我们重新审视经济增长方式，及城市的可持续性和宜居性。

今天，全球 28 个特大城市中有 16 个位于亚洲，东京（3800 万人口）、德里（2500 万人口）、上海（2300 万人口）在城市人口中排前三名（UN，2014b）。与非洲（37 人/平方公里）、欧洲（32 人/平方公里）、拉丁美洲和加勒比（30 人/平方公里）、北美（16 人/平方公里）和大洋洲（4 人/平方公里）相比，亚洲大陆的总人口密度最高，为 135 人/平方公里（UN，2014b）。人们普遍认为，城市的形式和发展可能对可持续发展产生影响，但关于实现可持续城市未来的最佳方式，有人支持紧凑发展，有人支持紧凑型发展（Dempsey and Jenks，2010；Heng and Malone-Lee，2010；Heng and Zhang，2010；Neuman，2005）。亚洲的一些紧凑、现代化和经济发达的城市可以为我们提供经验，以提高我们对可持续城市发展的认识。虽然城市发展可能会带来许多问题，但城市也是创新和影响的中心。只要协同努力，我们可以对可持续发展产生积极的全球影响。

在 1987 年布伦特兰委员会将可持续发展提升到全球环境议程的最高点之前，新加坡的可持续发展之旅已经开始了几十年之久。作为发展中地区的小岛国，新加坡稀缺的土地和自然资源使得该国为了生存而实施长期可持续增长战略。

新加坡早年可持续和宜居发展历程

新加坡 2015 年被凯迪思评为世界第十大可持续发展城市，并被 ECA 国际评为亚洲最受欢迎的国际城市。由于评价标准和指标差异很大，我们要批判性思考这些调查。不过，这些报告深入调查城市发展，如新加坡在环境可持续发展和城市宜居性方面的努力。新加坡的可持续性努力早于最近全球对气候变化和生活质量问题的关切。自从共和国独立初期开始以来，可持续发展始终处于新加坡经济增长议程的前列。

1965 年，新加坡从近 150 年的殖民统治出来，又被马来西亚联邦政府踢出，前景充满了不确定性。新的政治领袖和国家政府首先进行了艰巨而紧迫的工作，通过提高住房和创造就业机会，提高了生活水平，增加了社会流动，从而缓解了贫困状态。新加坡从第三世界向第一世界国家转型的道路，需要从一开始就在经济、社会和环境各方面考虑可持续发展。作为一个领土面积小的岛屿，新加坡可持续发展的第一个挑战就是利用土地。为了确保有限的土地供应能够适应长期人口增长，满足后代的需要，新加坡实行战略规划和认真管理。四个具体的政策领域在促进新加坡的可持续发展和宜居性目标方面尤为重要。

首先，新加坡的公共住宅规划增强了城市的宜居性，并提高了社会的可持续性（见第 14 章）。在社会公平方面，新加坡的房屋所有权率在 2014 年达到 90.3%，达到世界最高水平。公共住宅出现在 20 世纪 30 年代的新加坡殖民地，由新加坡改良信托局（SIT）管理。在 1960 年，改良信托局（SIT）被房屋与开发委员会（HDB）所取代，之后建筑工程不断加强，为当时大部分贫困人口提供合适的住房。在 1960 年至 1960 年的第一个五年规划中，HDB 建成了近 5.5 万套公共住宅，超过了 SIT32 年来的总数 2.3 万套。几十年来，公共住宅已经为几代家庭提供了住所，使祖父母，父母和子女能够住得很近。新加坡通过了一个"新镇"房屋发展模式，其中包括由中央商业核心区高层建筑部分当作住宅使用。因此，公共住宅通过以更紧密，更有效的方式容纳更多的人口，促进城市密集化。居民能够在家附近工作、生活和娱乐，把时间少花在路上。同时，城市密集度和紧凑性使得整合高效率的公共交通系统更为可行，从而减少对私家车的依赖，使公共交通成为日常通勤的主要手段。

其次，1967 年和 1977 年发起的"花园城市"和"清洁河流"运动分别体现了早期对环境和水问题的关注。第二次世界大战后的人口增长超过了 1958 年总体规划概述的规划指标，导致城市不间断的膨胀、拥堵和不受管制的问题，例如不道德的乱抛垃圾和不当的废物处置。"花园城市"倡议旨在不仅改善街景，同时抵消城市化对环境的影响。新加坡热带气候植被的优势包括：提供遮阳，尽量减少热岛效应，减少交通噪音，遏制灰尘污染物，以及隐藏其他混凝土结构，如挡土墙。1963 年，当时的总理李光耀首次发起种植树活动。1967 年，新加坡的绿化工作正式通过"花园城市"启动，并在公共工程部门内建立了一个树木公园处。截至 1970 年，新加坡种植了 5.5 万棵新树和 34 万株灌木（PWD, 1971:27）。今天，新加坡的绿化工程在邻里花园、休闲绿地和生物多样性方面有新的突破。因此，新加坡又获得了"园中城"的绰号。十年"清洁河流"的新加坡河复兴规划包括安置家庭和工业企业。几十年来，岸边的家庭和企业不分青红皂白地倾倒污水，使得水道成为一种毒性疾病滋生地。新加坡河清理工作是全面实施全岛现代卫生网络和治理体系的推动力，并于 1997 年全面实施（CLC & CSC，2014：147）。尽管"花园城市"和"清洁河流"项目的时间很短，但其愿景关乎长期发展，不仅为了提高公共卫生和生活水平，更为了提升其国际形象。

第三，在 1967 年国家和城市规划（SCP）研究之前，交通规划还没开始，更不用说与土地利用规划相结合的发展模式（见第 8 章）。1971 年的《概念规划》全面结合了 1967 年 SCP 研究的成果，维护道路网络和大规模快速公交线路（MRT）用地，以满足新加坡长期的物质发展需求。除了基础设施规划，考虑到新加坡的增长和发展速度，战略运输政策对于交通运输管理也至关重要。长期的交通拥挤不仅阻碍了依靠交通运输发展的企业、服务和日常活动，同时也增加燃油消耗，污染空气。1975 年，新加坡成为世界上首个执行拥堵费机制的国家，名为地区执照规划（ALS）。随着技术的进步，目前的公路电子收费系统（ERP）在 1998 年诞生。1990 年推出的车辆配额系统（VQS）是另一种管理车流量的机制。交通基础设施的提供和政策一直是加强城市宜居性和可持续发展目标的关键支柱，同时也体现了新加坡在世界舞台上可持续发展规划的创新能力。

最后，在宏观层面上，全面且长远的规划在资源管理、基础设施配置和土地利用分配方面的可持续发展中发挥了重要的作用。1971 年，新加坡通过了第一个概念规划。其三个关键战略综合新加坡自然景观发展。第一点是围绕中央集水区的"环线"模式集中发展，连接高密度卫星镇，以及南部海岸从东到西的发展路线；第二点是综合运输网络，包括高速公路、捷运线路和樟宜机场等网关系统；第三点是将中部地区发展为本地人的生活重心，同时吸引大量游客。《概念规划》每十年审查一次，因此新加坡这样的小岛国能够重新审视国家的需求，提前规划，以确保可持续发展。

在亚洲，新加坡一直被视为环保可持续发展的开拓者，并为其他亚洲城市提供灵感。20 世纪六七十年代，在"绿色"成为时尚潮流之前，新加坡的许多倡议和政策并不起眼。到达这样的关头需要勇敢的愿景、强烈的政治意愿和政府的支持。例如，在 20 世纪 70 年代中期，日本企业住友商事株式会社在裕廊岛建立了石油化工厂，新加坡仍坚持严格的污染标准（CLC & CSC，2014：10；Ng，2012：63-64；CLC，2010：75）。在这个年轻的岛国正在争取外国直接投资的时候，政府对环境可持续性的严格标准是经济增长的必要战略，而不是威慑。良好的环境政策在吸引和留住投资者、企业和专业人员方面同样重要。

　　新加坡在可持续发展方面的早期努力和解决方案主要是出于对国内环境问题的担忧。今天，环境问题不再受地域限制，正如霾污染影响了整个东南亚一样。因此，新加坡几十年来发展和积累的基础设施、资源、技术和专业知识将需要重新调整，以便更好地了解和面对未来在全球范围内，人类社会的可持续发展威胁。下一节将讨论 21 世纪主要的可持续发展问题，面对未来的挑战，探讨政府和研究领域在推进知识、生产先进技术，制定更具可持续性的新目标等方面的进步，从而推动新加坡城市的可持续性和宜居性。

环境适应力与责任：迈向新加坡可持续的城市未来

　　21 世纪的两大趋势，全球化和城市化，在多维度预示了可持续发展的重要性。在可持续发展挑战中最严峻的是能源和气候变化。城市化是一个资源密集型过程，消耗许多能源来建房、开发基础设施、推动产业结构，以促进发展，提升经济竞争力。随着城市扩张和人口增长，能源需求增加，也带动了日常生产和消费模式的转变。2013 年，全球二氧化碳排放量达到高达 353 亿吨（PBL NEAA，2014），在 2014 年，地球平均表面温度达到自 1880 年以来最早的最高值（NOAA NCEI，2015）。近年来的极端天气事件，从洪水和风暴到干旱和热浪，越来越多由气候变化导致。今天的城市在频繁和严重的自然灾害面前更加脆弱。例如，海平面上升威胁着新加坡这样的岛国，也考验了其城市规划的在气候变化面前的适应能力。

　　另一个紧迫的问题是城市废水和水污染。城市移民给城市带来了更多的承载压力，尤其是对于资源匮乏的城市。目前，有近 8.3 亿人生活在贫民窟，缺乏饮用水和卫生设施（UN，2012）。在这里，秘密倾倒的垃圾等废物处理方面的不足可能会造成严重的问题。另一方面，经济合作与发展组织（OECD）的成员国每天生产大约 175 万吨废物，使得发达国家成为最大的废物生产者。在新加坡，生产和处置的废物数量从 1970 年的每天 1260 吨增加到 2014 年的

8338 吨（NEA，2015）。这对现有的废物管理系统和土地制约提出了更高的要求。

在气候变化和环境污染的背景下，食品安全和供给是全球重大问题。现代农业和当代食物消费习惯越来越被认为是不可持续的，加剧了食品安全问题。鉴于地球上只有四分之一的土地适合种植（UNEP，2012：18），并且到2050年地球上有近100亿人（UN，2015a），因此推动更可持续的粮食生产和消费方式需要我们在全球范围内作出努力。我们可以从城市入手，可以通过城市园艺的进步，改善世界粮食体系的状况。新加坡依靠进口来满足该岛不断增长的粮食需求，尽管该国的全球排放量目前低于0.2%。然而，当环境灾难和不确定性加剧时，就算其粮食供应没有被截断，也会受到很大的影响。因此，除了减少食物运输中的碳排放，我们还需要考虑通过创新模式保障食品自给和安全。

如果我们仍不采取措施，今天的环境问题在可预见的将来会产生可怕的后果。为了应对人类生态环境退化，越来越多的城市正在探索两条路线：适应力和责任。适应力指在失调时的适应和恢复能力，我们可以提前准备应对措施，以提升适应力。而准备工作需要多方面的机制、方法和数据来控制风险。而责任与适应力应当并存。国际环境条约，例如"联合国气候变化框架公约"及京都议定书促进了参与，从而鼓励各国承担责任。在这方面，我们现在将研究六个可持续发展方案，涵盖了政府和研究部门在新加坡的不同观点和作用。这些方案集体旨在提高新加坡在环境变化方面的应变能力和责任意识。更重要的是，在这些规划中，形成了设计规划、技术和行为领域之间的三角关系。简而言之，通过前瞻性的规划、巧妙的技术和负责任的行为，我们可以为可持续发展问题提供更有效的解决方案。

政府部门

政府部门通过公共政策制定、立法和制定国家目标，在促进可持续发展方面发挥重要作用。以这种方式，政府指导经济、产业发展，引导公民坚持可持续性原则。政府作为决定公共资金投入的关键机构，推动了可持续和创新发展。这种创新包括优化交通运输、能源、建筑物和住房等的基础设施和技术含量。在住房方面，建屋发展局于2005年成立了环境可持续发展委员会，融合了政府机构、学术界和私营部门，并制定可持续城镇和农村发展的长期战略（SPH，2007）。建屋发展局的第一个生态区绿馨苑就是一个典范（见第7章）。以榜样为推动力，政府鼓励民间社会和私营部门的可持续发展意识和行为的转变。在新加坡，政府已经制定了多项议程，其中三项议程如下：《可持续发展的新加坡蓝图》The Sustainable Singapore Blueprint，《智能国家规划》Smart Nation Programme 和《国家应对气候变化战略》（National Climate Change Strategy），旨在通过环境目标制定和负责任的城市发展实践，为可持续发展保驾护航。

可持续发展的新加坡蓝图

新加坡的可持续发展蓝图有明确的目标，并由公众对话、焦点小组讨论和调查接受反馈。该文件立即规定了十年到二十年的环境目标和举措。2009 年该项目第一次推出，2015 年由环境与水资源部和国家发展部牵头，推出了第二版。2015 年蓝图提出了国家对可持续发展和宜居性的愿景，围绕"生态智能"住房区、减少用车、零浪费国家、引领绿色经济和邻里管理等小目标。以 2013 年的关键环境指标为对比，2015 年可持续发展新蓝图制定了 2030 年的指标。这些指标包括将空中绿化从 61 公顷增加到 200 公顷；将自行车道的长度从 230 公里延长到 700 公里；将铁路网络从 180 公里增加到 360 公里；将 BCA 绿色建筑标志认证的建筑物比例从 21.9% 提高到 80%；并将污染易发区从 36 公顷减少到 23 公顷。

智能国家规划

智慧国家规划是一个国家级规划，涉及从信息通信和技术到运输和住房等各个行业的政府机构。在"智慧城市"的概念下，数字技术被用于提高城市服务的效率，同时降低成本，促进用户参与。新加坡"智慧国家"愿景需要政府、产业、企业和公民之间的协调合作。我们要关注"智慧国家规划"如何与"可持续发展新加坡蓝图"相契合，因为这两个议程都致力于改善新加坡的可持续发展和宜居性的未来。智能国家规划的重点是通过发展大数据和技术驱动创新来改善未来的运输能力（智能移动）和住房（智能生活）。智能移动 2030 规划由陆路运输管理局和新加坡智能交通协会共同开发。它为大数据分析和智能交通系统（ITS）应用提供了更为综合、互动和可持续的陆路交通生态系统。同时，在"智能生活"旗帜下，高新技术开发了"智能高清城镇框架"，将智能技术应用于城市规划、环境监测、房地产管理和住宅基础设施等领域。2015 年，裕华是第一个通过智能技术实行住房管理的地产公司，在 10 个家庭中试用了 6 个月。智能家居设备包括"老人监护系统"和"公用事业管理系统"，分别照看老年人活动和检测公用事业消费的异常情况。这个示范项目扩大到玉华庄园的 3200 户家庭中。智能技术应用也将在最近推出的榜鹅北岸项目预售订单开发中进行测试，包括智能停车场管理系统、智能气动废物输送系统、公共区域传感器控制智能照明和家庭能源管理系统。

国家应对气候变化战略

2007 年成立的气候变化部际委员会（IMCCC）协调全球气候变化政策工作，现由 2010 年成立的国家气候变化秘书处提供协调支持。IMCCC 在德班举行的 2011 年联合国气候变化大会不久后，制订了国际气候变化战略文件，旨在解决减少长期排放量，提高能源效率，同时确保经济持续增长。"国家应对气候变化战略"希望新加坡"成为一个适应气候变暖的全球城市，为绿色增长做好准备"（NCCS，2012:12）。为达到这一目标，我们需要四个支柱同时作用。首先，新加坡早先就制定了 2020 年排放量减少至 16% 的目标，在额定目标（BAU）以下。[2] 目前，新加坡已经开始采取措施，将 2020 年排放量进一步降低 7% 至 11%。其次，为了加强新加坡对气候变化的适应措施，各机构与研究部门一起弥补知识差距，开展沿海保护、保护水域、生物多样性、绿化、公共卫生和城市基础设施等方面的前沿研究。第三，遏制气候变化的努力可为绿色增长带来经济机遇。利用这些机会，新加坡不仅在融资和交易领域多渠道发展，而且促进了可持续发展的研究和创新。最后，实现可持续发展政策目标需要与利益相关者和全球伙伴的配合。从民间社会和政府到公司部门和国际社会，多方协作必不可少。

研究部门

在气候变化、土地开发、人口结构等领域的科学研究，是提高我们对可持续发展问题的认识和国家可持续发展路线图的重要部分。引入新的方法、情景

2　最近，为筹备 2020 巴黎气候变化大会，新加坡对 UNFCCC 秘书处提交了国家贡献意愿计划（INDC），并预期 2030 年前，减排达到 2005 水平的 36%。INDC 也体现了新加坡愿意稳定排放水平，以在 2030 年达到排放最低峰值（见 IISD，2016）。

测试和技术发展，研究部门可以帮助政府制定可持续性的政策法规。1991 年，新加坡成立了国家科技局，发起了 20 亿美元的公共资助国家科技规划。此后，共有 400 多亿美元用于研发活动（Lin，2016）。

今天，国立研究基金（NRF）负责制定研发方向，其方向重新关注 NRF 可持续发展项目创新挑战，发展大学和研究机构的研发能力。虽然国家研究机构和大学层面的研究中心侧重不同，以下部分描述了位于新加坡国立大学（NUS）的三个研究中心：卓越研究与科技企业学园（规划），新加坡国立大学环境研究中心和设计与环境学院可持续亚洲城市中心。下文也会分别探讨国家、大学和人才层面的研究中心开展的不同项目种类。

卓越研究与科技企业学园（CREATE）

研究人才和技术企业校园研究所（CREATE）于 2006 年成立，是国立研究基金下属的一项倡议，旨在帮助推动创新和发展经济增长潜力。CREATE 与国立大学大学城共同合作，是国际研究合作和跨学科研究活动的中心。它重点关注四个关键研究领域，即环境系统、能源系统、人力系统和城市系统。其定位是通过发展科学知识和先进的适应性技术来应对气候变化。CREATE 开展的一些工作包括能源储存系统、电动汽车技术、建筑节能、水和能源管理，以及可再生能源的研发。CREATE 也可以利用大学研究机构、企业实验室、技术孵化器和初创风险投资家在内的研发生态系统，这些机构分布集中，有利于促进合作伙伴关系、知识共享和技术转让。可持续发展规划的未来，取决于城市利用技术和创新机会的能力。

新加坡国立大学环境研究中心（NERI）

作为新加坡国立大学的环境研究机构，新加坡国立大学环境研究中心（NERI）协调高等学府、政府和产业部门的多学科研究和教育活动，探究亚洲和其他地区的可持续发展等环境问题。其一个合作项目是"大城市能源和环境可持续发展解决方案"（E2S2）。该项目由 NRF 资助，始于 2012 年，由上海交通大学和新加坡国立大学进行的为期五年的研究合作。以上海和新加坡两个城市作为案例研究，E2S2 旨在开发和测试城市传感、建模和评估系统，以便更好地了解并解决未来城市的复杂挑战。该项目最近在新加坡苏州工业园区的国大调查研究所（NUSRI @ Suzhou）建立了一个联合研究中心。该中心的成立有利于加强双方的研发能力，同时探索在环境和水资源领域的合作研究、商业化和人力资本培训的机会。NERI还配备了最先进的实验室和研究团队，使该研究所沿着四个不同的轨道开展研究并发表成果。这四个方面分别是环境监测和治疗、环境和人类健康、绿色化学和可持续能源，和气候变化对环境的影响。

设计与环境学院可持续亚洲城市中心（CSAC）

设计与环境学院可持续亚洲城市中心（CSAC）成立于2009年，是新加坡国立大学设计与环境学院（SDE）下属的研究中心，致力于研究可持续性问题和解决方案，重点关注亚洲高密度的城市环境。CSAC与国家发展部密切合作，互为补充，为更可持续和宜居的新加坡制定最佳方案。CSAC研究范围包括高密度阈值、城市代谢、城市空间研究、城市气候图、城市绿地和绿地比例的应用。鉴于亚洲城市化进程加快，亚洲城市在平衡增长和可持续发展方面面临的巨大挑战。CSAC为可持续发展和城市创造了一个评估框架。这个框架包括四个主

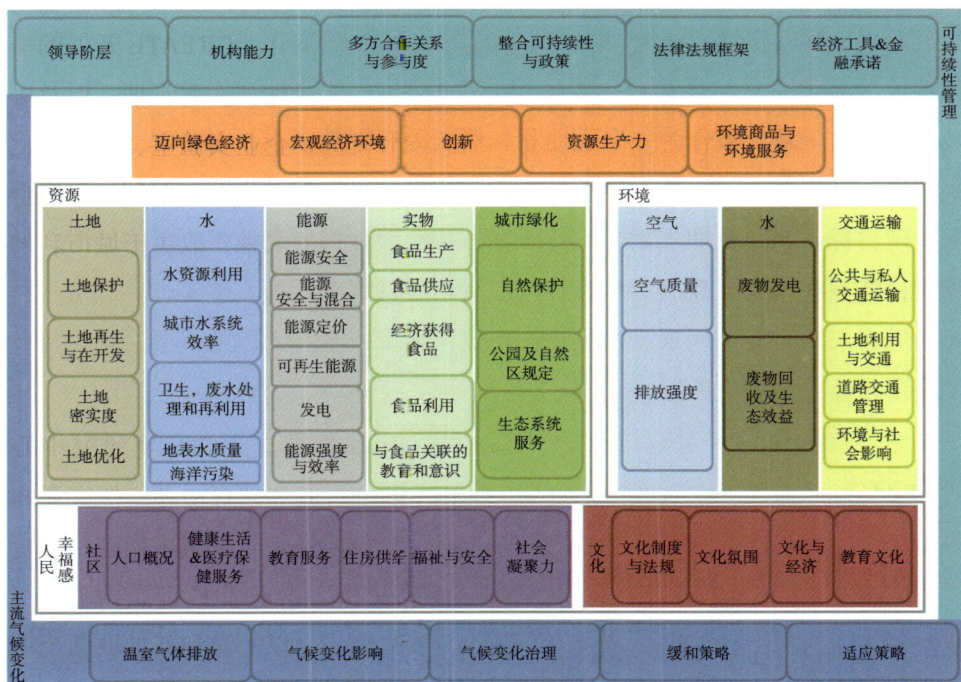

图1 王才强和李丽珠开发的城市可持续发展"仪表板"。
来源：CSAC，NUS。

要方面,每个方面都可以通过经济、环境、资源、人力和政府等 13 个指标来评估。这些主题被理解为监测城市可持续发展的关键指标的仪表板(图 1)。这样的工具对市长、决策者和规划者来说十分有利,可以帮助他们将发展轨迹与可持续发展联系起来(见 http://www.sde.nus.edu.sg/csac/booklet%zosmall.pdf)。

结　论

　　21 世纪不仅代表了全球化和数字时代的发展,而且代表着快速城市化的时代。一方面,世界人口的快速增长加剧了未来可持续发展和宜居性的挑战。另一方面,城市在应对过程中可以发挥重要作用。城市作为创新中心,在设计规划、技术和措施方面凸显出了有效的可持续发展能力。对于亚洲城市来说,可持续城市增长一直是一个紧迫的问题。预计未来 15 年将有 6.6 亿人迁入城市,加大了对资源和基础设施的需求。同时,亚洲最先进的城市长期以来一直在实施高密度城市发展。可持续发展规划和建设创新体现在这些城市的发展历程中。

　　例如,新加坡以独立为指导的早期城市发展,不仅体现了务实,也展示出长远而可持续的愿景和政策,为后代的宜居性充分考虑。在接下来的几十年里,新加坡等城市需要增强其对气候变化的抵御能力,同时还要承担更大的责任,减少碳排放。新加坡作为一个土地和自然资源有限的国家,对全球的可持续发展做出了最大的贡献。其发展不仅有大胆的目标,更通过强有力的领导和协调来实现目标,制定长期规划,支持研发,推动设计规划和技术创新。同时,新加坡也注重在公民、政府和私营部门广泛培养认真的行为。事实上,创造可持续的城市未来是复杂而艰难的挑战,但是,城市一直有无数的机会,把可持续发展议程融入城市化进程。

参考书目

Arcadis (2015) *2015 Sustainable Cities Index: Balancing the Economic, Social and Environmental Needs of the World's Leading Cities* (Online). Available from https://s3.amazonaws.com/ arcadis-whitepaper/arcadis-sustainable-cities-index-report.pdf; accessed on 26 August 2015.

ADB (Asian Development Bank) (2015) 'Asia's booming cities most at risk from climate change' (Online). Available from http://www.adb.org/news/features/asias-booming-citiesmost- risk-climate-change; accessed on 16 June 2015.

CLC & CSC (Centre for Liveable Cities & Civil Service College) (2014) *Liveable & Sustainable Cities: A Framework*. Singapore: Centre for Liveable Cities Singapore.

CLC (Centre for Liveable Cities) (2010) 'Lee Kuan Yew World City Prize: Dialogue with Minister Mentor Lee Kuan Yew' (Online). Available from http://www.leekuanyewworld cityprize.com.sg/Dialogue_MM_wcs2010_long.pdf; accessed on 8 January 2016.

CNA (Channel News Asia) (2016) 'Smart devices trial extended to 3,200 households in Yuhua' (Online). Available from http://www.channelnewsasia.com/news/singapore/smart-devicestrial/ 2724842.html; accessed on 26 June 2016.

Dempsey, N. and Jenks, M. (2010) 'The future of the compact city', *Built Environment*, 36 (1), pp. 116–121.

DOS (Department of Statistics) (2015) 'Home ownership rate of resident households', Government of Singapore (Online). Available from http://www.singstat.gov.sg/statistics/visualising-data/ charts/home-ownership-rate-of-resident-households; accessed on 16 June 2015.

ECA International (2015) 'Singapore secures top spot again in global liveability index for Asian expatriates, Bengaluru best of Indian locations' (Online). Available from http://www. eca-international.com/news/press_releases/8130/Singapore_secures_top_spot_again_in_global_liveability_index_for_Asian_expatriates__Bengaluru_best_of_Indian_locations#. Vfu3U9-qqko; accessed on 16 June 2015.

HDB (Housing & Development Board) (2015) 'Yuhua the first existing HDB estate to go Smart' (Online). Available from http://www.hdb.gov.sg/cs/infoweb/press-release/yuhuathe- first-existing-hdb-estate-to-go-smart; accessed on 26 June 2016.

HDB (Housing & Development Board) (2014/15) 'Key Statistics', *HDB Annual*

Report 2014/2015 (Online). Available from http://www10.hdb.gov.sg/ebook/ ar2015/keystatistics. html; accessed on 7 January 2016.

Heng, C. K. and Malone-Lee, L. C. (2010) 'Density and urban sustainability: An exploration of critical issues' in: E. Ng (Ed) *Designing High-Density Cities for Social and Environmental Sustainability*, pp. 41–54. London, Sterling, VA: Earthscan.

Heng, C. K. and Zhang, J. (2010) 'Sustainability in the built environment' in: G. L. Ooi and B. Yuen (Eds) *World Cities: Achieving Liveability and Vibrancy*, pp. 193–210. Singapore: World Scientific.

Hoornweg, D., Bhada-Tata, P. and Kennedy, C. (2013) 'Environment: Waste production must peak this century', *Nature*, 502, pp. 615–617.

IISD (International Institute for Sustainable Development) (2016) 'Singapore submits INDC', *IISD Reporting Services* (Online). Available from http:// climate-l.iisd.org/news/ singapore-submits-indc/; accessed on 21 March 2016.

Jenks, M., Burton, E., and Williams, K. (Eds) (1996) *The Compact City: A Sustainable Urban Form?* London: E & FN Spon.

Johnson, I. (2013) 'China's great uprooting: Moving 250 Million into cities', *The New York Times*, 15 June (Online). Available from http://www.nytimes. com/2013/06/16/world/ asia/chinas-great-uprooting-moving-250-million-into-cities.html?pagewanted=all&_r=0; accessed on 16 June 2015.

Lin, G. C. S. (2010) 'Scaling up regional development in globalizing China: Local capital accumulation, land-centered politics, and reproduction of space' in: Henry W. C. Yeung *Globalizing Regional Development in East Asia: Production Networks, Clusters, and Entrpreneurship*, pp. 115–133. London; New York: Routledge.

Lin, Y. (2016) 'More public money will go to projects that improve Singaporean lives, says NRF', *The Straits Times*, 9th January (Online). Available from http:// www.straitstimes. com/singapore/finding-the-right-formula-in-research-funding; accessed on 11 January 2016.

Liu, T. K. (1985) 'Overview', in: A. K. Wong and S. H. K. Yeh (Eds) *Housing a*

Nation: 25 Years of Public Housing in Singapore. Singapore: Maruzen Asia for Housing & Development Board.

MEWR and MND (Ministry of the Environment and Water Resources, and Ministry of National Development) (2015) *Sustainable Singapore Blueprint*. Singapore: MEWR and MND.

NEA (National Environment Agency) (2015) 'Solid waste management infrastructure' (Online). Available from http://www.nea.gov.sg/energy-waste/ waste-management/solidwaste-management-infrastructure; accessed on 16 June 2015.

Neuman, M. (2005) 'The compact city fallacy', *Journal of Planning Education and Research*, 25 (1), pp. 11–26.

NCCS (National Climate Change Secretariat) (2012) *National Climate Change Strategy*. Singapore: Prime Minister's Office.

NOAA NCEI (National Centers for Environmental Information) (2015) 'State of the climate: Global analysis for December 2014' (Online). Available from http:// www.ncdc.noaa.gov/ sotc/global/201412; accessed on 16 June 2015.

Ng, W. H. (2012) *Singapore, The Energy Economy: From the First Refinery to the End of Cheap Oil, 1960–2010*. New York: Routledge.

PBL NEAA (Netherlands Environmental Assessment Agency) (2014) *Trends in Global CO$_2$ Emissions: 2014 Report*. Netherlands: The Hague.

PWD (Public Works Department) (1971) *Annual Report 1970*. Singapore: Government Printing Office.

Roberts, B. and Kanaley, T. (Eds) (2006) *Urbanization and Sustainability in Asia: Case Studies of Good Practice*. Philippines: Asian Development Bank.

SPH (Singapore Press Holdings Ltd.) (2007) 'James Koh to be new HDB chairman', *AsiaOne News* (Online). Available from http://news.asiaone.com/News/ AsiaOne+News/ Singapore/Story/A1Story20070927-27265.html; accessed on 13 July 2016.

UN (United Nations) (2012) 'The future we want: Water and sanitation fact sheet' (Online). Available from http://www.un.org/en/sustainablefuture/pdf/Rio+20_

FS_Water.pdf; accessed on 16 June 2015.

UN (United Nations) (2014a) 'World's population increasingly urban with more than half living in urban areas' (Online). Available from http://www.un.org/en/development/desa/ news/population/world-urbanization-prospects-2014.html; accessed on 20 August 2015.

UN (United Nations) (2014b) '2013 Demographic Yearbook, Sixty-Fourth Issue'. New York: United Nations Department of Economic and Social Affairs. Available from http://unstats. un.org/unsd/Demographic/products/dyb/dybsets/2013.pdf; accessed on 25 August 2015.

UN (United Nations) (2015a) 'World population projected to reach 9.7 billion by 2050' (Online). Available from http://www.un.org/en/development/desa/news/population/2015-report.html; accessed on 16 June 2015.

UN (United Nations) Population Division (2015b) *Data Query* (Online). Available from http://esa.un.org/unpd/wpp/DataQuery; accessed on 20 August 2015.

UNEP (2012) *The Critical Role of Global Food Consumption Patterns in Achieving Sustainable Food Systems and Food for All* (Online). Available from http://www.unep.org/resourceefficiency/ Portals/24147/scp/agri-food/pdf/Role_of_Global_Food_Consumption_Patterns_A_UNEP_Discussion_Paper.pdf.

WBG (World Bank Group) (2015) *East Asia's Changing Urban Landscape: Measuring a Decade of Spatial Growth*. Washington, D.C.: International Bank for Reconstruction and Development / The World Bank.

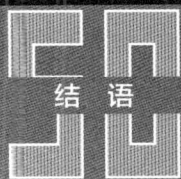

新加坡城市规划未来的展望

新时代的挑战

何学渊

1971 年的概念规划，不仅是时代的产物，也对今天新加坡的现代城市发展影响深远。当时的发展重点是为这个年轻的国家提供就业和住房，然而当时的高瞻远瞩对当今的城市建设仍有重要意义。强有力的领导、长远的规划、政策和立法的支持，是实现我们未来愿景的关键。但是，鉴于新加坡独特的国情和目前世界一流的地位，实现这一目标的过程将更具挑战性。

首先，我们的人口与 1965 年相比增长了太多。随着人口不断增长，人们对医院、学校、住房等基础设施和交通的需求将随之增长。

我们的人口也在迅速老龄化。我们需要规划并发展基础设施，为老年人创造机会，使他们的经济、社会融入、思想活动跟上时代的步伐。这样他们才能在地养老，同时过着独立而充实的生活。

再者，新加坡人的期望和需求也在不断变化。与过去相比，今天许多人的追求超过了物质，如追求个人兴趣，实现工作与生活的平衡，参与公民生活。这些都转化为对公园和绿地，体育和娱乐以及艺术和文化遗产等公共空间的更大需求。鉴于通过填海可以创造更多的土地是有限度的，为了满足公众所有期望和需求，我们需要探索和实验新的解决方案，如开发地下空间。

随着科技腾飞，我们的经济也产生着惊人的变化。增材制造、机器人和自动化等高科技正在从本质上改变制造业，并取代传统工作。随着经济向研发（R&D）和知识创造等高附加值的产业迈进，制造业和服务业之间的区别变得模糊。信息通信技术（ICT）的进步推动了共享经济的出现，改变了企业在拼车、出租车预订应用、短租和旅游租车等各个领域的发展方式。工作预期也在变化，更多的人愿意创业，而非传统的白领打工。信息通信技术（ICT）的进步也有助于实现更灵活的工作方式，如远程办公等。

　　我们无法充分预测未来的所有可能性。但我们能做的，而且必须要做的是确保我们的规划具有足够的灵活性，以满足不断变化的需求。例如，我们不应规划单一用途的空间，而应该为进行多种用途规划，以促进协同增效，并使空间利用更容易更改。

　　随着人口和经济的持续发展，出行需求也将会增加。今天的道路占土地面积的 12%，与住房占地面积 14% 相近。但这并不可持续。相反的，我们必须尝试降低出行，通过全岛多中心网络结构的就业布局实现职住平衡。同时，我们需要推动公共交通工具的使用。这意味着要考虑颠覆性的技术，提供汽车以外的交通方式。我们需要减少道路用地，减少汽车的地面出行，并且增加人行道和自行车道。通过将现有的大众快速公交（MRT）网络与公交快速公交系统（BRT）等新选择相结合，我们可以加强公共交通系统的韧性。

　　新加坡作为一个小岛屿城邦，极容易受到气候变化的影响。我们正在经历着强降雨、长期干旱和高温等极端气候条件。我们仍然需要找到提高宜居性的方法，采取缓解措施来减少碳排放。我们的建筑必须是绿色节能的。我们还要通过增加垂直绿化打造绿色建筑环境，腾出更多空间以更多地采用太阳能和风能等可持续的能源。

结　论

　　随着人口和经济的发展，我们对土地的需求不断增加。以传统方式来拓展我们的用地空间是非常有限的。为了实现我们在未来 50 年对新加坡的愿景，我们的规划理念必须提高灵活性，共享更过混合功能空间，并且敢于创新和尝试。

未来城市

刘德成

新加坡 50 年来向一个活力全球城市的转型，证明了领导人的卓绝的眼光和政见。然而，鉴于经济进步和人口增长对我们的城市环境的影响，目前这一独特的挑战需要新加坡转变规划过程，以延续可持续增长。同时，我们也需要提升研发能力来继续推行实现新加坡成为美好家园。我将从三个方面展开讨论。

领导与组织

研发部门（R&D）将在制定解决方案满足国家需求方面发挥越来越大的作用。公用事业局（PUB）的治水故事是我们研发成功的典范。长期以来的饮用水安全问题，促进了努力地研发工作，并树立了新加坡在水资源回收再利用和海水淡化方面的国际声誉。然而，未来的城市挑战不仅局限在需求上。这些共同构成了跨越城市和社会经济的问题空间的关联系统。鉴于问题日益复杂，新加坡将注重部级间的协调研发战略，以缓解资源匮乏带来的限制，增强城市的可持续性和宜居性。我们的研发规划团队将跨域整合，以防止独立作战或重复工作。同时，相关的政府机构将确保技术的可行性与效果。在技术路线图、产业和学界利益相关者的共同努力下，新加坡的领导层将采取全方位的措施整合研发资源，确保解决方案的有效性。

人力资本

新加坡将增加当地的研发人才，以巩固我们的核心能力，磨炼我们的创业精神。国立研究基金（NRF）理事会认识到加快能力建设的必要性，并鼓励"卓越研究与科技企业学园"（CREATE）的理念。卓越研究与科技企业学园将世界一流的研究机构聚集在一起，并建立合作伙伴关系，使合作大学的创意、人才和研究能力互相流通，从而增加了新加坡研发生态系统的活力和多样性。今天，卓越研究与科技企业学园共同研究 16 个科研项目，其中优秀大学的研究人员进行跨学科研究。此外，新加坡还将聘请科学家、企业家、风险投资家和大型本地企业界定经济和社会价值。通过开发具有创新价值链相关技能的人才，我们可以从知识产权中获取利益。

工具

计算机建模与模拟（M&S）将补充和指导新加坡的研发重点。传统上，M&S 是独立研究的工具。展望未来，计算机建模与模拟（M&S）将演变成一个"测试管"，用于调查系统类型问题。该工具使我们能够研究新生技术、公共政策和社会行为之间的相互作用。然后将资源分配到合适的技术项目中，以推动社会经济和城市环境的发展。这里举新加坡太阳能的例子最合适不过。增加太阳能的比例，我们势必会改变消耗电力的方式。规划者可以利用国立研究基金（NRF）、新加坡土地管理局（SLA）和信息通信发展局（IDA）共同开发的虚拟新加坡 3D 平台，根据我们的土地限制和密集的城市资料，优化我们的太阳能发电策略。同样，经济建模可以揭示电力供求如何实时影响消费者的行为，以适应太阳能的间歇性。M&S 将允许我们全面评估新颖的想法，并在规划过程的早期，把最优秀的工程师、社会科学家和决策者聚集在一起。

自从独立以来，科技推动了新加坡的繁荣。为了赢得未来，新加坡必须从技术接受者转变为技术驱动者和全球思想领袖。政府应积极培育一个能够满足国家需求，并充满活力的研发团体，为政策制定者提供可持续发展的政策引导。

新加坡：我们星球上最智慧的城市

马凯硕

世界上许多城市都渴望成为"智慧城市"，但我们这个星球上只有一个城市可以被誉为"最智慧的城市"，那就是新加坡。

为什么新加坡是独一无二的？因为她是世界上唯一的城邦。一旦这个城市发展失败，新加坡人就没有农村的退路了。因此我们必须保持小城市的生命力。这就是为什么在我们历史的早期，我们的祖先认识到，如果新加坡道路汽车太多，我们的小城市国家就会窒息而死。如果新加坡充满了像曼谷或雅加达这样的交通堵塞，那么它的经济将会自然停止，就像任何暴食的人一样死亡。

因此，减少新加坡的汽车数量是新加坡生死攸关的问题。我们必须这么做，没有选择。然而，新加坡现在也以此为荣，我们可以成为世界上第一个宣布零汽车所有权社会的城市。

为了达到这个崇高的目标，新加坡人民必须摒弃对小汽车的崇拜。小汽车只是让我们从一个地方到另一个地方的工具。当技术改进时，人类会合理地改变其工具。小时候，我坐人力车，因为它便宜、可靠。后来，我乘坐电动出租车，因为它便宜、可靠又快捷。

今天，以便宜、可靠和快速的方式让我们从一个地方到另一个地方的最好的工具是一部智能手机。几乎所有的新加坡人现在都拥有智能手机。因此，新加坡现在需要的是能立即响应他们的智能手机应用程序的车，能快速把我们送到其他地方。现在的领导人也要有推行创新交通方式的政治魄力，就像我们的祖先敢于限制汽车所有权发展一样。

现在我们可以通过制定汽车所有权转移的激励措施来配合他们。任何由智能手机应用程序引入使用的汽车，都不需要支付通常的附加车辆税或购买拥车证（COE）。这样做可以让租用汽车比拥有汽车便宜得多。行为经济学教我们，人是聪明的，可以通过激励措施改变人们的行为。通过正确的激励措施，新加坡人将停止崇拜汽车，开始租用汽车。

激励措施不一定局限在经济政策中。新加坡人也有利他动机。如果他们有机会不牺牲自己就能拯救我们脆弱的地球，那他们也会愉快地照做，特别是当他们受到世界的夸赞时，把汽车所有权转移到汽车租用权，我们能从90万辆车减少到30万辆。

当这种现象发生时，地球上的70亿公民将对我们致以最高的敬意和崇拜。他们会说："新加坡是我们星球上最智慧的城市。"

以人为本的城市规划方法

陈振中

近年来，传统的规划理念也融入了宜居性、幸福感、生活质量、社会资本和其他社会学和行为科学理念，如设施便利、流动性和连通性，这些理念成为新加坡城市规划政策的核心考虑因素。虽然最近才出现了这些城市规划术语，但以人为本，改善新加坡生活的目标，一直是城市规划者和国家领导人的基本原则。那些对新加坡城市规划和公共政策的历史和当前重点都很了解的人很清楚这一点。但是，在我们思考未来并做出准备的同时，重要的是要更清晰地阐明以人为本的城市规划方法。

在以人为本的方法中，社会和行为因素在城市规划中地位并不高。相反，在设计和实施城市政策和干预措施时，它们被认为是必需品。这意味着城市规划中的研究和开发，应该超越技术解决方案，融入社会和行为科学思考。当我们认识到宜居性的标准是在人们与外界环境接触过程中，结合自己的价值标准和经历制定，我们就不难理解这个问题。

为了有效地运用以人为本的城市规划方法，我建议我们更多地关注三个重要却被忽视的问题。第一，我们需要了解城市规划中的关键社会和行为科学概念都是多维度的，如宜居性、生活质量和社会资本。每个维度包括以不同方式和不同程度相关联的多个不同变量。根据我们关注的具体变量，以及我们使用的指标，建筑物的评估以及在城市规划中应用可能有很大的差异。构造定义和测量的复杂性不应与建筑物对城市规划的实际相关性相混淆。结构的多维度让我们有必要把社会和行为因素作为证据纳入城市规划。证据和应用必须植根于社会和行为科学的严谨性和相关性。

第二，在纳入社会和行为因素时，要确保这些因素充分捕捉新加坡不同群体的特点。例如，相同的建筑环境可以对不同群体的人产生不同的影响，或者随着时间的推移，影响也会不同。以在裕廊兴建的新加坡——吉隆坡高铁站为例。当它建好时，可能会短期增加该地区的通勤人口，并且影响管理旅客和刚来新加坡务工人员发生的紧急情况。他们不太熟悉车站的环境，而不长期居住在新加坡。因此，周边地区的物理布局和城市形态必须符合火车中断事件管理的应变规划。这反过来又要求城市规划中的多个部门间的协调。这也需要综合专家意见，以更好地了解人们在不同环境中的想法、感受和行为，以及这些想法、情绪或行为在群体之间可能产生的变化。因此社会和行为科学家应与城市规划师和其他公共服务人员、建筑师、工程师和物理科学家一起努力，提高城市居民的生活质量。

第三，我们要预测需求随着时间和人口结构发展而产生的变化。通过社会态度调查来收集民意，作为城镇规划的投入，尤为重要。简单地按照这些调查报告的需求和愿望调整是远远不够。相反，我们有必要考虑他们如何改变，以及环境变化如何影响人们的期望。

随着新加坡城市规划师和国家领导人的不断成熟，他们需要实行以人为本的方针。作为一个城邦，新加坡渴望成为一个全球性的城市和有凝聚力的国家。不同于其他国家的人们，可以在国内的城市之间移动，新加坡是独一无二的，因为想要改变生活环境的人必须离开这个国家。新加坡需要为公民和非公民带来更多归属感，让他们愿意扎根于此，喜欢这里的生活环境和生活方式。

新加坡：从宜居到有爱

郭美雯

新加坡面临的首要挑战是创造一个有爱的城市。历史让我们在国家成立之时面临生存能力的挑战，在早期发展阶段面临生产力的困难，随着我们成熟和可持续发展，又让我们面对宜居性的挑战。这一系列挑战创造了我们今天的繁华。我认为新加坡真正的成功，一定是成为我们所爱的国家和家庭。城市由人民而生，为人民服务，都受到当地人和游客的喜爱和爱戴。有爱意味着每个人都爱邻居，爱邻里，爱自我。这可能比社会防御和国家复原力更有用。一个伟大的城市的本质是建立在集体精神和共同目标之上的。

像新加坡这样的城邦如何拥抱下一阶段，把爱的原则和姿态融入我们的规划结构和流程？

这里，我提出三个广泛的指导原则。

第一是规划必须基于以审慎考察和共同阐述我们国家价值观。价值观定义了一位领导者、一个组织机构和一座城市。如果形式遵从功能，价值观决定我们的首要重点，则功能的定义必须植根于其使用的价值观和优先级。在规划中，这种方法体现在我们的空间承载着与我们国家价值观相符合的外观、感觉和功能。真正共同的价值观只能从实际参与中显现出来，特别是在不同的声音之间。城市领导者是公民协助者，他们找到合作方式，收集想法并解决冲突。听到每一个利益相关者的诉求，大家的公共利益才得以实现。

第二个相关原则是，城市营造必须成为一个参与度高和人性化的过程。我们必须重新设计决策过程，使其体现人们的参与。

公民有没有可能重塑他们的邻里和工作场所呢？如果让你和我设想新建筑、娱乐或服务设施，怎么才能促进邻里融合，减少犯罪或改善幸福感？

想象一下，我们的规划系统旨在促进共鸣和融洽，包括从孩童到祖父母，无论是对残疾人还是身体健壮者。在家庭和社会关系的背景下推动公众参与，也体现出以人为本。公众参与是一个适时的、有意义的、切题的并充满尊重地寻求更大利益的过程。

最后一个原则是从边缘到核心不断重复。这样提高了规划实现的准确性和相关性。该原则强调灵活性和谦卑，并且告诉我们只有一个正确的答案的情况很少。它既伴随着适度的风险，又给予自主实验的自由。保持不变的是这些变化如何影响我们的核心价值。在这个新世界里，规划并不是纯粹的行政或分析，而是以价值为导向，以人为本，是一个转型的学习之旅。

适应自然的新加坡

林肖恩

新加坡人与其他国家的公民一样，依赖大自然的馈赠。我们都需要清洁空气、水、食物和稳定的气候。然而，新加坡境内现有的自然和生物多样性并不能决定城邦能否生存。新加坡的土地面积和自然栖息地太小，无法为庞大的人口提供所需的空气、水和其他服务。

但这并不是说新加坡的自然不重要。大自然和绿地是新加坡的代名词，给予该国独特的氛围，吸引众多游客，并使成千上万的专业人士选择在这里定居。新加坡的自然不是奢侈品，而是有助于国家取得成功的战略要素。

是什么使新加坡成为生物多样性的城市？原因在于该岛的许多公园和自然区域，路边景观的美化，坚持不懈的植树，以及其迅速扩大的空中绿化和垂直绿化。这些并不让人觉得意外，它们见证了细心的规划，投入大量的人力和维护，以及细致的政策。当然，运气也起了作用。

新加坡在潮湿的热带地区，有与生俱来的自然资源优势，如果新加坡面积很大，许多植物、鸟类、昆虫和其他野生动植物将蓬勃共生。上一代就无人居住的村庄、园林和其他居住地并没有被搁置，植物和野生动物在那里定居了，比如物种丰富的比达达利穆斯林公墓和武吉布朗公墓。

新加坡通过进口食品和原材料来支持其发展。我们的国土面积大于 700 平方公里，但土地需求是国土面积的很多倍。我们令人羡慕的生物多样性在很大程度上，是通过正式指定的自然保护区、公园、街景系统之外的绿化而实现的。在未来几年"闲置"国有土地逐步转型发展的时候，新加坡的生物多样性将受到一个简单生态规律的约束，即其他保持不变，土地面积的减少会降低物种多样性。野生动物在绿色环境中蓬勃发展，新加坡将来会减少未开发的绿地。

　　对生物多样性的承诺必须以人的智慧和同情为基础。如果我们在新加坡景观中系统地应用生态原则，我们可以继续拥有丰富的、可持续的自然遗产。例如，我们可以划分娱乐等混合功能区域，就像野生动物区或其他易于访问的区域。这样的分区应该是每个人都应接受和尊重的。如果大自然成为我们生活方式的一部分，只要珍惜它，我们就会看到它的蓬勃发展。

花园城市，超级城市

黄文森　姚蕙华

在 20 世纪的新加坡城市规划集中在土地使用上，工业化、人口增长、交通车辆和道路在很大程度上决定了土地分配。二维的地块划分的框架产生了很大程度上的社会隔离和建筑物的孤立使用以及固有的社会异化。这也导致了该框架无法随着时代变化，适应新的需求。

21 世纪的城市需要面对气候变化、资源稀缺、城市化快速发展和数字技术等紧迫的问题，高密度发展，而非城市扩张，是向前迈进的唯一选择。腹地城市和西方的模式不能在新加坡的独特背景里复制。为了国家的未来，新加坡需要通过创新，找到属于自己的解决方案。

这就要求城市摒弃二维框架，开启三维模式的战略规划。通过分层城市（Layering Cities），建筑、基础设施和城市规划可以融合成自给自足的微型城市，同时创造多维度用地开发，提高城市宜居性，加强邻里关系，推进人性化设计。通过种植城市（Planting Cities）提升绿化环境，比如种植与建筑一体化的绿色屏障、空中花园和空中公园。通过呼吸城市（Breathing Cities）的设计，建筑可以采用可持续的策略，适应气候和自然。

为了实现 21 世纪的花园城市和超级城市，公共和私营部门必须以发展的思维方式和评价标准引导城市发展（Rating Cities）。建筑和城市不再仅由开发效率来衡量，而是根据更可持续、更人性化的尺度标准衡量。"绿色容积率"（Green Plot Ratio）用来衡量建筑内的景观覆盖率，以达到重新引入生物多样性和绿色救济的目的。另一方面，"邻里容积率"（Community Plot Ratio）衡量建筑内的邻里空间总量，以达到促进社会人际交往的目的。为了测量建筑物在何种程度上鼓励人们融入公共生活中，"公民慷慨指数"（Civic Generosity Index）

可以被引入。该指数表扬城市视觉上或空间上有利于睦邻友好交流的建筑。以城市生态的方式支持城市内野生动植物生存，我们可以用"生态系统贡献指数"（Ecosystem Contribution Index）衡量建筑对生态系统的贡献。为了进一步推动可持续发展，我们可以采用"自给自足指数"（Self-Sufficiency Index）测量建筑物提供能源、食物和水的能力。

高密度、高舒适性的 21 世纪花园城市、超级城市并不是一个浪漫的理想，而是城市的未来。新加坡高度宜居、三维发展的过程是循序渐进的、可持续的，也是人性化的。作为一个典范，新加坡的模式也可以在其他亚洲超级城市里推广。

自下而上还是自上而下？

郑庆顺

　　未来的预示，总是能在过去的经验中找到蛛丝马迹。新加坡需要超越经济学痴迷的人口统计数据传统。这篇短文通过另一个视角，预测新加坡的未来也许就在年轻人的理想主义中，而不是在老龄化人口褪色的梦想中。当然，这需要我们偏离传统思考，大胆想象。

　　理所当然的事情可以因为过多或过少的财富动摇。在顺境中成长起来的年轻人不会感激他们所拥有的，他们在忙着寻找自由的意义。那些退了休的人也在追求自己从未实现的梦想。互联网让这些观念产生了火花。从有序管理的角度来看，这是一个问题，但我更愿意看到它如何阐述新的产能的释放。本文将讨论那些没有被当成主导因素的迹象。

　　空间关系是这样的：伴随日常生活，人们对旧的关系很放心，同时结交新朋友，体验新事物，毫不费力地获得新的思路。但是，这也需要刻意规划。正因为如此，人们的日常生活都不同，像一个高功能生物丰富的神经系统。相应的，我们在那里生活、工作、学习，体验日常生活，变得更加聪明。流程和欢乐感巩固信任的社会关系，使其更有效。但是，我们并不生活在这样广泛的神经系统中，而是在一个不时被公路打断的仪表控制区内。虽然算是宜居，但却缺乏了人和智慧生物题都应该具备的突触密度（Synaptic density）。因此我有了模拟神经网络的灵感。

　　例如，一旦一个突触在大脑中时，神经元之间进行信息流动。许许多多突触连接神经元，构成了高级而复杂的思想。这是隐喻思维，即创造力的基础。中心和区域不同，也许它们也同样高效，但却不智能。我们还可以充分利用增强现实与虚拟神经网络的互联网！这是新的动力，很少国家可以实现，但高密度的新加坡可以！

因此，这是一个挑战，并不是简化的激进思维。新加坡可以通过设计引领智能发展，如建立像智慧、勇敢的心灵和大脑一般的突触密度。设计的挑战就是要敢于把所需的神经系统插入到每一个房屋，最终遍及整个岛屿。我们需要创造性的颠覆。把整个岛屿当成遍布广泛的中枢神经系统的有机体，这需要学校、邻里中心、购物中心、写字楼、文化和文娱中心设计的改变！一旦这些形式随着时间的推移，形成了可以骑车或者步行就能到达的连续协同网络，那么新加坡将成为世界上最智能化的城市！

教育是面向未来的社会凝聚力。这意味着重视发展六个 C，即勇气（Courage）、好奇心（Curiosity）、创造力（Creativity）、同情心（Compassion）、协作（Collaboration）和承诺（Commitment）。这就要求教育观念的改变，以及提供核心课程和学生自由选课之间的平衡。但是，这意味着学校的位置必须改变。在空间上，学生处于上面的地位，其他活动都在其下。这个地方以学习为基础，我称之为网络状超级学校。因此，这样的学校变成了几代人的学习工具，其中书本知识与现实的学习经验相连接，融入每个集体的中枢神经系统的活动中。这是一个年轻人的理想与老年人的夙愿相结合，产生出社会新形态的场所！

一个智慧的大脑有丰富的神经连接，智慧正是新加坡需要的。这就是"为未来准备"真正的含义。我们都应承认，新加坡必须变得越来越智慧，因为人们不仅是为了在这里生存，更是为了在这个多变的世界中生活。现在我们已经实现了很稳定的发展，新加坡随时可以起飞，突破自己的想象，无所畏惧。新加坡要勇于做世界美好明天的火炬手，既息息相关，同时也独具特色！这是我的希望。

附 录　英汉词汇对照

Detailed simulations	细节模拟	Emerald Hill	翡翠山
detailed town plan	详细城镇规划	Empress Place	皇后坊
detention facilities	蓄水设施	Energy and Environment Sustainability Solutions for Megacities	
Development Bank of Singapore Limited（DBS）	新加坡发展银行有限公司	（E2S2）	"大城市能源和环境可持续发展解决方案"
Development Bureau	发展署	Enhance Liveability	提升宜居性
development control guidelines	开发管制准则	enterprise ecosystem	企业生态系统
Development Guide Plans（DGPs）	发展指导规划	entire value chain	全产业价值链
development intensity	发展密度	entrepôt trade	中转贸易
distribution	分布	environmental impact	对环境造成的影响
distribution centres	配置中心	Environmental Infrastructure	环境基础设施
distribution nodes	运输纽带	Environmental Modelling	环境建模
Does Class Matter?（2004）	《阶级重要吗?》（2004 年）	Environmental Monitoring & Management Plan	环境监管规划
domestic transportation system	国内交通系统	Environmental pollution control	环境污染防控
Dowdeswell	道兹韦尔	environmental protection	环境保护
downtown	市中心	environmental surveillance and treatment	环境监测和治疗
Downtown Core	市中心	environmental sustainability	环境可持续性（环境永续性）
Downtown Line	市中心线	environmental threshold	环境阈值
Dr Albert Winsemius	温斯敏博士	environmentally-friendly	环保
Dr Goh Keng Swee	吴庆瑞博士（时任财政部长）	Erik E. Lorange	埃里克·洛兰奇
Dr. S. Rajaratnam	拉惹勒南博士	Esplanade Theatres	滨海艺术中心
Dragon Kilns	龙窑	Esplanade Xchange	滨海湾地铁站购物区
drainage	排水系统	ESSEC	法国高等经济商业学院
Drainage Master Plan	排水总体规划	Essential, Optional and Enhancement for Active Seniors	
Draycott Drive	德雷葛路	（EASE）Improvements	乐龄易规划
DuPont	美国杜邦	Esso	埃索
dwelling units	住房单位	Esso Singapore Pte Ltd	新加坡埃索私人有限公司
Dynamic Urban Governance	动态城市治理	ethnic enclaves	种族聚居区
		Everitt Road	艾弗烈路
		Executive Condominium Housing Scheme	执行共管公寓规划
		export-oriented industrialisation	外向型工业化
		Expressway Monitoring and Advisory System（EMAS）	高速公路监控与咨询系统

E

East Coast	东海岸	expressways	高速公路
East Coast Park	东海岸公园	external linkages	外部交通连接
East Coast Parkway（ECP）	东海岸大道	extreme weather	极端天气
East India Company	东印度公司	ExxonMobil	美国埃克森美孚
Eastern Region Line（ERL）	东部线路		
East-West corridor	东西走廊		

F

eco-business park	生态商业园	Fairchild	仙童半导体公司
eco-friendly lifestyle	环保生活方式	far-reaching implications	深远影响
ecological restoration	生态修复	Federation Government of Malaysia	马来西亚联邦政府
economic contingency	经济的偶然性	ferry terminals	渡轮码头
Economic Development Board（EDB）	经济发展局	field material	现场材料
Economic Development Innovations Singapore（EDIS）	新加坡经济发展创新公司（EDIS）	financial centre	金融中心
economic epicentres	经济震中	Financial Times	《金融时报》
economic restructuring	经济结构调整	Fine-grained mixed use	细粒度一体化
economic viability	经济活力	flexibility	灵活性
economy shrank	经济萎缩	Flexi-Layout Scheme	灵活布局规划
eco-precinct	生态区	flood incidents	淹水事故
eco-smart housing districts	"生态智能"住房区	flooding from heavy monsoon rains	季风暴雨带来的洪水
Ecosystem Contribution Index	生态系统贡献指数	floor plans	平面图
Eco-Town	生态市镇	Food, Foodways and Foodscapes: Culture, Community and	
eco-umbrellas	环保雨伞	Consumption in Post-colonial Singapore（2015）	《食物、饮食方式和食物景观：后殖民时代新加坡的文化、邻里和消费》（2015）
Edwin Lee	Edwin Lee Siew Cheng	Fook Hai Building	福海大厦
EE Lorange	劳伦斯	Fook Hai Development Pte Ltd	福海发展有限公司
Electronic Road Pricing（ERP）	公路电子收费		
Elevator Energy Regenerative System（EERS）	电梯能源再生体系		

home ownership rate	自有房率	integrated land-use planning	综合土地利用规划
homogeneous groupings	同质分组	Integrated Master Planning and Development	综合总体规划及发展
homogenise	趋同	integrated mixed-use developments	功能混合型开发区
Hon Swee Sen	韩瑞生	integrated planning	综合规划
Hong Lim Complex	芳林大厦	integrated planning and development	综合规划及发展
horticulture	园艺学	Integrated Resorts	综合度假胜地
Hougang	后港	integrated urban systems framework	综合性城市系统框架
house type	户型	Intelligent Implementation	智慧推行
household income	家庭收入	Intelligent Planning	智慧规划
household size	家庭人口	Intelligent Transport Systems（ITS）	智能交通系统
Housing-In-A-Park	公园住宅区	Intelligent Transportation Society Singapore	新加坡智能交通协会
Howe Yoon Chong（HDB's first CEO）	侯永昌	intelligent transportation system（ITS）	智能交通系统
	（建屋发展局首任局长）	intended nationally determined contribution（INDC）	国家自主贡献
Hua Song Museum	华颂馆	Interim Upgrading Programme（IUP）	中期翻新规划
Hub-and-Spoke	中心辐射型	Interim Upgrading Programme Plus（IUP Plus）	特别中期翻新规划
hub-and-spoke system	中心与辐射相辅相成的交通系统	interior	内部
human capital	人力资本	Internal Courtyards	内部庭院
human scale	人性化	internal grants	内部研究经费
hydrocarbons	烃	internal green spaces	开发区内部绿地
Hyflux	凯发集团	International Business Park	国际商业园
		International Development Planning Review	《国际发展规划评论》
		International Plaza	凯联大厦
I		island-state	岛国【城邦】
		island-wide cycling path network	全岛脚踏车车道网络
Ibid	同上	island-wide development	全岛发展
iconic architectural design	标志性建筑设计	island-wide expressway system	全岛高速公路系统
identity	城市特色	island-wide scheme	全岛方案
Identity Plans	城市特色规划	Istana grounds	新加坡总统府
image of the city	城市景观		
imageability	美观性	**J**	
implementation of plans	规划实施		
in phases	分阶段	Jalan Besar	惹兰勿刹
incineration plants	焚化厂	Jalan Leban	惹兰礼邦
inclusive	包容性	Jalan Sultan	惹兰苏丹
income gap	收入差距	Janadas Devan	加纳达斯·蒂凡那
incubation period	孵化期	Japan National Trust for Cultural and Natural Heritage Conservation 保
industrial clustering	产业聚落	护文化和自然遗产日本国家信托基金
industrial estates	工业区	Japanese Garden	日本花园
industrial land	工业用地	Jones Lang LaSalle	仲量联行
industrial parks	工业园	Joo Chiat	如切
Industrial Plan for the 21st Century（IP21）	21世纪工业用地规划	Joo Chiat Place	如切坊
industrialisation	工业化	Joo Chiat Road	如切路
industry creation	工业生产	Joo Chiat Terrace	如切台
Industry integration	产业整合	JTC（Jurong Town Corporation）	裕廊集团（前身裕廊镇管理局）
Infocomm Development Authority（IDA）	信息通信发展局	JTC Food Hub @ Senoko	裕廊集团圣诺哥食品中心
Infocomm Technology（ICT）	信息与通信技术	JTC Launchpad@one-north	纬壹科技城起步谷
information and communication technologies（ICT）	信息与通讯技术		（裕廊集团鳄梨的创新区）
infrastructure	基础设施	JTC Space @ Tuas	裕廊集团大士综合工厂
infrastructure development	基础设施开发	JTC Space @ Tuas Biomedical Park	裕廊集团大士生物医药园
infrastructure provision	基础设施提供	Jubilee Bridge	金禧桥
innovation	创新	Jurong	裕廊
innovation hubs	创新中心	Jurong Bird Park	裕廊飞禽公园
innovation-driven	创新驱动型	Jurong East	裕廊东
Inside Asia Gaming	亚洲赌博内探	Jurong East Town Centre	裕廊东镇中心
Institute of Policy Studies	政策研究院	Jurong Gateway	裕廊商业区
Institute of Southeast Asian Studies	东南亚研究院	Jurong Hill	裕廊山
institutes of higher learning（IHLs）.	高等学府	Jurong Industrial Area	裕廊工业区
integrated circuits	集成电路		

M

Lum Chang	林增	Mitsui Chemicals	日本三井化学
lush greenery	青翠植被	mixed-use	混合使用 or 混合功能
		mixed-use development	功能混合型区域
		Mobil Oil	美孚石油公司
		mobilisation	流动性
Macdonald House	麦唐纳大厦	Mobility	移动性
Macpherson	麦波申	mobility corridors	交通廊道
Mah Bow Tan	马宝山（国家发展部长）	mobility infrastructure	交通基础设施
Main Upgrading Programme（MUP）	主要翻新规划	modern sanitation network and treatment system	现代卫生网络与治理体系
mains	总管道		
Maintaining	保留	Mohinder Singh	莫欣德·辛格
major arterial roads	主干线道路	mono-landuse districts	单一用地区域
Malaccan-style terrace houses	马六甲风格排屋	mono-landuse planning concepts	单一土地利用模式
Malay-style wooden stilt houses	马来式木棚屋	Moorish domes	摩尔式圆顶
Marina Bay	滨海湾	morning peak hours	早高峰时段
Marina Bay Cruise Centre	滨海湾游轮中心	Morse Road and Gillman Village areas	莫斯路与吉门村地区
Marina Bay Financial Centre	滨海湾金融中心	motor vehicle	机动车
Marina Bay Golf Course	滨海湾高尔夫场	Mount Faber Park	花柏山公园
Marina Bay Link Mall	滨海湾通廊商场	Mount Faber Road	花柏山路
Marina Bay Sands	滨海湾金沙娱乐城	Mountbatten Road	蒙巴登路
Marina Bay Sands Integrated Resort	滨海湾金沙综合休闲度假胜地	MRT network	大众快捷交通系统网络
Marina City	滨海城	MRT/LRT stations	地铁站与轻轨站
Marina City reclamation	滨海湾填海工程	multi-agency teams	多机构组成的团队
Marina East	滨海东	multiculturalism	多元文化主义
Marina South	滨海南	Multi-Generation Living Scheme	多代同堂规划
Marine Parade	马林百列	Multi-modal Integrated Planning	多模式整体规划
Marshall Road	马歇尔路	multi-modal public transport	多模式公共交通
mass rapid transit（MRT）	大众快捷交通系统	multi-national	多民族
Mass Rapid Transit Corporation（MRTC）	新加坡地铁管理局	multinational companies（MNCs）	跨国公司
mass transit	公共交通	multi-storey complexes	多层综合体
Master Plan	《总体规划》	multi-storey shopping complex	多层购物中心
master planning	总体规划	multi-use	多功能
Master Planning Committee（MPC）	总体规划委员会	municipal functions	市政职能
Matilda	马蒂尔达	Murray Street	慕里街
Mature Estates	成熟住宅区	Museum Planning Area	博物馆规划区
maximum permissible net residential densities	居住净密度上限		
Media Development Authority（MDA）	媒体发展局		
Mediapolis	媒体工业园		

N

Melissa KWEE	郭美雯	Nanyang Technological University	南洋理工大学
Melissa Tan	梅丽莎·谭（记者）	narrow frontages	狭窄的建筑面宽
Member States	成员国	Nassim Road	那森路
Mercer	美世	National Archives of Singapore	新加坡国家档案馆
Merlin Hotel	美仑酒店	National Climate Change	国家气候变化
Merlion Park	鱼尾狮公园	National Climate Change Secretariat	国家气候变化秘书处
Merrill	美林	National Climate Change Strategy	国家应对气候变化战略
Messrs Charles Abrams	查尔斯·雅布拉姆斯	national conservation authority	国家遗产保护机构
microclimatic conditions	微气候环境	National Cycling Plan	全国脚踏车推广规划
Middle Road	密驼路	National Environment Agency（NEA）	国家环境局
Middle-Aged Estates	中期组屋区	National Gallery	国家美术馆
Minister for National Development	国家发展部长	National Innovation Challenge	国家创新挑战
Minister of Trade and Industry	贸易与工业部长	National Interest	《国家利益》
Ministry of Labour	劳工部	National Parks Board	国家公园局
Ministry of National Development（MND）	新加坡国家发展部（MND）	National Parks Board（NParks）	国家公园局
		National Research Foundation（NRF）	国立研究基金
Ministry of Social Affairs	社会事务部	National Science and Technology Board（NSTB）	国家科学技术局
Ministry of Social and Family Development	社会及家庭发展部	National Science and Technology Medal	国家科学与科技奖章
Ministry of the Environment（and Water Resources）	环境及水资源部	National Science Scholarships（NSS）	国家科学奖学金

Paya Lebar Central	巴耶利峇中心	power stations	发电站
Pearl's Hill	珍珠山	power substations	变电站
pedestrian circulation	步行汇流	precinct concept	住宅组团概念
pedestrian path systems	行人步道系统	precincts	住宅区
pedestrian promenade	行人步道	Preliminary Island Plan (1955)	《岛屿初步规划》(1955)
pedestrianisation	步行化	Preservation and Conservation	保护与保留
pedestrianised thoroughfare	步行通道	Preservation of Monuments Board (PMB)	国家古迹保存局
People Mover System	旅客捷运系统	Preservation of Sites and Monuments division	古迹与遗址保存司
People's Park (complex)	珍珠坊	Primary Production Department	初级产品署
People's Park Complex	珍珠坊	Prime Minister's Office	总理公署
Pepys Road	必比士路	Principal of Republic Polytechnic	共和理工学院创院院长
Peranakan	土生华人	Prinsep Streets	布连拾街
Peranakan-style shophouses	土生化人风格的店屋	private development	私人开发
Performing Arts Centre at the Esplanade	滨海艺术中心	private enterprises	私人企业
peripheral planting areas	边沿种植区	private residential developments	私人住宅开发
permanent residents	常住居民	private sector	私营部门
Permanent Secretary (National Security and Intelligence Coordination)		private-public partnership model	政府与社会资本合作模式
Peter Ho	何学渊	productivity growth	生产力增长
petrochemical plant	石油化工厂	Professor Hansen	汉森教授
Philip Yeo	杨烈国	project-by-project	依项目推进
Philips	飞利浦	pro-market policies	市场导向政策
Phua Kok Khoo	潘国驹	promenade	步道
physical landscape	市容	Promontory	岬
physical planning	实体规划	Promontory @ Marina Bay	滨海湾中央岬
physical setback	实体后移	property tax	房地产税
phytoremediation	植物修复	proprietorship	业主权
Pinnacle@Duxton	达士岭组屋	Prospect	《前景》
place-making	场所营造	prototype public housing	公共住宅原型
place-specific environmental problems	特定区域相关的环境问题	prototyping	原型(设计)
plan evaluation	规划评估	Provisional Mass Transit Authority (PMRTA)	临时轨道交通管理局
Plan of the Town of Singapore	《新加坡城镇规划》	PSA Corporation Ltd.	please see Mr Khoo Teng Chye's CV
Planning Act	规划法令		(in Chines)attached
planning applications	规划实施	PUB，Singapore's National Water Agency	please see Mr Khoo
planning approval processes	规划审批流程		Teng Chye's CV (in Chines)attached
Planning Department	规划部	public bus system	公共巴士系统
Planning Department	规划部	public gathering spaces	公共空间
Planning Design Guidelines	设计规划指导方针	public health	公共卫生
planning philosophy	规划理念	public housing	公共住宅
planning process	规划过程	public housing estates	公共住宅区
plant nutrition	植物营养学	public housing flats	组屋
plant pathology and physiology	植物病理学与生理学	public housing programme	公共住宅规划
Planting Cities	种植城市	public housing standards	公共住宅标准
plot-specific parameters	地块控制参数	public sewerage	公共污水处理系统
plug and play development model	"市场合作伙伴规划"模式	public space provision	公共空间需求
Plug and Play system	市场合作伙伴规划系统	public tender	公开招标
pneumatic waste conveyance system	智能气动废物输送系统	Public transport	公共交通系统
Pneumatic Waste Conveyance System (PWCS)	气动垃圾收集系统	Public Transport Council (PTC)	公共交通委员会
podiums	裙房	Public Utilities Board (PUB)	公用事业局
Poh Hui Min	傅慧敏	Public Works Department (PWD)	公共工程局
Poh Tiong Choon Logistics	傅长春储运有限公司	Public-Private Partnership	政府和社会资本合作
point-to-point	点对点	Pulau Ayer Chawan	亚逸茶碗岛
political independence	政治自主	Pulau Ayer Merbau	亚逸美宝岛
political mandate	政治授权	Pulau Merlimau	猛里茂岛
pollute first, clean up later	先污染、再净化	Pulau Pesek	北塞岛
pollution control	污染防治	Pulau Pesek Kechil	佩塞克 卡芝尔岛
population size	人口规模	Pulau Pesek Kecil	北塞小岛
population trends	人口增长趋势	Pulau Sakra	沙克拉岛

secondary forests	次生林	Singapore Tourism Promotion Board	新加坡旅游促进局
segmented corridors	区块走廊	Singapore Traction Company（STC）	新加坡电车公司
Selective En-Bloc Redevelopment Scheme（SERS）	选择性整体重建规划（SERS）	Singapore, Tourism & Me（2004）	《新加坡，旅游与我》（2004 年）
		Singapore's New Urban Economy	新加坡的新都市经济
Seletar	实里达	Singaporeans	新加坡人
Self-Sufficiency Index	自给自足指数	Singapore-Kuala Lumpur High Speed Rail	新加坡 -- 吉隆坡高铁
self-sufficient town	自给自足的市镇	single-level	单一级别
Semakau landfill	实马高垃圾埋置场	Sir Stamford Raffles	史丹福 . 莱佛士爵士
Sembawang	三巴旺	site-specific	设限地段
SembCorp	胜科	Skidmore	斯基德莫尔
semi-conductors	半导体	skill- and capital-intensive	
semi-detached houses	半独立洋房	industries	技术或资本密集型的产业
semi-express services	半快捷巴士服务	Skills-Intensive	技术密集型
semi-treated sewage	中水	skills-intensive	技术密集型
Sengkang	盛港	sky gardens	空中花园
Sengkang Town	盛港镇	sky parks	空中公园
Senior Assistant Director	高级助理主任	skyrise greenery	空中绿化
sense of community	邻里凝聚力	SkyTerrace @ Dawson	杜生庄
Sentosa Cove Pte Ltd	圣淘沙湾私人有限公司	SkyVille @ Dawson	杜生阁
Sentosa Development Corporation	圣淘沙发展局	slab blocks	板式住宅
separators	分隔区域	slum clearance	清除贫民区
Serangoon	实龙岗	slum settlements	贫民窟
Serangoon Road	实龙岗路	Small States in the World Market	《世界市场中的小国》
Service Industries, Cities and Development Trajectories in the Asia-Pacific（2005, Routledge）	《亚太服务业、城市和发展轨道》（2005，劳特利奇出版社）	smart city	智慧城市
		Smart HDB Town Framework	智能建屋局市镇框架
		Smart Living	智能生活
service reservoirs	储水池	Smart Mobility	智能移动
sewage	污水	smart nation	智慧国家
sewerage	下水道系统	Smart Nation Programme	智能国家规划
Sewerage Master Plan	污水处理系统总体规划	social capital measures	社会资本衡量标准
sewers	下水道	social characteristics	社会特征
SGS	意法半导体	social cohesion	社会凝聚力
Shanghai Jiao Tong University（SJTU）	上海交通大学	social distance	社会距离
Shaw Towers	邵氏豪华大厦	social fabric	社会架构
Shawn LUM	林肖恩	social inequality	社会不平等
Shell	荷兰皇家壳牌	social integration	社会融合
Shenton Way	珊顿道	social landscape	社会景观
shipyard	造船厂	social mobility	社会流动性
shopping parade	购物步行街	social stability	社会稳定性
Shreya Gopi	舒蕾亚 . 高毕	Social Tension and Conflict	社会紧张气氛与冲突
shrubs	灌木丛	socio-ecological systems	社会生态系统
side friction	占道行为	socio-economic	社会经济
signage	标牌	socio-economic vibrancy	社会经济活力
Silo Syndrome	深井综合征	socio-political context	社会政治环境
silviculture	森林学	soil science	土壤学
Sin Ming industrial estate	新民工业区	solar energy	太阳能
Singapore Bus Service（SBS）	新加坡巴士服务有限公司	solar hotspots	太阳热点
Singapore Citizen households	新加坡公民家庭	solar PV panels	太阳能光伏板
Singapore Improvement Ordinance（1952）	新加坡改良条例（1952）	South Bridge Road	桥南路
Singapore Index on Cities' Biodiversity	新加坡城市生物多样性指数	Southern Ridges & Hillside Villages	南部山脊及山村
Singapore Institute of Technology and the Housing & Development Board	新加坡理工大学及建屋发展局	spatial organisation	空间组织
		sports complex	体育中心
Singapore Management University（SMU）	新加坡管理大学	SPRING	新加坡标准、生产力与创新局
Singapore Polytechnic	新加坡理工学院	Springleaf and Coronation areas	春叶与加冕区
Singapore Refinery Company	新加坡炼油公司	squatters	违章建筑
Singapore Science Park	新加坡科学园	Sri Lanka	斯里兰卡
Singapore Suzhou Industrial Park	新加坡苏州工业园区	Sri Mariamman Temple	马里安曼兴都庙

the Civil Service College	新加坡公共服务学院	the Old Arcade	老街区
The Clean Rivers Campaign	河道清理工程	the Old Supreme Court	旧最高法院
the concepts of neighbourhood and precinct planning	邻里与区域规划观念	the Organisation for Economic Co-operation and Development (OECD)	经济合作与发展组织
the Conservation Master Plan	总体保护规划	the Overall Thermal Transmission Value (OTTV)	整体热量移值
the Control of Rent Act	《租金控制法令》	the People's Association (PA)	人民协会
the Cuppage Road precinct	卡佩芝路街区	the Public Administration Medal	公共行政（金）奖章
the Department of Architecture	建筑系	the Public Administration Silver Medal	公共行政（银）奖章
The Design and Build Scheme	设计与兴建规划	the Queenstown Remand Prison	女皇镇候审监狱
the Economic Development Board (EDB)	经济发展局	the Rent Control Act	租金管制法
the Economic Survey of Singapore	新加坡经济调查	The Reorganisation of the Motor Transport Service of Singapore	新加坡汽车运输服务重组
the EDB (Economic Development Board)	经济发展局		
the en bloc sales fever	公寓集体出售热潮	the Research, Innovation and Enterprise Council	研究、创新和企业理事会
the Exchange	交易所		
the Government Land Sale (GLS)	政府售地规划	the Resettlement Act	徙置法
The Great Convergence	《大融合：东方、西方，与世界的逻辑》	the Road Reserve line	道路专用范围
the Greater London Plan	大伦敦规划	the Rotary Foundation Ambassadorial Scholarship	扶轮基金会大使奖学金
The Greening of Singapore, A Legacy of Lee Kuan Yew (2014)	《新加坡绿化，李光耀的精神遗产》（2014 年）	the Royal Academy of Engineers, UK	英国皇家工程师学会
The Helix Bridge	双螺旋桥	the Sale of Sites mechanism	土地出售机制
the Hokkiens and Teochews	福建人与潮汕人	the Sale of Sites Programme	保护建筑地段销售规划
the Housing and Development Board (HDB)	建屋发展局	the School of Design and Environment (SDE)	设计与环境学院
The Inter-Ministerial Committee on Climate Change (IMCCC)	气候变化部际委员会	the Science and Engineering Research Council	科学与工程研究理事会
		the Singapore Concept Plan	新加坡概念规划
the International Federation for Housing and Planning	国际住房与城市规划联合会	the Singapore Improvement Trust (SIT)	新加坡改良信托局
		the Singapore Institute of Architects (SIA)	新加坡建筑师协会
the International Journal of Comparative Sociology	国际比较社会学学报编委会	the Singapore Panel Study on Social Dynamics	新加坡社会动态追踪调查
the Jurong Town Corporation (JTC)	裕廊集团	the Singapore Repertory Theatre	新加坡专业剧场
The Kranji Expressway (KJE)	克兰芝高速公路	the Singapore Tourism Board	新加坡旅游局
the Land Acquisition Act	土地征用法	the Singapore Tyler Print Institute	新加坡泰勒版画研究院
the Land Transport Authority (LTA)	陆路交通管理局	the Singapore Youth Award	新加坡杰出青年奖
the Late-style Peranakan	后彩峇峇风格	The Smart HDB Town Framework	智能化组屋市镇建造框架
the Lee Kuan Yew World City Prize	李光耀世界城市奖	the State and City Planning Project (SCP)	国家与城市发展项目
the main island	新加坡本岛	The Structure Plan	《城市结构规划》
the Mandai Zoo	新加坡动物园	the Suez Canal	苏伊士运河
the Marina Reservoir	滨海蓄水池	The Sustainable Singapore Blueprint	可持续发展的新加坡蓝图
the Maritime Silk Route	海上丝绸之路	the Tampines Expressway (TPE)	淡滨尼高速公路
the Masters of Urban Design programme	城市设计硕士课程	the Tanjong Pagar Port	丹戎巴葛港
The Maximally Deployable Modular City of the 21st Century	21 世纪最大程度开发的模块化城市	the Tenants' Compensation Board	租户赔偿委员会
		The tender documents	招标文件
the Mies van der Rohe building	密斯凡德罗大楼	the Tourism Product Development Plan	旅游产品开发规划
the Ministry of Environment (ENV)	环境部	the Transformation of Built Environment	建筑环境转型
the Ministry of Finance (MOF)	财政部	the UNFCCC Secretariat	联合国气候变化框架公约秘书处
the Ministry of the Environment and Water Resources	环境及水资源部	the United Nations	联合国
the Ministry of Trade & Industry	贸易与工业部	the United Nations Development Programme (UNDP)	联合国开发规划署（UNDP）
the Ministry of Transport	交通部		
the National Day Parade	国庆日游行	the United Nations Framework Convention on Climate Chang	联合国气候变化框架公约
the National Heritage Board	国家文物局		
the National Parks Board	国家公园局	The University of Sheffield	谢菲尔德大学
the National Research Foundation (NRF)	国立研究基金	the urban fabric	城市肌理
the National Science and Technology Board	国家科技局	the Waterboat House	水船楼
the National Volunteer & Philanthropy Centre	全国志愿服务与慈善中心	The Watershed Plan	作为分水岭的规划
		the World Economic Forum's Real Estate and Urbanisation Global Agenda Council	世界经济论坛房地产及城市化全球议程理事会
The New Asian Hemisphere	《新亚洲半球》	thermal comfort	热舒适度
the NTU's National Institute of Education	南洋理工大学国立教育学院	Thian Hock Keng	天福宫

译后记

本书翻译的总体原则是尊重原著，在此基础上希望能尽可能翔实地展示新加坡城市规划 50 年的发展历程，为国内城市了解和学习新加坡城市规划先进经验提供借鉴。

本书的翻译得到了广州市岭南建筑研究中心和广州市城市规划设计所的大力支持，本书的翻译经过了三轮交叉校订和统校，对专业术语、专有名词等多个方面也进行了修订，最终得以出版呈现，感谢参与翻译、审校、并在过程中提出一些优化建议的所有领导、同事和朋友，特别是林太志、陈诺思、曹文生、宋亚灵、北京外国语大学宁宇、华盛顿圣路易斯大学毕玥、大连外国语学院王云等人士，在本书翻译过程中提出的有益建议。

本书得以顺利翻译并出版，我要特别感谢原作者王才强教授，感谢王教授提出的宝贵建议，尤其是对人名、机构名称、书名等专用名词的中英文翻译还进行了一一校审，英汉名次对照表详见附录。

最后，希望通过翻译此书，能与国内城乡规划管理者、规划师、设计师以及大众读者们，共同回顾新加坡城市规划 50 年的巨大变化，学习其成功的经验。翻译过程中难免出现疏漏和不足，希望广大读者在阅读的同时，不吝批评指正，以便我们不断改进和完善。

是为序。

高晖

广州市城市规划设计所

2018.10.16